生命《いのち》を紡ぐ農の技術《わざ》

明峯哲夫著作集

明峯哲夫

コモンズ

滋賀県大津市で行われたSNN秀明自然農法生産者交流会の
専門部会「畑作技術」で、会場からの質問に答える著者
2014年2月11日

著作集を編むにあたって、明らかな誤字・誤植は修正し、[ ]内で最低限の説明を加え（たとえば「三、四年前［一九六九〜七〇年］」など）、ルビと図表のタイトルを補足した。

もくじ■生命《いのち》を紡ぐ農の技術《わざ》

第Ⅳ部　まちの自給、むらの自給

本扉写真提供：秀明自然農法ネットワーク
中扉写真提供：明峯惇子、暮らしの実験室やさと農場、秀明自然農法ネットワーク、永田まさゆき

【全体解題】「耕す」という暮らし方を起点として

小口　広太

1　農とともに歩んだ明峯哲夫さん

本書は、農業生物学者であり、自給農場運動を牽引してきた明峯哲夫さんの著作集である。明峯さんが歩んだ農の道は、民間農法を学んだ有機農業研修、消費者自給農場「たまごの会八郷農場」の創設、市民共同耕作「やぼ耕作団」の発足、農のあるまちづくりに関する政策提言、農のあるむらづくりに関する調査研究、自然と共生する有機農業技術の構築へと多様に展開。晩年はＮＰＯ法人有機農業技術会議の主要メンバーとして有機農業と向き合い、精力的に農業技術の原理的把握とそのあり方、展開方向に関する調査研究に取り組んだ。

最後の仕事は秀明自然農法調査研究プロジェクトであり、自身の理論を大きく飛躍させたが、その最中に病に倒れ、二〇一四年九月に食道ガンで急逝された。その遺作が、秀明自然農法農学セミナーでの講演などをもとに中島紀一さんと三浦和彦さんがまとめた『有機農業・自然農法の技術――農業生物学者からの提言』(コモンズ、二〇一五年)である。このなかには、自身の言葉でこれまでの歩みを振り返る「農業生物学を志して」も収録され、本書と併読されると、問題意識や目指した世界の輪郭が再現される。

明峯さんは、農と自然に寄り添う暮らしを実践する耕す市民として、在野の研究者・活動家として、農の営みの本質から人間、そして社会のあり方について考察を重ね、発信し続けてきた。一九八〇年代以降の肩書は、一貫して「農業生物学研究室主宰」である。研究室と称しているが、実際に立派な部屋があり、看板を掲げていたわけではない。自宅の書斎と机が研究室そのものであった。農業生物学とは、明峯さんがひとりの人間として農業をやりながら、同時に科学者であり、農の現場で耕しながら考えるという姿勢を表す言葉であったと言える。

2 本書の構成と各部の特徴

まず、本書の構成について、各部の特徴を述べながら紹介する。

プロローグ「自然保護から自然奪還へ」では、社会の進歩とそれをつくりあげてきた近代科学技術に対する鋭い批判をやや過激な論調で展開し、人間と自然が新しい関係性を創り上げていく必要性が論じられている。この問題意識が明峯さんの活動の原点である。そこで指摘されている人間と自然の新しい関係性こそ農の営みであり、その実践が自給農場という形で結実していく。続く「一〇年後の自己解題として」では、高度経済成長という時代から生まれたたまごの会、繁栄の時代に安住しない一九八〇年代をこれから創る決意が述べられている。

第Ⅰ部と第Ⅱ部は、たまごの会からやぼ耕作団に至る自給農場運動のプロセスと実践である。

第Ⅰ部「たまごの会を創って離れる」は、卵の共同購入に取り組んだたまごの会が消費者自給農場の建設へ発展的に展開する姿が描かれている。「自給農場への道」では、自給農場の実践を通じて自立性を失った消費者が人間性を確立していくことの必要性と意義が指摘される。

このスローガンを日常的に実践することを目的に発足したのが、やぼ耕作団であった。第Ⅱ部「街人よ耕せ」は、明峯さんが「たまごの会八郷農場」(茨城県八郷町、現石岡市)を離れて創った「やぼ耕作団」による新たな自給農場運動の展開が「耕す市民」の形成とともに描かれている。「いま、ここにユートピアを」では、メンバーが共同で耕作し、共同で消費する農園の様子を具体的に紹介。食生活の自給度の向上とメンバー間の交流から暮らしの自立へと導く農的空間として農園を捉える視点を提示している。

明峯さんは自給農場を通じた農のある暮らしづくりと同時に、その実践のなかから新たな学問体系である人間と生き物が共生する農業生物学の構築を目指していた。第Ⅲ部「有機農業の科学と思想」には、農業生物学者としての論稿が収録されている。「低投入・安定型の栽培へ」では、生物の「環境応答能力」とその生命力を引き出す「土壌の形成」という農業技術の基礎となる視点を明らかにした。それは植物の生命力を完全に無視し、農業が自然から離反していく「多投入型」の農業技術ではなく、植物が植物自身の力で生きていくことを尊重し、その力を最大限に引き出す「低投入型」の農業技術と言える。

第Ⅳ部「まちの自給、むらの自給」では、都市と農山村における自給の社会化について提言している。「自給のむら」で描かれているように、これまで都市を耕し続けてきた明峯さんが新潟県山古志村(現長岡市)を調査し、自給によって支えられている農山村の暮らしを発見した。都市でも農山村でも、自給は地域と暮らしの根幹に位置付いている。明峯さんは誰もが参加できる多様な耕作方式の共存や地場生産・地場流通などを軸にした自給区づくりについて調査を進め、耕す市民の実践を「農のあるまちづくり・むらづくり」へと大きく展開させた。

エピローグ「天国はいらない、故郷を与えよ」は、二〇一一年三月に起きた東京電力福島第一原子力発電所の大事故を受けて緊急出版された『脱原発社会を創る30人の提言』(コモンズ、二〇一一年)に寄せた文章である。「放射能汚染による被害から逃げろ」「福島から離れろ」という論調が強まるなか、「故郷(地域)」に残って自然と共生する暮らしの再生を願い、「逃げるな。それでも明日、種を播こう」と最後まで農的暮らしの重要性を訴え続けた。

3 独自の自給農場運動の展開と混迷

日本社会が物質的な豊かさを享受した高度経済成長は、自然から離反し、生命を軽視する価値観によって形成され、その結果、局地的な公害や環境破壊が噴出した。大学はまさにその加担者であり、一九六〇年代後半から七〇年代前半は、大学闘争真っ只中である。

明峯さんは北海道大学農学部農業生物学科を卒業後、研究者を目指して大学院に進学する。

だが、大学は揺れ動き、学問の意味自体が問われるなかで、人間としての生き方、科学技術のあり方、そして科学技術を研究する自分自身のあり方に悩み、考え抜いていた。

結局、一九七二年に大学院博士課程を中退。自然と共生し、人間を本当の意味で幸せにする学問を農業という実践のなかで探求するため、百姓になる決意で山岸式農業養鶏法を実践する河内農場(栃木県河内町、現宇都宮市)の研修生になった。そして、東京の消費者グループとの出会いからたまごの会が発足し、鶏卵の共同購入運動を開始した。たまごの会の会員から明峯さんら三名が養鶏場のスタッフとして住み込み、消費者が飼育面から生産に関わるという方法を採用したのだ(第Ⅰ部第1章)。

その後、河内養鶏場の経営方針をめぐる内部分裂を背景に、一九七四年春、たまごの会はホンモノの食べものを求めて消費者自給農場「たまごの会八郷農場」を創設。「自らつくり、運び、食べる」というスローガンを掲げて自給農場運動を開始した。明峯さんは農場の専従スタッフとして、その運営に参加していく(第Ⅰ部第2章)。

たまごの会が自給農場運動を開始した一九七〇年代は、農業の近代化によって生じた生産と消費の歪みを背景に、全国各地で有機農業の取り組みが芽生え始めた時期である。日本の有機農業運動は、単に農薬と化学肥料を使用しないという個別技術の転換にとどまらず、安全な食べものを求める消費者に直接農産物を届ける産消提携を通じて社会的な広がりが形成された。その特徴は、生産者と消費者の関係性を重視する点にある。

一方で、たまごの会は、消費者である都市住民が共同で出資して自ら農場を創り、運営していくという点で、既存の有機農業運動とは一線を画す取り組みであった（本書一五八ページ）。農場の運営は会員が専従スタッフとして担当し、都市会員もまた共同労働者として生産にコミットしながら、生産物を届け、食生活の自給を目指した。そして、平飼い養鶏による安全な卵や少量多品目の有機野菜の生産、会員世帯から出る生ごみや野菜くずをリサイクルした残飯養豚への挑戦など、有畜複合型農業の内実を充実させていく。あわせて、第二農場の建設を構想し、運動の中間総括を『たまごの会の本』（自主出版、一九七九年）にまとめて、一気に外部へ自己主張を展開していった。

さらに、運動が建設期から高揚期に入るなかで、一年かけて農場の記録映画を製作したが、その過程で運動の評価をめぐり意見が分かれた。完成した映画『不安な質問』という意味深なタイトルからも、当時の状況が垣間見える。また、映像だけではたまごの会の実践を表現できないことから、『たまご革命』（三一書房、一九七九年）を共同で書き下ろし、運動の歩みとこれからの展開について論じ合ったという（高松修「都市からの援軍としての、たまごの会」『有機農業の思想と技術』コモンズ、二〇〇一年、二三九〜二四〇ページ）。

一九七九年前後は、農場の生活と生産、会の運営、農場と都市会員との関係性など、組織のあり方自体を揺るがす内在的な問題が次々と噴出していた。この間全力で疾走し続けてきた明峯さんも行き詰まりを見せていたようだ。一九八〇年代は、自給農場運動を具体的に機能させていくことが最重要課題となる第Ⅱ期、すなわちは運動が成熟し、充実していくための真価が試される時代となるはずであったが、現実はそうならなかった。希望の八〇年代を前に、運動は転換期に立たされていたのである。

たまごの会が混迷を深めるなか、明峯さんは沈黙を続けた。一九七九年一二月一日に記したメモ「一九八〇年　僕とたまごの会」（自主出版パンフレット「たまごの会の歩み」に収録）のなかで、未来は歴史の批判的継承によってのみ拓かれると考え、新しい時代にふさわしいスタイルと人格の胎動を期待して活動の中心から意識的に身をはずしたと、当時の心境を記している。だが、明峯さんが期待した新しい動きは生まれず、また明峯さん個人の人格を攻撃するような厳しい批判と反発を受け、一九八〇年五月に沈黙のまま農場を去ることになった。

4　地域の農業と農民とともに歩む自給農場

このような混乱期に起こった農民との契約野菜の拡大とそのあり方をめぐる議論は、これからの農場づくりと運動の方向性を左右する深刻な問題となる。こうして、農業・農村との連帯を進める「産直派」と都市住民による自給を重視する「農場派」に、組織は二分された（本書一六〇ページ）。

たまごの会の会員は東京から神奈川まで約三〇〇世帯。農場だけでは、まったく生産は追いつかない。そのため、野菜は地域の農民との契約によって補ったが、作付面積も出荷量も契約した農民が大半を占めるようになっていく。距離的な問題から、都市会員が日常的に農場へ足を運び、耕すことも困難な状況であった。

明峯さん同様、たまごの会のリーダー的存在であり、産直派であった高松修さん（有機農業運動家、二〇〇〇年逝去）は、運動が近代化農政と闘いながら、都市住民と農民の壁をいかに打破し得るかをも探ってきたと述べ、地域の農民から農産物を購入し、そのような連帯のなかで生活の質を相互に問い合い、切磋琢磨し合う関係性を描いている（「〝たべもの〟の危機をどうとらえるか」前掲『たまご革命』）。さらに、「自らつくり、運び、食べる」というスローガンについて、「運動の思想表現であり、同時に農民への連帯の表現にほかならない（前掲『有機農業の思想と技術』二四九ページ）と述べる。

専従スタッフとして明峯さんとともに農場の運営を担っていた魚住道郎さん（現在は魚住農園園主、石岡市）は、農場単独での自給ではなく、当然のことながら地域の周辺の農民も加えた自給を選んだとし、困難と矛盾をかかえる農民とともに有機農業に取り組み、日本の農業の未来を切り拓くことも運動のなかで担いたいと強調している（「農民と共に歩む農業の原点」前掲『たまご革命』）。

地域の農民がかかえる困難にともに向き合い、解決していくという点で、単に産地と消費者をつなぐ既存の産直運動とは違っていたのである。産直派はたまごの会の実践を「新しい産直」と表現した。高松さんも魚住さんも農場と地域の農民の生産をひとくくりにして「風土の産物」と表現していることから、産直派の「自ら」とは農場も含めた「地域」のことを指していたと思われる。

では、農場派と言われた明峯さんは、どのような運動の展開方向を考えていたのだろうか。

進展する近代化農政によって農村が疲弊していくなか、たまごの会の実践を通じて地域の農民が有機農業に取り組み、さらにそのような有畜複合型の有機農業が中核となりながら地域の人たちがつながり、助け合う農村地域共同体の形成という展望を描いている(『われらが世界の創造を』一九七九年一二月)。

このように、農場派も産直派も多少の表現の差こそあれ、同じ方向性を向く運動のビジョンを共有していた。つまり、たまごの会の実践を自己完結的な取り組みに終わらせるのではなく、地域の農民とともに有畜複合型の有機農業を実践し、地域の農民と農業が自然と風土との共生的な関係性を取り戻していくことが目指されていたわけだ。

また、そうした「地域の農業と農民との連帯」を通じた農村の豊かさの回復と創造は「都市との連帯」によってこそ可能になるという認識も共通していた。都市と農村の連帯による豊かさの循環の形成が目指され、そのような豊かさを通じて都市住民は食卓と生活の質を向上させ、巨大な都市文明の解体に向けて農業・農民と歩みをともにするのである。

日本農業は近代化政策によって、小規模・有畜複合・少量多品目にもとづく自然共生型から、大量生産―大量消費型の商品生産システムへと再編された。そのプロセスにおいて、農民と農村は疲弊し、困難と矛盾をかかえるようになった。明峯さんは、そうした近代農業に対する批判を鋭く展開している(第I部第3章)。

たまごの会は地域の農民と同様な生産規模を実践することによって、説得力を持って有機農業を農民に広げた。さらに、会員が再生産可能な価格で買い支えるとともに、援農や交流を通じて「生産―流通―消費」という社会関係を再構築し、農民の生存権を保障する先鋭的な経営モデルを地域の農民に提供した。約五年後には、契約する農民は山形県高畠町や静岡県藤枝市など十数軒に増え、取り扱う農産物も、米、大豆、牛乳、果樹、茶へと広がっていく。

有機農業の取り組みは、農業の近代化とそれを支えた体制に対する根底的な否定から始まったことから、地域のなかでは絶対的少数派であった。異質性を伴っていた有機農業は地域、そして地域の農民との関係性の構築を不得意としていた。その意味で、一九七〇年代から地域の農民とともに歩むことを実践してきたたまごの会は、先駆的な動きを展開していたと言える。そのビジョンと実践は、二〇〇六年に有機農業推進法が成立し、「地域に広がる有機農業」が重要な課題となっている現在の文脈から見ても、大きな示唆を与える。

なお、たまごの会の取り組みと実態については、たまごの会編『たまご革命』に詳しい。その後の展開は、茨木泰貴・井野博満・湯浅欽史編『場の力、人の力、農の力――たまごの会から暮らしの実験室へ』(コモンズ、二〇一五年)で、多くの関係者の証言によってまとめられている。

5　都市生活者の自立に必要な「実践」としての自給

明峯さんは契約野菜を一切否定していたわけではなく、地域とのつながりを志向していた。沈黙を貫いたまま農場を去ることになったが、新たな活動の拠点となる東京都国立市で開かれた国立たまごの会の勉強会において、運動の歴史をつくってきた責任として、その歩みを振り返っている（「たまごの会の歩み――僕のたまごの会中間総括」一九八一年二月）。

そこでは、農民との連帯という大義名分のもと、徹底した議論もなく契約野菜を拡大し、一方で都市会員はただ口を開けて運ばれてくる農産物を待っていればいいのかと疑問を投げかけた。さらに、たまごの会と地域の農民との契約は相互の主体の確立にとって〝一手段〟にすぎないとし、契約を当てにする前に農場の生産に精一杯取り組むこと、そして暮らしのなかに耕すことを取り入れ、「自らつくる」ことを通じて都市住民が「私食べる人」という分業の壁から自らを解放し、「自立した生活者」の姿を獲得していく運動の原点回帰の必要性を指摘する。

ここで述べる主体について補足すると、たまごの会と農民の連帯によって形成される、生産者でも消費者でもない、両者を一身に止揚したような新しい人格を指す。そのような主体がある一定の緊張関係のなかで築く連帯こそが真の連帯であると、一九七四年に論じている（本書九七ページ）。地域の農民はたまごの会との連帯のなかで農業のあり方を問い直し、有機農業の実践を通して主体を確立しようとしているが、契約野菜が拡大していくなかで、たまごの会は農民との連帯によって主体の確立に向けて歩みを進めているのか。それは、連帯ではなく依存ではないか、という問いかけではなかっただろうか。農民との連帯はきれいな言葉だが、その陰に、都市住民の主体の確立という本来たまごの会が目指していた目的が隠れてしまっていることに対して、危惧を抱いていたと思われる。

さらに、農業の近代化を通じて形成された「分業体制」（本書八六ページ）のもと、効率的な流通システムが求められ、〈食と農〉の乖離と食べものの荒廃を招いた。明峯さんは、商品の生産と流通によって徹底的に管理された消費者の姿を厳しく批判する。こうした問題意識から、たまごの会の農場は「〝自立した消費者〟(=自立した人間)への脱皮を求める」(本書八七ページ)運動としてスタートした。

生産と消費の分断に見られる「関係性の喪失」は、人びとの暮らし、社会全体に通底している。とりわけ、それは都市で顕著に見られる。高度経済成長期、地方から都市へ大量の人口が流入し、一九六〇年代から七〇年代前半にかけて、大都市郊外には多くの大規模住宅団地が造成された。いわゆるニュータウン開発である。世帯は細分化され、土地と結びつきの弱い人びとが生活していた。明峯さんは「あたかもケージ飼いの鶏のごとく」(本書八八ページ)と、その窮屈な暮らしを揶揄している。

明峯さんは当初から、農場の運営について「〝協同〟生産=〝協同〟消費」(本書八八ページ)による自給体制を目標として掲げていた。共同で耕し、共同で消費することを通して、分断された個々の人間が連帯性を回復し、人間らしさを取り戻していくコミュニティづくりの場として自給農場を位置付けていたのである。

運動が高揚期に差し掛かるなか、さらなる自給の高度化を目指して作付品目の充実、飼料作物の栽培、綿の栽培による衣類の自給など、農場の後方に広がる山地を活用した農業を想定し、傾斜地を畑作や酪農に活かしていく第二農場の建設への展望を積極的に描いていたのも、明峯さんであった(「第二農場への僕の展望」前掲『たまごの会の本』)。

明峯さんにとって「自らつくり、運び、食べる」の「自ら」とは、まずは会員一人ひとりのことであり、彼らが共同で耕す農場を指していたと思われる。そうした主体を下から確立したうえで農場と地域がつながり、自給を「個→農場→地域」というように重層的に捉えていたのではないだろうか。まずは自給を「実践」し、その実践を通じて農場、そして地域のなかで人びとがつながり合い、都市住民が自らの手で自立した生活者の姿を獲得していくプロセスを探っていたと言える。

このように、あくまで都市生活者の立場からの議論を展開し、実践の場を求めていたところに、明峯さんの立論の際立った特質があった。

6　耕す市民の現代的意義

明峯さんはたまごの会の限界に対する実践的批判として都市住民が自ら耕すことを選択し、一九八一年に「やぼ耕作団」を発足させた。たまごの会八郷農場を第一期とすると、やぼ耕作団は第二期の自給農場運動と言える。やぼ耕作団がたまごの会のスローガンを引き継ぎつつも、「共同耕作—共同消費」方式を採用し、都市住民が日常的な暮らしの空間で耕すことを徹底したという点で、運動の質に大きな違いがあるからだ。それは「生産者—消費者」を超えた「市民」という言葉に象徴される。「安全な食べものを求める自給農場運動」から「市民共同耕作による自給農場運動」へと実践の舵が切られた(第Ⅱ部第2章〜第3章)。

やぼ耕作団の実践ついては、『やぼ耕作団』(風濤社、一九八五年)、『ぼく達は、なぜ街で耕すのか――「都市」と「食」とエコロジー』(風濤社、一九九〇年)、『都市の再生と農の力――大きな街の小さな農園から』(学陽書房、一九九三年)にまとめられている。また、明峯淳子さんとの共著『【アウトドア術】自給自足一二か月』(創森社、一九九六年)では、やぼ耕作団が取り組んだ農のある暮らしを教科書のような形で具体的に描いた。

一九九〇年代にはさまざまな市民活動に参加し、その中心メンバーとして調査研究を行った。たとえば、「日野・まちづくりマスタープラン」では、農地と市街地の混在を活かした農のあるまちづくりを提言(第Ⅳ部第1章)。「TAMA農のあるまちネットワーク研究会」の一分科会として発足した「市民が耕す農研究会」では、耕す市民の多彩な実践を研究し、その成果が石田周一さんとの編著『街人たちの楽農宣言』(コモンズ、一九九六年)にまとめられている。

多様な耕作の試みがあるなかで、市民農園は都市住民が日常的に参加しやすい場を提供する。明峯さんは市民農園の利用だけではなく、市民はもっと広い農地を耕すことも可能だと期待を寄せている。そして、市民が共同で耕作する消費者自給農園・やぼ耕作団は都市住民の自立を促すハイレベルな市民農園であるとし、都市住民のニーズに対応した多様な耕作方式の共存が農地の保全につながっていくと述べる(第Ⅱ部第4章)。

明峯さんは、八郷農場を離れてから農山村へ移住するのではなく、都市を自給農場の実践の場として選択し、生涯にわたって都市で耕した。それは、どのような時代状況のなかで展開していたのだろうか。

一九六八年に制定された都市計画法以降、都市的な土地利用の推進によって農地転用が促されていく。都市の農地が潰されるなかで七〇年代以降は、大量生産―大量消費型ライフスタイルの定着やモータリゼーションの浸透によって、都市型の生活公害が拡大した時期でもあった。バブル期にかけて、都市への開発圧力はさらに強化される。その後、低成長期を迎えると環境問題や食の安全・安心への関心の高まり、それに伴うライフスタイルの見直しなどを理由に、都市農業・都市農地が生み出す価値が再評価される時代へと移行した。二〇〇〇年代以降はその価値がさらに評価され、人口減少社会への転換によって都市への開発圧力が低下するなか、一五年には都市農業振興基本法が制定された。

都市農業・都市農地をめぐる社会環境はこの五〇年ほどで、「農業は都市から出て行け」から「農業は都市に必要だ」へ大きく転換したのである。その背景には、都市住民の都市農業・都市農地に対する好意的なまなざしも大きく関係している。それは、「農からの脱出」から「農への憧れ」「土への愛着」への変化である。

都市農業不要論、都市農地解放論が吹き荒れる一九八〇年代、やぼ耕作団は農のある暮らしづくりを地道に実践した。九〇年代以降になると、明峯さんは市民が参加できる多様な耕作方式を提案し、農のあるまちづくりへと自給農場の実践を社会的に展開していく。その取り組みは時代を先取りし、リードしてきたと言える。

なぜ、そのような先見性と先駆性があったのだろうか。これは、時代がそうなったという単なる結果論ではないと思われる。時代が大きく変化しようとも、農の営みは人間の「生」＝「生命・生活・生存」にとって必要不可欠である。農の営みを暮らしのなかに取り戻すことが、明峯さんの「耕す」という実践であった。だからあえて、明峯さんは産業としての「農業」と暮らしとしての「農」を区別し、市民という立場で耕し続けた。それは、農を大切にできない社会こそが危機的な状況ではないかというメッセージとも受け取れるだろう。

7　再び農の意味を求めて

やぼ耕作団は一九九七年に解散した。明峯さんは埼玉県鶴ヶ島市へ移住し、小さな畑を耕し続けたが、原稿の執筆や社会に向けて発言する機会は大きく減少する。表舞台に戻ってきたのは、二〇〇五年ごろからである。亡くなるまでの間、三つの大きな仕事と向き合った。

まず、有機農業技術に関する調査研究である。たまごの会、やぼ耕作団などの実践を踏まえつつ、明峯さんが体系的に有機農業技術を研究するようになった大きなきっかけが二つあった。日本有機農業学会の年報およびジャーナルへの寄稿（第Ⅲ部第1章～第3章）と、『有機農業の技術と考え方』（コモンズ、二〇一〇年）における「健康な作物を育てる――植物栽培の原理」「畑地利用の基礎」「〝雑草〟〝病害虫〟とどうつきあうか」「有機農業と野菜栽培」の発表である。

二〇一一年二月には自ら提案し、ＮＰＯ法人有機農業技術会議の研究部会として有機農業技術原論研究会を発足。一四年七月までの約三年間、各分野の研究者を招きながら、研究会と合宿形式の現地検討会を二カ月に一回のペースで開催した。一一年五月には有機農業技術会議の代表理事に就任した。

次に、二〇〇七年からの五年間、東洋大学福祉社会開発研究センターの客員研究員として取り組んだ新潟県中越地震の被災地・山古志村における持続的むらづくりに関する調査研究である。明峯さんは人びとの声に耳を傾けるなかで、農山村の暮らしが自然と寄り添い、自給によって支えられていることを改めて確認し、農のあるむらづくりの意義とそれを支える仕組みについて論じた(第Ⅳ部第2章)。その研究成果は、東洋大学福祉社会開発研究センター編『山あいの小さなむらの未来——山古志を生きる人々』(博進堂、二〇一三年)にまとめられている。

そして、NPO法人あおいとり(北海道札幌市)が開講した市民のための農学校「農的くらしのレッスン」での講義である。明峯さんは講師として二〇〇四年から一二年までの九期、一期あたり五〜六回札幌に通い、組織運営にも深く関わった。

担当した「農的庭学入門」では、「庭」をキーワードに暮らしの根拠地となる農的空間の必要性を伝えた(第Ⅱ部第1章)。庭には自給農場のエッセンスが詰まっている。また、農的植物学では、生きている植物の美しく奥深い姿を伝え、素晴らしいスケッチも残した。明峯さんの作物学の始まりは、やぼ耕作団である。観察を大切にし、植物と寄り添うまなざしを通じて、その「生」の原理を丁寧に紐解き、作物栽培論へと展開していった(第Ⅲ部第4章〜第6章)。

8　生き方としての農をつなぐ

農とともに人生を駆け抜けた明峯哲夫さん。その魅力は、農の世界を総合的につかみ取る力にある。現代農学は分化と専門化が進み、各研究領域の相互関係が失われている。本書の領域の広さは、大学の研究者としてではなく、耕す現場と暮らしに根差した在野の立場だからこそできた実践と研究の成果であり、明峯さんの知的な懐の深さをよく表している。

明峯さんが農の道へと歩みを進めてから約四〇年にわたって播いてきた種は、多彩に花開いた。たまごの会はその後、「Organic farm 暮らしの実験室 やさと農場」として生まれ変わり、若いスタッフが運営の中心を担っている。また、やぼ耕作団からは一〇家族以上が農山村へと移住し、現在も農のある暮らしを実践しているという。やぼ耕作団は都市のなかで農の世界への入り口を準備し、農とともに生きる人びとを育て、卒業生を送り出す「学校」としての役割を果たした。

また、二〇一一年の福島第一原発の事故を受け、大江正章さんや中島紀一さんとともに「地震・津波・原発事故を受けての呼びかけ」を行い、今後の社会のあり方を考える集まりを数回にわたり開催。緊急出版された『脱原発社会を創る30人の提言』では、「それでも種を播こう」というメッセージを発した。同年に公開シンポジウム「原発と有機農業――それでも種を播こう」、一二年には公開討論会「原発事故・放射能汚染と農業・農村の復興の道」、公開シンポジウム「原発と有機農業――有機農業運動論の再構築」を連続で開催し、前者の記録は『原発事故と農の復興――避難すれば、それですむのか?!』(コモンズ、二〇一三年)にまとめられている。

社会のあり方自体が問われ、人びとの価値観が大きく揺さぶられるなか、農のある暮らしづくりを通じたライフスタイルの転換、そして農を大切にする社会に向けたパラダイムの転換を広く訴え続けた明峯さん。いま、この不安定な時代状況だからこそ、明峯さんが貫いた姿勢とその主張が一層の重みを持って受け止められている。

『やぼ耕作団』のなかに、自身の願いをこめた次のような一節がある。

「自分は、これまで自分のやってきたことを跡づけたり、意味を考えたりするような本は出したくない。一人でもいい、街の人が、自分の食べるものを自分で作るようになる。本がその引き金引きの手伝いとなれば……それでいい」(二二ページ)

明峯さんはひとりでも多くの人たちが耕すことを願ってやまなかった。本書も同様で、これからを生きる私たちに明峯さんが授けてくれた「素敵な農の世界」への入口である。人生ふと立ち止まって自らの生き方を見つめ直したとき、自然と寄り添う農という生き方が選択肢のひとつにあってもいいのではないだろうか。

本書がその根拠となり、一助となれば、幸いである。

プロローグ　自然保護から自然奪還へ

問題としての現実

地方の中心都市などでは、ビル工事、地下鉄工事、道路建設工事などが昼夜を分かたず進行し、新たな宅地造成はその周辺部へと拡張していきつつある。また農村部においては、水田地帯や畑作地帯の多くが壮大な工場地帯へと姿を変えていった。そして山間のハイキング地では、かつてのひっそりとした山道が、大きな自動車道路により各所で寸断されていった。このような現実に出くわしたときなど、たしかに現在、日本の国土が刻一刻とある方向へ向かって再編成されつつあることを感ずる。

こうした国土の再編は、つねに「公共の福祉」とか「社会の進歩」とか、また「生産性の向上」とかいう大義名分に飾られている。〝地域開発〟の名のもとに「大企業」は誘致され、〝観光開発・流通の合理化〟と称して「道路」や「鉄道」ができる。そして〝空は今や大型時代〟とばかりに「大空港」の建設は図られ、〝電力不足の解消〟として「発電所」が建設されていく。また、この種の「進歩」は必ず土地を奪ったり、「公害」を発生させたりすることによって、人々になんらかの被害を与えている。しかし、被害をこうむった人々が「進歩」に異議を申したてると、たいてい社会の「異端者」として排除されていく。いわく「大多数の幸福のためならば、少数の犠牲はやむを得ぬ。それが民主主義だ」と。

そしてさらに、国民のほとんどがこのような説明に納得し、漫然とこの種の「進歩」を進歩として認める。そして場合によっては、被害者に対し少しばかりの「同情」を寄せることがあっても、多くの場合、彼らの「エゴイズム」を非難したりする。これが現実のすべてだ。

「社会の進歩」とは何か

このような現実に対し、まず問題にしなくてはならないのは、ここで大義名分として語られている「社会」とか「公共」とか、そして「福祉」とか「進歩」とかいわれるものが、一切その実体を検証されることなしに自明のこととして語られていることだ。しかしながらよくよく考えてみると、「社会」とか「公共」とかいうのがけして国民全体を指すのではなく、実体としては〈特定の受益者〉のみを指すことであったり、また、「進歩」ということがじつは〈特定の階層による、より一層の利益の独占〉でしかなかったりする。

実質としては一握りの人間にしか利益をもたらさない事柄をまったく逆に、「少数を犠牲にしても大多数の利益になる」といいくるめることのできるのがこの社会の現実であり、このことが問題なのだ。このカラクリこそがじつはいま、われわれが問題にしている〈公害・自然破壊〉の原因の本質を隠蔽し、その激化を許している根源なのである。

自然破壊を仕組む資本と国家

ここではっきりとさせておこう。上記の利益を独占する受益者とはほかでもない〈ブルジョワジー〉であり、カラクリとはまさに〈国家〉そのものであり、そしてそのカラクリにより不断に幻想を持たされ、実質としてブルジョワジーに収奪されていくのが、〈大多数の国民＝人民〉であるということだ。

本来、〈自然〉は人類の普遍的な共有財産であるべきものであった。しかし、現実の資本制社会においては〈自然〉は一握りのブルジョワジーの私物となり、彼らの利益のためにのみ利用（収奪）されてきた。利潤追求を至上目的とする資本制的生産により、自然が飽くことのない収奪にまかされてきた結果が、今日の公害・自然破壊なのだ。前に述べた種々の〈国土再編〉とはじつは、より一層の高度成長を画する日本独占資本が、日本列島をより能率的、合理的に収奪していくものとしての〈国土の帝国主義的再編〉にほかならない（たとえば昭和四四年に決定された「新全総」などはその具体的あらわれだ）。

このような現在の日本独占資本が単に日本国内だけではなく、東南アジアをもその収奪の対象領域としようとしているのは必然的である。日本商社による森林乱伐により、現地の自然破壊が深刻化しているという事実をとっても、われわれにそれが現実化していることを教えている。このように現在語られている「社会の進歩」とは、資本のより一層の経済合理性の追求の反映でしかなく、それは〈自然収奪〉を前提にしている限り、深刻な公害・自然破壊の激化を全国的いや全地球的規模で生み出さざるを得ない。

一方〈国家〉とは、資本の自然収奪による利益の独占を「公共の福祉・社会の進歩」と言いくるめる壮大な虚構であった。現在の民主主義においては、民主的手続きをより合理化していくことによって、人間の幸福が得られると考えてきた。そして問題解決の手段として〈価値観〉が介入することをタブーとした。そのことによって、あらゆる価値観に対し公正中立を保てると考えてきたからだ。しかし現実には、この〈価値観〉を問わず手続きだけに堕した民主主義は、「何のために？」とつねに〈根源〉に立ち戻って考える習慣を人々から失わせ、さらに一方では、あたかも普遍的価値観であるという幻想を与える攻勢に対しては、ほとんど有効な歯止めとはならなかった。

その結果、「現代の物質文明こそが社会の進歩をもたらし、人類を永遠の繁栄に導く普遍的、絶対的な文明である」という価値観が、ほとんどなんの抵抗も受けずに人々の間に浸透していった。

物質文明と現代の価値観

たしかに、この価値観を生みだすだけのものを物質文明は持っていた。すなわち、現代の物質文明は飛躍的に生産力を増大させ、〝物質的豊かさ〟を人々の多くにもたらした。この「恩恵」により、人々は物質文明に対する「信頼感」をいだき、それが物質文明の自己展開を一層容易にし、さらにそれにつれ、人々の信頼感はやがて「絶対視」になり、「物質的豊かさ＝人間の幸福」という現在の価値観が支配的となった。

しかしながら、現代の物質文明とは歴史上の一断面としての資本制社会において、一握りのブルジョワジーの私的動機により展開される。文明の一つのパターンにすぎない。「われわれの頭上に巨大な物質文明をぶらさげているのは資本の利益という唯一の糸であり、これは資本にそうする必要ができたときにはなんのためらいもなく切って落とされるものでしかない（北大工学部・斗う集団パンフ）」のである。物質文明がもたらしたものは、ただ単に人間の「物欲」を満足させるものでしかなかった。たしかにある程度、物質的に豊かであることは人間にとって必要だ。しかしそれは人間の幸福にとっての必要条件にはなり得ても十分条件にはなり得ない。

さらに現実には、そうした「物欲」に酔いしれていくことですら、〈資本にとっての利益〉という基本原理が存在する限り、人々は極めて被抑圧的、非人間的状態を前提にしなくてはならなかった。すなわちそれは、合理化された労働システムに部品として組み込まれて労働のよろこびを奪われていったことや、公害の自然破壊に身を任せて、自らの生存さえも脅かされていくということであった。われわれは少しばかりの富をみかえりにして、自らの人間性を資本に切り売りしていったといえる。

それにもかかわらず現在、ほとんどすべての人々がブルジョワジー、労働者を問わず同じ〈価値観〉を共有している。すなわち価値観に関しては現実には〈階級対立〉は存在していない。とすれば、われわれは自らの首をしめようとしている殺人者に対し、自ら手を貸していることにならないか。われわれ自身が既成の価値観にとらわれ、物質文明のもたらす「繁栄」を無前提に享受している限り、じつはブルジョワジーによる公害発生・自然破壊の共犯者ともなる。

現在、自然破壊が必ずしも全面的ではなく、その被害者が比較的限定されているということが（もちろん将来、ジェノサイドとしての公害に発展しないという保障は何もないが）、加害者としてのわれわれの性格をより鮮明化する。つまりこの日本で物的豊饒に酔っているわれわれ大多数（労働者階級も含めて）の存在には、公害病に苦しむ人々や、生活基盤を収奪されて最下層の都市労働者に転落していく第一次産業従事者、そしてさらに東南アジアでの日本独占資本による自然収奪や、現地の人々に対する労働収奪、等々が、その前提となっている。現在、公害企業として日本国内で追いつめられているものが、沖縄、あるいは韓国、台湾、そして東南アジアへと疎開しているという事実はその一つの例証となる。

いまわれわれが、公害・自然破壊を阻止するために立ち上がるためには、われわれの内なる価値観を「何のための文明か？」「人間にとって真に大切なものは何か？」といった根源にまで立ち戻って把えかえすことが必要とされる。六八年―七〇年とつづいた大学闘争、そして最近の公害・自然破壊をめぐって立ち上がった広範な労働者、農民、漁民、そして市民の闘いとは、まさしくその萌芽としての意味を持っている。

価値観の〈転換〉を提起する三里塚斗争

自己の生命をかけてまでも斗いつづけられている三里塚の農民の斗いを、少しばかり考えてみよう。

ここでは、農民の生活の糧である土地をまさに不当にも奪っていく国家＝地方自治体はつねに機動隊に守られ、土地をまさに正当にも守ろうとしている農民は、皮肉にも自らの所有物である土地が原因で、本来私有財産を守るべき権力によって違法な存在におとしめられている。この「逆説」こそ、現代社会を象徴している。ところで農民たちの土地への執念は、一体何によるのだろうか。農民たちが、自分の土地を守ることを正当とし、それを奪うものを不当とした根拠は一体何なのだろうか。それは斗争の初期においては、ほかでもない自分たちの土地を守るというわゆる「地域エゴイズム」であったかもしれない。しかし長い斗争の過程からその根拠として、しだいにより普遍的なものを獲得していったということを、われわれは認めないわけにはいかない。すなわち彼らは現在、三里塚に空港ができることに反対しているのではなく、空港ができることそのものに反対しているのではないだろうか。

大空港建設の必要性は、航空輸送の「合理化」にあった。輸送をより高速化・大量化することによって、航空資本はより合理的に利潤を獲得することができるからだ。この空港ができれば、発着する飛行機の便数を増やしたり、超大型機を就航させたりすることが可能になる。これによって、飛行機の利用者である国民の側もより一層の「便利さ・快適さ」を味わえるようになる。

しかし実際には、このような「便利さ」に浴するのは必ずしもすべての国民ではない。空港建設に〝協力した〟はずの三里塚の農民でさえ、この空港から飛行機に乗ることはほとんどあるまい。国民の誰もがこの「便利さ」を必要としているのではないからであり、たとえ必要としていても、そうはできないという経済的な〈不平等〉があるからだ。さらに、この「便利さ」にはつねに大型機による騒音・大気汚染、そして、いったん事故が起こればたちまち大量殺人という、極めて非人間的な〝陰〟がつきまとっている。

さらに問題にされなくてはならないことは、この空港が〈農地〉をつぶして建設されるということだ。農業をもうからないものとして基本的には切り捨て、そこから得られる土地や労働力を、より能率的に富を生み出すものとしての独占資本の従属下におこうとするのが、現在の日本（帝国主義）の「農業」政策だ。三里塚の空港建設は、このような農業解体政策の具体的なあらわれのひとつともいえる。

「大空港建設」は独占資本が、より一層の利潤を追求するために不可欠なものであった。それが、われわれ国民にもたらす恩恵は、せいぜいつかの間の快適さ、便利さでしかない。しかもその「恩恵」の配分ですら、必ずしもすべての人々に対してではない。それにもかかわらず、それは公害、土地収奪、そして農業の崩壊（これは自然との一体化をはからねば成立し得ない人間のいとなみが失われていくことを意味する）という不条理を不可避的にもたらし、多数の人間の生活を圧迫する。「空港建設」がこのようなものでしかないならば、それは果たして人間にとって、ほんとに〈進歩〉でありうるのだろうか。資本から、おこぼれとしてもらい受ける「快適さ」を代償として、われわれは人間として大事なものを不覚にも失おうとしているのではないか。

この根源的な〈問い〉こそがいまや三里塚の農民の〈土〉に対する執念の支えとなっていると思われるのだ。農民の怒りは、国土と人間の生存が国家＝資本の利益のままに翻弄されていくことに対する怒りであり、そして「社会の進歩」を信じ込み、農民たちの抵抗をエゴイズムとして冷やかに眺め、みせかけの物質的豊饒さに酔っている、われわれ大多数の国民に対する怒りでもあった。あくまでも代替地や補償金を受けとることを拒否しつづける農民たちの中には、自らの人間性はたとえ金銭をつまれても手離しはしないという強靭な人間の魂がある。同様の姿を、チッソの社長に土下座を要求し、あくまでも企業責任を追及する水俣病患者の中にもみることができる。彼らと、金銭の代償という交渉の舞台でのみ話し合うことは、彼らを殺しつづけることだ。

科学は何をしてきて何をなしうるのか

ここで告発の対象とされようとしている現代物質文明の基盤を、具体的につくりあげてきたのは、進歩した科学技術だ。物質文明の進歩、すなわち生産力のより一層の発展が、人間を物質的に豊かにし、それこそが人間の幸福を保障するという現代の価値観が、同時に〈科学〉の進歩に対する無限の信頼感を呼びおこしているのは当然といえる。それでは、現代物質文明が不可避的につくり出した公害・自然破壊に対し、現代の科学技術はどのように関わっているのであろうか。また、実際に科学技術をおし進めている科学者・技術者といわれる人々は、どのようにこの情況に対応していったらいいのだろうか。このような問題のたてかたと、それへの解答は、すでに理念的あるいは間接的にではあったが、〈大学斗争〉としてわれわれに提起されている。

「公害とか自然破壊は、科学技術の進歩が不完全であるために生じるのであり、科学技術がより一層の進歩をとげれば問題はやがて解決される」という意見は、現代に特徴的な考え方かもしれない。しかし、この種のオプティミズムは極めて的はずれであり、むしろ危険な考え方といわなければならない。たしかに、公害や自然破壊がとめどもなく発生せざるを得ない原因は、現代の科学技術のある種の不完全さに求められる。しかし問題は、その不完全さとは一体何を指すのか、ということだ。

現代の科学技術の不完全さとは、研究者の怠慢により、その進歩が未熟であることとか、学界の前近代性や国家権力の不当な干渉により、進歩が抑制されたり、悪用されたりすることなどを意味するのでは、けしてない（たとえ事実としてこれらの事態があったとしても、それは研究者、学界そして国家の自己矛盾であるにすぎない）。公害・自然破壊を招かざるを得ない科学技術の不完全さとは、近代科学に内在する論理、つまり近代科学が近代科学として成立する前提条件・根拠そのものの中に見い出さなくてはならない。本来そうなるはずのないものが、なんらかの外力により歪められた結果そうなったのではなく、それは生まれついたとき以来、自らそうなるしかなかったのである。なぜかというと、近代科学の論理は、公害・自然破壊を招かざるを得ない資本の論理と、じつは同一の基盤の上に成立しているからである。

科学的認識とは「モノ自体の分割可能性とその集積によってモノ自体がモデル的に再編成されること、および個別的局面での数量化の可能性を前提とし、そこに客観性の保障をおいている（湯浅欽史「技術史研究」四七号）」。一方、最大限の利潤追求を至上命令とする資本は、より合理的な生産活動を遂行しなければならない。そのため、所与の条件下での、ある特定の事物の、当面する生産活動に関連のある属性についての、客観的法則の把握を必要とする。その際、対象とする事物をより合理的に操作可能とするため、情報はすべて数量化しなければならない。こうした問題設定に対し、最も有効な解決手段となるのが、上述した性格をもつ近代科学的な認識方法そのものだった。このように、近代科学と資本とは原理的には同じ論理構造の上に成立しているのである。

現在、認識作業としての近代科学は、対象物をより細分化し、分断化することによって進歩し、その結果、対象物の全体像を喪失していく。一方、実践作業としての資本制的生産は、個別局面における生産性をより合理化していくことによって発展し、その結果、全体としては公害・自然破壊を発生させていく。この二つの現象は、それぞれ必然の成りゆきであって、しかも互いに相互媒介的に作用しあっている。

このような現代科学や資本制的生産のもつ矛盾が、現在われわれに示しているのは、対象とする個別的局面においては極めて合理的かつ正当な営為であっても、その集積である全体は極めて不合理で、かつ不当なものであるという事実だ。近代という資本制社会にすむわれわれは、実践においても〈自然〉を分断化することによって疎外し、その結果人間自らを疎外しているのである。

上述のオプティミストの主張どおり、もし近代科学がその論理を貫徹させて進歩すればするほど、その開発する自然力(生産力)を巨大化させることができるが、一方ではそれに応じて、ますます深刻な予測され得ない事態を招かざるを得ないのだ。その結果は、おそらく公害・自然破壊のより一層の多様化、巨大化でしかないだろう。

専門家としての科学者・技術者が出現したのは、じつに資本制的生産様式が確立された時期であったということを、われわれは歴史的事実として忘れてはなるまい。近代科学とは資本制社会に特有な、人間の理性の一形態にすぎない。近代科学は人々を迷信や神話から解放し、飛躍的な物質的豊かさを与え現代の物質文明をつくりあげた。しかし一方でそれは、人間一人一人の運命までも予測・計画・制御していく高度な管理社会を生み出し、さらに人間から労働の歓びを奪っていく労働システムの合理化、人類を破局に導く核戦争の危機、そして人間の健康をむしばむ公害・自然の荒廃という、人間の新しい疎外形態を生み出した。これらはすべて、近代科学が必然的に生み出したものであるがゆえに、近代科学の力により解決することはでき得ないのだ。

二〇世紀後半の現在、すでに近代科学的な認識方法は資本制的生産様式とともに、その歴史における使命を終えたというべきである。そうであるならば、われわれは、人間の疎外・自然の疎外を克服するつぎの時代を創り出すべき新しい知的営為(学問)を獲得していかなければならないのではないか。

自然「保護」運動から自然「奪還」斗争へ

ここで、公害・自然破壊を阻止するためにはわれわれはいかにすべきかを述べなければならないが、その前にいままで述べてきたことを、もう一度整理しておこう。

近代という資本制社会においては、われわれは、単に〈実践＝生産〉においてだけではなく、〈認識〉そして〈価値観〉においても、自然を疎外している。しかもそれぞれの局面においてそうなるのは、ほかのものと無関係にそうなるのではけしてなく、相互規定的・相互媒介的にである〈存在〉が〈意識〉を規定するのか、あるいはその逆か、といった二者択一をせまる教条的な議論は不毛なものだ)。だから公害・自然破壊を生み出した原因を、資本制的生産様式にあるとすることは、そのこと自体まちがいではないとしても、それからすぐに解決方法として、「私的所有制の廃絶」のみを言うことは不十分である。制度の上では、ブルジョワジーの存在が否定されているはずの、現在のソ連や東欧の「共産主義」国家においても、公害の問題は未解決である、という事実を見落としてはならない(この意味で、ソ連・東欧諸国と異質の革命の道を歩む中国の存在はわれわれに多くのことを教えている)。

同じように、人間の意識やモラル、そして認識の不完全さのみに公害・自然破壊の原因を求め、人間のモラル向上や科学技術のより一層の進歩が解決をもたらす、と考えることも誤りだ。相互規定的な諸要因からなる〈全体〉の動向を、単なる一つの要因の性質で説明、あるいは操作しようとしても不可能なことだ。公害・自然破壊を生み出すものは、正確には、〈実践・認識・価値観〉が相互規定的に複合された総体、つまり〈近代〉そのものということになる。

以上のように問題を把えて、公害・自然破壊を阻止する斗いとはいかなるものかをイメージしてみよう。それは一口でいうならば、総体としての〈近代〉を総体的に超克していくものといえよう。それを私は、かりに〈自然奪還斗争〉と呼ぶことにする。現在、〈実践・認識・価値観〉のすべてにおいて自然を疎外している(すなわち自然から疎外されている)われわれには、最初から守るべき自然はないのであり、このことを認めることから出発せざるを得ない。だから、われわれは自然の〈保護〉をめざすのではなくて、めざすのは自然の〈奪還〉である。奪還とは、人間と自然との結合の全体性を獲得することを意味する。つまり自然を疎外しない、それゆえに、人間自らを疎外することのない、人間と自然との新しい関係を、〈実践・認識・価値観〉において創りあげていくことだ。だから自然奪還斗争は、人間奪還斗争でもある。

斗いの対象となるのは、単に制度としての私的所有制だけではない。現在のわれわれが、自然と結合することを妨げているもろもろのもの、つまり、近代科学技術や、われわれ自身の意識・価値観にまで奥深く浸透している〈近代〉をも、斗いの対象としなければならない。この意味でこの斗いは、〈反権力斗争〉でもあるし、〈文化革命〉、あるいは〈人間革命〉でもある。これらの三つの斗いの質を同時的に意識的にめざしていかなければ、われわれには自然は獲得できない。

われわれは、現在各地で進行しつつある様々の具体的・個別的な公害・自然破壊を告発・阻止していかなければならない。そしてさらに、三里塚の空港建設に象徴されるような、日本列島総体を資本の利益にのみ従属させていく、国家(＝資本)による国土の(帝国主義的)再編を阻止していかなければならない。われわれは直面する個別的・具体的事例の中で、そこにおいて語られる「公共の福祉・社会の進歩」という大義名分のもつ幻想性を、具体的に暴露していくであろう。

さらに、自然収奪と公害を生み出す根源としての、資本制的生産様式そのものの変革を追求していかなければならない。生産の過程や生産物そのものが公害・自然破壊を招かざるを得ないのは、生産物が商品として利潤追求の手段となっていることから生ずる。だから公害・自然破壊を阻止するためには、生産物をあくまで商品化していこうとするブルジョワジーをしりぞけ、生産の管理権、すなわち自然の管理権をわれわれ自身の手へと奪還していかなければならない。私的所有制の廃絶は、公害・自然破壊を阻止するためのひとつの必要条件として展望される。

一方でわれわれは、現代の資本制的生産・物質文明を支えている、近代科学技術の止揚（否定ではない）をめざす。既成の科学技術は、個別における合理性を追求していった結果、〈全体性〉を喪失していったのがその特徴であった。この全体性の喪失とは、単に、認識（科学）において、全体としての自然を見失っていったことを意味するばかりでなく、実践（技術）において、人間に対する認識（人間観＝価値観）の導入を無視していたために、〈自然と人間との結合〉の全体性を欠如させていったことをも意味する。われわれの必要とする新しい科学技術とは、〈部分〉における合理性よりも〈全体〉における合理性を追求したものでなければならない。

既成の科学技術の止揚とは一口でいうならば〈全体性〉の回復ということだ。認識の対象として対峙する自然は、実験室につごうのよいように持ち込まれた操作化・分断化された「自然」であってはならず、あくまでも具体的な、全体としての自然でなければならない。われわれは認識者として、総体としての自然に対する総体的な結合をめざす。さらに、われわれが創り出すべき生産技術は、生産の過程において、そして生産物そのものが、自然・人間を疎外しないことを可能にするものでなければならないが、そのためには、総体としての自然に対する認識（自然観）を必要とするばかりでなく、人間に対する認識（人間観＝価値観）をも意識的に導入して、それらを有機的に結合させたものでなければならない。

このような新しい科学技術創出のための作業は、具体的な〈情況〉から隔絶したところでなされる「思索」だけでは不充分だ。それは、前に述べたような公害・自然破壊に対する個別的な斗い、具体的な生産実践、具体的な自然との関わり、そして「既成のもの」をあくまでも再生産していこうとする、科学者・技術者に対するイデオロギー斗争、等々の、様々の領域における広範な人々の創意工夫により、徐々に把みとられていくものであるにちがいない。

このような意味で、われわれの創り出すべき科学技術は、〈民衆の知恵・創意工夫の体系〉として成立すべきものといってよい(一方、近代科学技術は民衆の知恵を抑圧し、科学者と呼ばれる特権者が「学問の自由」を排他的・独占的に享受することによって成立している)。

現在、さまざまの土着の技法が民間に伝承されているが、これらは民衆自らがつくり出した「技術体系」と考えることができる。これらは現実には、現在の〈正統〉たる近代科学技術の陣営より、一方的に、非科学的ということを理由に(不当にも)迷信あつかいされ、窒息しかけている。しかし〈異端〉であるからこそ、これらの技法は、近代科学技術の閉塞状況をのりこえうる質を含んでいると考えられる。現在、医学や農業技術は、それぞれ薬公害や臓器移植、そして農薬公害などで、その近代科学技術としての限界性をはっきりと露呈させつつある。とくにこれらの分野において、その諸矛盾を止揚するために、民間に存在する土着の医療技術や農法を正当に評価し復権させていくことが、ひとつの重要な作業になるのではないかと思われる。

最終的には、このような民衆の様々の試みと、先に述べた私的所有制の廃絶という客観的構造の変革とが相補的に作用し合って、われわれが必要とする新しい科学技術の体系ができあがっていくのであろう。

以上のような種々の実践(斗い)はつねに、「人間にとって最も大切なものは何か」という人間の根源を探る視点を持たなければ、展開し得ない。〈人間観＝価値観〉の模索が〈斗い〉をより豊かにし、そしてこのことが、価値観自身をよりリアルなものにしていく。このようにしてわれわれは〈意識〉の上でも〈存在〉の上でも、自然との間に全く新しい関係を創りあげていくのであろう。

既成自然保護運動の限界

ここで既成の自然保護運動の限界を明らかにしなければなるまい。まず、なによりもそれは「公共の福祉・社会の進歩」という幻想を突破できる運動ではなかった。「自然保護も一つの社会の要請である。それゆえ、他の社会の要請との調和を図る必要がある」という自然保護論者の議論は、自然保護運動が、上述の資本による自然収奪に対し無知であったために基本的には資本に屈服し、つねに〈条件斗争〉に矮小化していかざるを得なかったことを象徴している。

だから当然にも、既成の価値観、現代の科学技術、あるいは現代文明そのものをトータルに把えかえし、新たなるものを模索していくという視点が欠如していった。つまり、いたずらに自然「保護」を主張するだけで、積極的に自然をわれわれの手に取り戻していくという〈奪還〉の思想が全く欠如していた。

熱心な自然保護論者の中に、数少なくない大学教官がいるという。しかしながら彼らも、他の大多数の教官と同様に、自己保身的にあの大学斗争を見殺しにしていったとするならば、それはまことに不幸なことであった。しかしそれは、彼らの荷なってきた自然保護運動の質を考えたとき、当然なことでもあった。いまこそ再度、彼らのそうした存在を問わねばならない。

管理された「人間」と管理された「自然」――何のための自然奪還か

さて、すでに述べたように、現代社会においては〈自然〉は全面的にブルジョワジーの管理下に置かれているわけだが、このような情況下で自然はわれわれ―とくに都市生活者―に対していかなる役割を持たされているのであろうか。

都市部における人間の生活は都市公害による〈光・水・空気・緑〉の喪失で、ますます脅かされていく。一方、労働の過程においては、人々は目的合理性の貫徹したシステムの中にとり込まれて部品化されていく。もはや〈生活〉の歓び、創り生み出すものとしての〈労働〉の歓びは、極度に剥奪されてしまっている。こうした覆うべくもない矛盾の激化に対し、国家（＝資本）は人々の目をそれからそらし、慰撫しようとして、様々の策を弄する。

そのもっとも基本的なものとして、すでに述べたように、資本はある程度の労働賃金を保障することにより、人々の物欲をくすぐる（現在の労働組合は、労働者の生活の質、労働の質そのものを問題にしていこうとせず、ひたすら賃上げを要求していくのみである。このことは彼らの主観的意図はどうあれ、人間性を金銭で買い占めていく現体制の論理を補完する）。ここではその策の一例として、ある特定の地域に一定の「自然」を残存させておいて、人々を積極的にそこへ〈動員〉していこうとする企てを挙げておこう。

人々は都市における日々の生活と労働に疲れ、また自然に飢えている。そのためこれを少しでもいやそうと易々と〈動員〉に乗せられていく。この都市から郊外への、そしてその逆向きの〈大量動員〉は現在の進歩した輸送機関やレジャー産業が受け持つ。本来、旅というものは個人の、自由でのびのびとしたものであったはずだ。しかし現在では、それは大量生産方式による規格化された「観光旅行」へと変質してしまった。この過程においても、人々は資本に操作され市場化され収奪されていくのだ(三里塚の空港建設も、こうした航空資本のねらいによることはすでに述べた。また、最近頻発する航空機事故による大量殺人は、この過程における最も激しい人間の収奪の形態ということができる。この種の事故を防ぐために、単に空域での「軍事」に対する「民間」の優先をいうだけでは不充分である。問題にされなくてはならないのは、「民間」と呼ばれる航空資本そのものだ)。

こうして郊外の「自然」に連れてこられた人々は命の洗たくをする(させられる)。しかしながら実際は、観光開発と称して、そこに乗り込んで来ている観光資本にガッチリと収奪されていかざるを得ない。こうして〝郊外の大自然の中で労働意欲を回復した〟彼らは再び都市の真只中に連れ戻されていく。そこでは〝モーレツ人間〟としての生活が彼らを待ちうけている。このようにして一つの〈回路〉が完結する。

この回路の持つ意味は単に、矛盾を隠蔽し、人々を慰撫するという機能を持つだけではなく、人々から自然を一方的に奪って、利益を独占し、さらに自然に飢えた人々に自然を商品化して売るという、資本による二重の収奪を可能にしている。このように現在においては、〈自然〉は資本によって仕組まれた〈回路〉の中に組み込まれてしか存在し得ない。

このような関係は、具体的には最近〈自然公園〉の役割の変質として論じられている。かつての自然公園は、景観が国土を代表するとか、学術研究、教育上貴重であるといった意味を持たされていた。しかしながら最近では、さらに積極的な意味として〝都市生活に疲れた市民の緑の保養地〟としての役割を付与されようとしている。私はけして自然公園そのものを否定するつもりはないし、その積極的保護の必要性も認める。しかしながら問題はそれだけではなく、現在では「自然(公園)」は上記の〈回路〉の中に組み込まれることなしにその存在は許されず、自然公園の存在は同時にほかの領域における不断の自然収奪と、それによる人間疎外を不可分に伴っていることこそ問題なのだ。

観光地や自然公園での〝心ない〟観光客による自然破壊(たとえば、草花を持ち去ったり樹木を折ったり)に対し憤りを感じ、その解決として単純に観光客のモラル向上を求める自然保護論者が多い。しかしながら上述したように、自らの生活の場、労働の場より一方的に自然を奪われていった人々が、やっと旅先で見つけることのできた草木をむしりとる姿を見て、単に彼らのモラルの頽廃を嘆く前に、そこまで人々を追いつめていった現代社会の抑圧的構造こそを、見てとるべきではないのか(上記の主張をなおもくり返す人は、何のために自然を保護するかを根底的に把え直すべきだ。われわれが自然奪還を主張するのは自然のためにではない)。

こうした関係を理解し得ず、単に自然公園の「自然」を守ることだけを自己目的化しているならば、国家(＝資本)の「大自然の中で人間回復を」という欺瞞的なキャンペーンを補完し、人間の生活の場、労働の場における自然のより一層の収奪を阻止し得ず、永久に人間をその疎外から脱出させることを不可能にしてしまう。

われわれは不当にも非人間的労働、非人間的生活を強いられて、その代償としてしか与えられることのない「ささやかな自然」を拒否する。われわれはまさに、自然の中で労働し、自然とともに生活するという人間本来の生きる歓びを得んがために、自然を保護、いや奪還するのでなくてはならない。

〈主体創造〉としての自然保護教育を

最後に、すでに述べてきたことのくり返しともなるが、自然保護教育について簡単に述べてみたい。

現在、様々の教育機関において、自然保護教育の必要性が叫ばれているが、それらの実体は、「何々してはならぬ」といった自然保護のモラルや、抽象化された自然の科学的知識などを教えようとするものだ。あたかも、現在の情況を招いたのは、個人のモラルや科学的知識の不足のみにあるかのように。しかし、たとえ個人がモラルとして自然を守ることが大事だと知っていたとしても、またたとえ、科学的知識として大自然のメカニズムを知っていたとしても（現在の自然科学の状態ではこれを満足させることすらでき得ないということはすでに述べた）、それだけでは自然の収奪・破壊の進行は阻止し得ない。公害・自然破壊というものが、単なる〈自然〉現象ではなく、〈人間的（社会的）〉現象であり、さらに、すこぶる〈現代的〉現象である、ということをここでくり返すことは重要だと思われる。

このことを忘れて出発した自然保護教育は、現実との緊張関係を失って、抽象的・観念的なものになってしまうばかりでなく、人々に〈幻想〉を与える危険なものに陥ってしまう。自然保護教育そのものは、それ自身ではなんら問題の解決になり得ないということを、はっきりと確認しておこう。われわれが現在、教育に期待できることは、「何がどのように問題なのか」を、現実の〈実践・認識・価値観〉にわたって、多くの人々に問題提起することであり、そうすることによって、問題の真の解決方法を自ら探りうる主体を創造することにある。

大学などにおいては、自然保護教育の設定は同時に〈自然保護学〉のそれと重なっている。自然保護学は、公害・自然破壊を防止するための有効な武器として期待されている。しかしながら、すでに述べたように、公害・自然破壊を阻止する方法は、われわれのイメージした様々の試行錯誤を伴う〈斗い〉しかあり得ず、それを単に〈科学技術〉に求めるというのは、科学技術そのものを既成の概念から脱出させせぬ限り、極めて的はずれの発想だということをいっておこう。もし、自然保護学という学問が設定されうるとするならば、それは上記の〈斗い〉そのものとしてであろう。

おわりに

〈自然〉と〈人間〉とを分断化して、それぞれを個別的、抽象的に語ることはできない。この小論で私が考察してきたことは、〈人間と自然との関係〉についてであった。「環境がなければ生物は住めないが、生物がなければ環境の概念もないし、それを合わせた自然もない。このとき自然は『生物的自然』になった。時がたって、超優越生物としての人間が誕生し、自然は『人間的自然』になった。したがって『自然保護』が、人間の手のまったく入らないものの保存に目的を置くなら、それは実現不可能であり、理屈も通らない。必要な自然保護とは、実は『人間的自然』の保護である」(川那部浩哉「脚光あびる生態学のかげから——ある研究者の日記から——」『朝日ジャーナル』一九七〇年七月二六日号、三四ページ)。この〈人間的自然〉の自覚のうえにたった〈人間と自然との新しい関係〉の獲得こそが、自然保護運動にとって最も重要な運動課題になるであろう。

—一九七一・九・三〇—

(付記　一九六九年春から現在にいたる大学とそれをとりまく情況の中で、折りにふれつづけられた、数少なくない友人との討論が、私のこの小論作成の背景となった。このささやかな文章は、私自身の今後の実践のひとつの基本になると同時に、これを彼らに捧げることにより、彼らへの一層の連帯の証しともしたいと思う)

(『北海道自然保護協会・会誌』一九七二年一〇号)

一〇年後の自己解題として

時代思想としての、たまごの会

僕が「自然保護から自然奪還へ」を書いたのは、一九七一年の夏から秋にかけてであった。この文章は、それまでの二、三年、ささやかではあったけれど関わってきた大学闘争の僕なりの総括だった。執筆していた当時の僕は、既にアカデミズムの世界で一人の専門家として成長していくことは断念して、別の実践の場に自分の身を移そうと決心していた。自然科学の現場で素材にされ、細かく切り刻まれた「自然」に立ち向かっていくのではなく、活き活きとした生の自然をそのままわがものとできうるような、そんな別の道を求めていたからだ。この文章は、その後の僕の実践——それはたまごの会の運動がそのほとんどであったが——への主要なモチーフになった。

この論文を書いた七〇年代初頭の「日本」は、一〇年程続いていた高度成長期の末期にあった(今、日本と書かずに「日本」と書いたが、その理由は、おいおい書き進めていくうちにはっきりとさせたいと思う)。戦後すぐに生まれた僕は、幼年期、少年期を高度成長期以前の社会的風土の中で送った。僕の肉体的、情操的成長は、だから高度成長期の影響は受けていない。少年時代、僕の食べる物、着る物、学校でのこと、友達との遊び、大人たちの働く様、そして街や村の様子。鮮明な記憶として残るそれらは、今思うと、あきらかに〝貧し〟かったけれど、また、何とも〝豊かな〟世界であった。その世界が僕の肉体と感性にはかろうじて焼きついているのである。

けれど、六〇年安保の翌年、高校に入学し、六〇年代の半ば以降、大学時代を送ることになった僕の中に形成されていく思想は、この高度成長期の影を色濃く宿していたに違いないと思う。科学技術の振興、社会の進歩、バラ色の未来……。こんな国家政策上の大層なスローガンが、僕のような一人の若者の成長に対し、直接どんな影響を与えたのかはともかく、僕は高校を卒業する頃から、将来職業的科学者として生きていくことを決心していた。けれども、やがて高度成長期が爛熟し、ようやくその破綻の兆しが明らかになる頃、僕の「バラ色の未来」もまた急速に色褪せ、挫折する他なかった。戦後子第一号の僕たちの世代。それ以前の世代の人々は、〝戦争体験〟が、人生に強い刻印を押すものだったろうけれど、僕たちは〝高度成長体験〟がその後の人生に決定的影響を与える世代となった。

たまごの会の運動も、この高度成長が生みだしたとはいえないだろうか。もちろんたまごの会は、これからのべるような高度成長の生んだ様々な〝矛盾〟をのりこえようとして出発したのだったけれど。たまごの会に集まった人々には、そうするにはいろいろな動機があったと思う。その動機が、一見どんなにささいで、個人的なもののようにみえたとしても、そこには何らかの形で時代が反映されているものだ。時代は人々の中に、〝時代思想〟ともいうべきものをもたらす。

それは、その時代を実際に牛耳る支配者が、人々に強制する思想でもあるし、またその強制された思想に抗して、人々自身が編みだした思想でもある。たまごの会は、高度成長期に人々が編み出したひとつの時代思想だったのだ。〔中略〕

縄文の系譜に生きる

一九五五年という年を、僕たちは忘れてはいけないと思う。高度成長前夜のこの年、「日本」は国内で、米の自給を初めて達成した。ここに至るまでの「日本」の農民の艱難辛苦は想像を絶しているだろう。けれども、だからといってこの年を、「日本民族」の〝悲願〟がようやくにして達成されたよろこばしい年と、とらえてはいけない。この年は、二〇〇〇年来の日本稲作文化の日本列島侵略、総支配化戦略が完了し、最終的に勝利を得た年なのであったから。

その頃までは、米を見たことも、食べたこともない「日本人」はたくさんいた。〝辺境〟に住む貧しい人々のほとんどはそうだった。彼らは米以外のものを常食としていた。東北日本に住む人々、アイヌの人々、山岳地帯に暮らす人々、そして南の離島に住む人々……。彼らは米に依存しない別種の文化のパターンを、それまでかろうじて保持してきた。これらの文化は、山、森、海洋……などの多様な風土にほどよく適応したものであった。

けれど彼らも、ここに至り、米を強権的に食べさせられることによって、米文化に屈伏した。米文化を「日本」に普遍的なモデルとして、それを日本列島に住む全ての人々に強権的におしつけていった様は、まるで西欧文明を人類普遍のモデルとして非西欧世界におしつけていった、あの帝国主義者の手口と少しも変わらなかったとはいえないか。

「日本」を単一民族、単一文化の単一国家とみる視点こそ、克服していかなければならない。だから僕たちの自立は、それがあるとすれば、稲作文化の系譜の上ではなく、「日本」文化の裏面を貫く縄文の系譜の上にたって、初めて可能なはずなのだ。そのことは単に、人々が山や森に住めばいいということではない。今多くの人が住む平野部、都市においても可能だ。縄文の系譜に生きることとは、固有の風土、歴史の中で、人間一人一人が、自分の五感、身体をフルに使いきって生きること、そして、中央にからめとられぬ確かな生活を人々と共同して創り出すことなのだから。

START ME UP!

僕は子供の頃からエルヴィス・プレスリーのロックンロールが大好きだった。大好きだったというより、僕たちの世代にはロックンロールしかなかったといった方が正確だ。一九六〇年前後、僕の、製品化されたばかりの音質の悪いトランジスタラジオから流れてくるのは、エルヴィスのロックンロールばかりだったのだから。

五〇年代後半、このエルヴィスによって体現されたといわれるロックンロールミュージックの出現は、単に音楽史上だけでなく、文化史上、衝撃的なできごとだったといわれている。それまでの音楽は、小市民的秩序につかりきって、なんともなまぬるく、ひたすらほのぼのとするばかりの〝大人〟のポップミュージックばかりだった。若者たちは、自分たちの荒々しい生の衝動と、大人社会への不満をただもてあますばかりであった。いつかそれが解放される日がくることを、強く希求していたのである。だから貧しい白人の音楽、カントリーミュージックに、黒人音楽、リズム&ブルース特有の激しいリズムがフュージョンされてできあがったロックンロールの出現は、若者たちを熱狂させた。彼らはそれを聴いて、ロックし、ロールしたのであった。

けれど、ロックンロールが揺るがしたのは、この若者たちの腰だけではなかった。市民秩序そのものを揺るがしたのである。ロックンロールとはまさに、市民社会に生きる人々への激しいアジテーションであったのだ。〝大人〟たちはだから一斉に、この新しい音楽に非難を浴びせた。この音楽は激しいひんしゅくをかったのである。けれども、この〝ひんしゅくさ〟こそが、創造・変革への源泉であった。このロックンロールを待望していた〝怒れる若者たち〟が日本では六〇年安保を最もよく斗ったのである。

六〇年代が進むにつれ、やがて、そのエルヴィスもロックンロールを歌わなくなった。彼が年をとったということもあるのだろうけれど、人々がもうロックンロールを必要としなくなったのだ。その頃から社会全体は〝繁栄〟の極に達しつつあり、人々が抱く資本主義に対する信頼は揺るぎのないものになりつつあった。若者たちもその〝繁栄〟にひたりきり、彼らの世の中に対する不満などはどこかに霧散してしまったのだ。

かつての六〇年安保の斗士たちも、「平和と繁栄」という社会の仕組みの中で、高度成長に最もよく貢献する斗士に変身していた。ロックンロールも、それを生み出した資本主義そのものは揺るがすことができなかったのだ。このようにしてロックンロールはその魔性をそがれ、あたりさわりのない無難なポップスへと姿を変えていく他なかった。

六〇年代末、エルヴィスは〝奇跡のカムバック〟を遂げた。けれど、僕たちの前に再登場したエルヴィスは、もうロックンローラーではなかった。ただのポップスシンガーになり果てていた。三〇代半ばをすぎた彼の歌声は、けれど美しく、時に人を酔わせるだけの洗練さを備えていた。しかし、それだけのことであった。人を激しく喚起し、揺り動かさずにおかぬ、あのアジテーションはもはやそこには望みようもなかった。小市民社会に憩う人々への良きエンターテイメントでしかなかった。

そしてその時に、新しいロックの運動が若い世代によって台頭しようとしていた。時に世界的な人民総反乱の時代であった。でも、〝ロックンロールの王様〟エルヴィスは、この新しいロックとは無縁の存在にすぎなかった。高度成長を第一線で支える斗士へと変身していたかつての〝怒れる若者たち〟も、この時には既に、全共闘世代の若者からは批判され、追求される存在でしかなかったのだ。

七七年夏（僕が石岡集会〔四〇〇ページ参照〕の準備に没頭していた頃）、エルヴィスは死んだ。その時の彼は、運動不足と飽食とによって肥満しきっていたという。エンターティナーとして復活し、やがて肥満しきって死んだエルヴィスは、「繁栄」がうずまく、今という時代を象徴してはいまいか。そしてエルヴィスだけではない。彼をのりこえようとしたかつての新しいロックも、今はその猛々しさを失った。現在、音楽はすべて、まるでイージーリスニング化されてしまったかにみえる。その音色はあくまでも耳ざわりよく、人々を逆なですることなどない。音楽は人を揺り動かすアジテーションの役割を捨て、再び小市民的秩序の中にしかるべき場所を与えられ、安住してしまったのだろうか。

けれどもその今、「繁栄」という幻想にひたり続けようとする僕たちに、なおしつように悪魔のごとき歌声が聴こえてくる。孤独だが、それだけに激しいその歌声は、僕たちにこうせまる。

START ME UP!

私の体に火をつけて！

（ミック・ジャガー、一九八一年）

（『今はどういう時代か――国家幻想の存続か解体か』自主出版、一九八二年三月）

第I部

たまごの会を創って離れる

ある農場

明峯哲夫《あけみね》

宇都宮市の北にある養鶏農場を訪ねると、餌つけの最中だった。鶏は暗くならないと寝ない。夏は仕事がすむのが遅いという。

一昨年の春まで、北大の大学院にいた。専攻は生物学。初めは研究者として生きることを考えていた。そのなかで大学闘争の高揚期を迎え、ポシャる。そのあと一時は研究室にもどったが、全体のバランスのなかで生きていく生物とかけはなれたところで、試験管の底をつつくような仕事をしている自分を否定せざるをえなかった。一方では農産物の汚染が進む。それは現在の農業技術体系の必然の産物である。

そこで考えた。「なにはともあれ生産現場

峯さんにとっての大学闘争の総括だった。たまたま紹介してくれる人があって、大学時代の仲間である奥さんと友人の三人でこの農場にはいった。

この論文に出てくる「たまごの会」の新農場ができれば、明峯さんたちはそこへ移る。そこで「生産者と消費者の信頼関係を基礎にした新しい農業を素人としてやってみせる」という。

明峯さん自身、埼玉県生まれの都会人である。そこでも汚染されない「いい卵」をつくれる条件はきわめて少ないが、それでも本来あるべきかたちで卵をつくり、食べるつもりだ。そうしても、汚染されない卵はつくれな

「早く大きくなれ」。子豚の世話をする明峯さん＝新治郡八郷町の「たまご農場」で

【解題に代えて】明峯「庭学」をめぐって

永田　まさゆき

1　源流としてのたまごの会

私が明峯さんと出会ったのは、「たまごの会」の立ち上げのとき、筑波山の麓に会の自給農場を建設し始めた一九七四年である。明峯さんは学生運動の末に研究室を飛び出し、養鶏場での研修を経て、たまごの会の主要メンバーとして活動を開始していた。パートナーの惇子さん、大学の同窓・三浦和彦さん、東京農業大学を卒業したばかりの魚住道郎さんらが農場の専従者（先住者という言い方もしていた）として生産の準備をし、まだ学生だった私は数人の仲間とともに、建築担当として彼らと同じ釜の飯を食った。

会の活動に関わった、きっとだれもがそうであるように、現在もなお当時培った「たまご風」の眼やモノサシを後生大事に持ち歩いている自分がいる。思えば、当時の中心メンバーの多くがバリバリのアクティビストだった。

こうした建設期特有の騒然とした雰囲気の農場で、ほかの専従者とともに、例をあげればお財布ひとつといったような家族的な至近距離で、明峯さんとの付き合いが始まった。四六時中鼻を突き合わせたヤリ手のメンバーが十数人、切磋琢磨しあうことも多くあったが、軋轢も相当あった。その場面、プロセスについての評価は、関わった各人さまざまだろう。私は建設時期というものが持つ渦中の面白さのほうにハマっていた。

農場に限らず一般に事業は、建設の時期が必要だとしても、専門業者にゆだねる。準備時間は早く推移させ、本来の目的を達成できる体制を整えるほうに力を注ぐ。建設期を一過性のものとして負担を軽くしようとするし、往々にしてそのプロセスは事業の主要課題にならない。

ところが、たまごの会の始まりは、なんでもアリなのだった。会の事業は、会員である都市住民の食べものの生産・消費のサイクルである。それを「自分たちで」やってみる、というのがユニークだった。当時、「食べものを自分たちで」という運動・活動が各地で始まっていたが、ほとんどがプロである良き農民との直接取引(契約栽培など)であったように思う。「自分たちで」は、とんでもないことのドアを開いた。

たまごの会は、自給農場を持つ。まがりなりにも農場には専従者がいて主な生産を担うが、彼らも会の中で会員と同等の立場であり、都市に住む人びともできるだけ生産に関わった。多くは農民でもないのに、野菜や穀物をつくる。鶏や豚を飼い、加工品までつくってしまう。シロートの集団がドンキホーテのように、どんなことにも立ち向かおうとする。

どうして、そうなっちゃったんだろう。

当時、「教科書だよね」と言って、邦訳が出たばかりのインガルス一家の開拓物語(ローラ・

インガルス・ワイルダー著、恩地三保子訳『大きな森の小さな家』(福音館書店、一九七二年)などを回し読みなんかしたっけ。農場メンバーはいっぱしのヒッピー気取りだった向きもあるが、むしろ社会通念上は定義しにくい新たな立場をそれとなく目指したと言ってもよいかもしれない。

「自力」って魔法だ。「他力」の集合のような一般社会に対して夢みるように！　異を唱え始めると、目前に広がるのは直接手を出すべきおもしろい事象だらけだった。だから、会のなんたるかをよく理解していなかったかもしれないお手伝いの学生(私のような)が、「会の活動は食べものづくりのみでは不十分、建設も自分たちでやろう」と提案し、多くの反対(それはまっとうなものであった。早く生産を軌道に乗せる必要はあった)を乗り越え、五年あまりにわたるすったもんだの自力建設期を会が内包したのだ。

会員の多くは都市内に生活するまっとうな人びとであった。多額の建設費用は彼らが負担するわけである。そんな果てしない遊びをよく承認した、といまも感慨深い。

そこで錦の御旗を真っ先に振ったのが明峯さんだった。だから農場メンバーは彼のことを「酋長」と呼び、少し年下の私は彼を気に入っていた。尊敬していたと言ってもよい。彼は始まったばかりの会の活動の周辺にわき上がる課題への対応について、鋭い切り口を提示した。なすべきことを発見し、つとめて対等な議論をまわりに振りまいた。彼は意識していなかったと思うけれど、そこから多くを学び、育てられたという実感が私にはある。彼もまた、そのような場面をつくり維持することで自身を磨いていったのだと思う。以後、長い付き合いになった。

　そんな学校みたいな空間・時間は、彼にとっては飛び出してきた大学の研究室の発展的代替、私にはのほほんと過ごした学部の本格化みたいな実感が、そうあるべきこととして、当時の農場の空間を満たしていたように思う。その後の人生のすべては、ここから始まったように思える。

2　「庭」の発見

　明峯さんがたまごの会を離れ、都会の中で自給的な暮らしを求める活動を盛んにしていた時期、私は札幌に移住し、自分なりに納得できる暮らしの枠組みをと模索を始めた。札幌は都心のすぐ近くに山が迫っている。一角の山のてっぺんに広い土地付きの空き家があって、借りることができた。広いと言っても、全部が斜面、妖しげなトンネルがすぐ横にあった。戦後開拓の入植者が営農しようとしてうまくいかず、結果空き地・空き家となったという。トンネルの向こうは高級住宅街をへてまもなく都心、こちら側は一転して田舎、その環境を一目で気に入った。

　ちょうど子育ての時期でもあったので、小さな保育所を主宰したり、菜園を近隣の仲間と始めながら、「おもしろい暮らしの場所」の方向へと向いていった。それは、たまごの会や「やぼ耕作団」が持っていた固い使命感からは少し距離があるゆるいものだったが、あえてそんなニュアンスを選んだ感がある。

一九九〇年代の後半には、おもにモノづくりの友人・知人に近況などを書いてもらって束ねる「工房だより」と名付けたミニコミを私は主宰し、希望者に配布していた。二〇〇〇年春に出した号に、明峯さんは「庭」と題した文章を寄せている。

「ヨーロッパでは、農業(farming, agriculture)は家畜を飼育し、穀物を栽培することをいう。野菜の栽培は農業ではなく、園芸(gardening, horticulture)と呼ばれる。寒冷で土地の痩せたヨーロッパでは、元々栽培できる野菜の種類は限られ、人々の野菜の消費量も決して多くはなかった。だから農業を行うのはプロの農家(farmer)だったが、野菜作りは農家だけの生業ではなかった。誰もが庭先(garden, Garten)を持ち、園芸家(gardener)だったのである。

庭先では野菜のほか、果樹・ハーブなどが(もちろん花も)栽培され、豚や鶏が遊んでいた。庭先は自給の、生活の拠点だったのである。だから産業革命が勃興し、多くの人々が都市に移り住むようになってからも、人々は〝庭〟にこだわり続けた。アパートに閉じこめられた彼らは(古くからのアパートには必ず〝中庭〟がしつらえられていたが)、市中に〝小さな庭〟、つまりクラインガルテン(kleingarten)を要求する運動を起こすのである。(中略)

今、ヨーロッパや日本で、そして世界中で、人々は喪われて行く〝庭〟に思いを馳せている。しかしそれは決してノスタルジーではない。人々の拠点であり続けた〝庭〟は今あらためてその存在が認識されなければならない。さらなる都市化、さらなる近代化、さらなる国際化を急ぐ現代社会。そこで呻吟する現代人に、〝庭〟は生活再生のための力強い戦略を提供してくれるに違いないからだ」

この年の夏、ベルリン（ドイツ）のフンボルト大学を主会場に五日間開催された国際的な庭会議（Garten Konferenz）に明峯さんは参加し、講演をした。紹介した文章は、その原稿ということだった。会議の全体テーマは「都市および農村地域における小規模農業：その社会的・生態的必要性」（Perspectives of Small-Scale Farming in urban and rural areas - about the social and ecological necessity of gardens and informal agriculture）。彼の演題は「都市住民にとっての生存者戦略としての自給的な農業」（Urban subsistence agriculture as a survival strategy of the inhabitants）である。

ちなみに、この会議では総勢二〇人あまりの研究者や活動家が表題にちなむ講演を行った。彼の他にも、興味深い内容がプログラムにラインナップされている。

女性にとっての経済としての小規模農業と庭〜生活世界・失業・家事／ドイツの連邦国家における新旧の小規模農業／NGOが牽引するエコロジカルな小規模自作農の運動／ロシアの田舎や都市におけるインフォーマルな経済／中小農業者、農業従事者の世界的なプロテスト〜ビア・カンペシーナ／ジンバブエやシエラレオネにおける女性によるコミュニティ・ガーデン／ポスト社会主義の中の小さな農業〜東ヨーロッパやバルカン諸国の例／ラパス（ボリビア）の都市農業／ニューヨークのコミュニティ・ガーデンの政治運動化／イギリスにおけるコミュニティ・ガーデンとシティ・ファーム……。

3　超中央VS土地の責任

私自身の仕事は建築計画だが、住宅づくりの仕事の中で、住まいのありようについて考える機会を多く持つようにしている。しかし、一般的には、たとえば、いま、どのような人間関係があり得て、それがどのように社会とつながり、そのことがどう空間化されるのが望ましいのか、といった原理的な考えを当事者と交わす機会は少ない。ともすれば、スタイルとしてカタログ化された事象を編集するかのような作業が多いのが現実である。

消費社会といわれる今日の状況は、住まいにも強く投影されている。住まい手から発せられる要望の多くは受け身の快楽である。快適に、キモチよく……。かつて労働の場所でもあったという要素は削られ、セキュリティを盾に、その社会性も狭められている。多くの人びとは暮らしを大事にと言いつつ、閉塞感ただよう空間に帰って寝るだけかのような場面設定に、多額の投資を余儀なくされている。

言ってみれば、人びとは具体的な暮らしの要因を自らの手でつくり出す機会を放棄・喪失してしまっている。必要なモノはすべて金銭を介して手に入れるしかない現実が充満していて、その範疇の選択は許される。だが、それ以上・それからはずれるものは望めない（望みようがない！）縛りが、強力に身辺を律している。商品は優しい顔をしている。人びとは定められた休日に満員のマーケットへ一斉に出かけ、陳列棚の商品の選択しかない自由をみんなで謳歌するということが平気でできるようになった。

「すべてオカネという世界的一元化、言い換えれば世界規模の中央化(centralization)の時代に私たちは生きている。超中央の出現：アイフォーン、スタバ、イケア、フェイスブック……」(小沢健二「うさぎ！　四一話」)。そんなものを私たちは優しく受け入れている。

明峯さんが「庭」を書いてくれたことに触発され、私は二〇〇四年から「農的くらしのレッスン」という市民向けの講座を始めた(定員一五人、年間一二～一六回)。主催者として「NPOあおいとり」を立ち上げ、新たに教室もこしらえた。自前の菜園だった場所を拡張しつつ研修農園とし、以前から飼っていた家畜＝豚や鶏、山羊を拡充した。レクチャーは、まずは技術的には家庭菜園の運営、加えてそこから切り開かれるだろう「もうひとつの暮らし」を概観するという内容だ。

「明治の開拓から見直していこう。札幌農学校も何だったんだか」などと講師のリクエストを彼にしたら、「いや、じつはちょうど同じことを三浦クンと話したばかりだ」とのことで、大いにびっくりしたのを覚えている。大阪に移り住んだ農場の同志・三浦さんの手引きで、関西でも類似のテーマの勉強会が企てられていた。

明峯さんは、私たちの講座で「農的植物学入門」を担当した。年に数回、野菜や穀物などについて「科分類」ごとに、彼なりに整理したそれらの特質について取り上げるのだ。「農的」と冠しているのがミソで、植物学でありながら、関係する歴史や地理、社会や芸術へと脱線していく、縦横無尽な内容であった。受講者たちは、初めは生徒よろしく受け身状態なのだが、興味はそれぞれにふくらんでいく。最後は、「みなさんは市民科学者のたまごなのです」という指令を受けて終了するというエキサイティングなものだった。

年に数回の講義の初めか終わりに、植物の話からすこしそれて「庭学」というものがあった。その主旨は、本書にも収められている「庭宣言」である。この授業で彼が取り上げたエピソードに、レナード・バーンスタインのミュージカル「キャンディード」(オリジナルはヴォルテールの物語)がある。「現実世界にはいろいろ困難なことがある。だがしかし、いずれにしても自分の庭を耕そうではないか」という歌がその最後に歌われる。

明峯さんはよく言っていた。「君がそこにいる、そこの土地の責任を」と。

地球上のすべての土地が超中央のものになりつつあるようである。その局面において土地から離脱する自由さこそが推奨され、管理？　責任？　はあ？　という事態が進行している。そういうなかで、自分が立っている土地とともに生きるということはどういうことであろうか。

4　拠点としての庭学

明峯さんは、そして少なからず私も、いつも土地、言い換えれば「場所」を意識し、そこならではの課題を見つけようとしてきたと思う。

たとえば、急進的な映画監督・美術家であったデレク・ジャーマンは、エイズを患った時点でダンジェネス(イギリス南部ケント州)の原発前という位置を選択し、美しいガーデンをつくり続けた。彼は活動家などではなかったが、自分の死を前にし、現代文明の象徴たる原子力発電所をあたかも道連れにでもするかのように、彼の見据えた時間や空間をその場所に作品化したのだという気がする。

また、たまごの会の農場がそうであったように、意識化された場所には総合的な、全方向ともいうべき世界への道の始まりがあることを私は実感する。そして、場所を構想し、そこに触れようとする行為には当然責任というものが付随することを知るようになった。

一方、勝俣誠さんは『脱成長の道——分かち合いの社会を創る』(コモンズ、二〇一一年)にこう書いた。

「南北問題の究極的課題は、まさに一つの等距離・等質の世界地図をつくろうとする今の勢いに対して、地域の人びとが幾千、幾万もの自前の世界地図を作れるような仕組みを見つけること/無数の地域からなる分権化した世界のユートピアを探る作業」

この状況の切り取り方を、明峯さんの「庭学」と重ね合わせ、非常にリアルなものとして受けとめたいと思う。

世界・地球に跋扈する巨大な政治・経済問題、生存環境の危機などについて、それらを大きなものとして受けとめるだけではなく、身近な課題として編集し直し、自らを関連づけようとする場所、言い換えれば「庭」のような存在を、私たちは自らの力で発見し維持していく必要に迫られていると考える。そのことを通じて、わずかずつかもしれないけれど、執拗に世界にリンクし続けることが重要だ。

きっと、その局面では、私たちは単に庭＝土地を所有したいのではない。自分が立っている土地を自らの技量で管理し（し合い）、それが連鎖・連合的に構成されるという世界・地球のありようこそを望んでいる。それは、超中央がかぶせてくる網と真っ向から対立する。

考えるだけでなく、ましてや祈るだけでなく、もうひとつの世界へ向けた一段と具体的でユニークな方策を身のまわりの土地（場所）を基盤に発見していく作業、言い換えれば、それぞれの「庭学」が多くの人にとって重要である。そのことを明峯さんは全存在をかけて流布しようとしたのだ。

〈付記：明峯さんと庭〉

明峯さんは、いつごろから「庭」だったのだろう。

私は八郷農場以後、東京都下で一見スケールダウン、いやじつは自給の奥行きを拡張する活動に着手してからという気がする。活動というものは、それが本質的であればあるほど新しいフィールドを要求する。既存の枠組み内にとどまらない（それがすべてではないことを承知しながら）発想の広がり感を彼はいつも求めていたと思う。ユートピアだなんて気軽には言えないのをあえて口にするとか、そういったなかに「庭」もあったのかもしれない。彼は「庭」を発見したのだ。

比較的最近の事例として、農的くらしのレッスンの講義で明峯さんが取り上げた「庭」に関するエピソードをいくつか紹介しておきたい。

レッスンのミッションとして「庭」がキーワードであることは、互いに当初から話題にしていた。やや脱線気味に、「庭協会(Garden Society)」をつくって俯瞰的な見方をしてみたいなどあったが、実現しなかった(宿題)。それはそれでひとつの要素だったけれど、いろいろな庭活動を再見していくのも大事ということで、たとえばヘルマン・ヘッセの『庭仕事の愉しみ』(V・ミヒェルス編、岡田朝雄訳、草思社、一九九六年)を本箱から引っぱり出して読み合ったりもしたことを覚えている。

農的植物学入門「イモ」(二〇〇五年)では、古代からヒトの生を支えてきた代表的な食のひとつとしてのイモ類の特徴を解説し、最後にジャガイモをめぐる一八世紀末あたりのイングランドの農業事情を取り上げた。囲い込み(enclosure)によって農業(farm)が確立していく一方、流動化した農民の生存基盤となったのは菜園貸し付け地(garden)におけるジャガイモ栽培だったという。

「貸し付け地の半分にジャガイモを植え付け、あとの半分には豚の餌用の大麦または小麦を栽培し、パンは購入した。ジャガイモは一日の唯一の暖かい食事である。夕食に必ず出て、これに庭先でとれた野菜類、ローリーポーリーという果物菓子、ベーコンの小さな塊が添えられた」(フローラ・トンプソン「舞い上がるひばり」)という一九世紀末のオックスフォード州の話でしめくくっている。

二〇〇六年からは「庭学」と題する講義をした。レジュメの冒頭には、「まちなかの小さな庭。それは私たちが責任をもつべき地球の一部。それは果てしのない宇宙につながっている。

さあ、庭を耕せ！」とある。

そして、自身が日野市で実践した「やぼ耕作団」をはじめとするいわゆる市民農園、ドイツのクラインガルテンやアメリカ合衆国のコミュニティ・ガーデン、二〇〇〇年に参加した庭会議のリポートを紹介した。自著の「土地を耕し、作物を育ててみよう」（アースデイ21編『地球と生きる133の方法』家の光協会、二〇〇二年）から、次の提言をしている。

「本来一人の人間の努力に任されていることを地域に委ね、その地域が行うべきことを国家に任せ、その国家が責任を持つべきことを他国に押しつける。この地球大で帳尻を合わせる発想が、あっさり土を放棄する空間を生む一方で、土壌の生産力を徹底的に吸い尽くす空間を生み出し、また毎日耕しながらも飢えに直面する人間を生む一方で、耕さなくとも飽食できる人間を生み出しているのです。この事態を『奇妙』と考えるなら、人は自らの自給の枠を縮小し、理想的には自給は個人の枠で考えられるべきことを、改めて覚悟する必要がありそうです」

また、農的植物学入門「ムギ」では、ベルリンの庭会議の際に入手したという"*Vergessenes Land*"（「忘れられた場所」）（Ingo Konrads, Helios, 1996）の一部を訳し、ドイツ西部の山間地アイフェル（Eifel）地方の麦づくりを「ムギと暮らし」と題して紹介している。

「何世紀もの間、アイフェルの人びとは穀物を手鎌や大鎌で刈り取ってきた。収穫期、骨の折れる手刈りは朝早くから始まり、丸一日広い畑で過ごす。男たちが刈り取り、女たちは刈り取ったものを集め、乾燥させるために地面に立てる。このあたりではライムギがパン用の主要穀物だった。ライムギは山間地の土地や気候に良く適応している。……オオムギは人間が直接消費していた。主に醸造用の麦芽として利用され、アイフェルの周辺部で栽培されていた。より大切なのはエンバクである。エンバクは馬の飼料として利用されたが、人間のお粥にもなった。エンバク粥はずっと人びとには貴重な食糧であった。……農民たちの自給自足の基本はパンづくりである。いまもなおアイフェルの人びとは、自家用あるいは共同体により維持・利用されてきた共同の窯でパンを焼いている。共同のパン焼きの日に関わる仕事は二〜三週間続く」

明峯さんは、このドイツの風土と北海道とを近いものとして関連づけ、北海道の「庭」はこのアイフェルのような光景であるべきであって、明治の初めに一瞬その可能性を見たものの、すぐさまコメに制覇された歴史を再検討すべしと盛り上げて講義を終えた。そして、「みなさんビールを飲みに行きましょう」

「闘う庭」と題する講義もあった。農的暮らしを求める立場とは何であり得るのか、いまはどういう時代なのか。権力による人民支配の道具とも言える農業の歴史は果たして塗り替えられたのか?と問い、反撃の必要性を説いた。その拠点はやはり「庭」と呼ぶべきものであって、逃げ込み・閉じこもる、癒やしの要素もさることながら、集い・学び・出撃する、闘う庭の創出を課題とした。

教材にしたドキュメンタリー映画のタイトルは、まさに『The Garden』(スコット・ハミルトン監督作品、二〇〇八年)。ロサンゼルス暴動(一九九二年)のあと荒れ果てた地区に広大なコミユニティ・ガーデンが立ち上がり、主にマイノリティの人びとの生活拠点となったものが、一四年間の自主運営管理活動を経て立ち退きの事態となり、反対運動が展開された。その一部始終をカメラがとらえた。ギリギリの生きるための庭、という当事者側からの視点で製作されたものである。

明峯さんが関わった社会問題にも「庭学」としての解説が付された。二〇〇四年に起きた新潟県中越地震によって壊滅的なダメージを負った山古志村の復興計画に関わり、生存のための農業・自給農業(subsistence agriculture)の要素を中心とする提案をしている。

また、水俣病問題を取り上げ、水俣の人びとにとっての庭は海であり、海を生きるとはどのようなことかと考察している。生きる場所を再考するとは「人として」という主体をどう取り戻すかではないかと問い、人がそこに働きかけ、恵みを得る対象としての「庭」は、一種の青い鳥(utopia)として「ここ」に存在することが見えるというまなざしの力を必要としつつ、No-Where(どこにもない)からNow-Here(今ここで)への視点の転換によってもたらされる、とした。

三・一一が起き、中東問題が重くのしかかっている今日の社会状況のなかで、「庭」の必要性の大きさは増している、と考える。明峯さんのメッセージは、届いたその人へ青い鳥を可視化させる主体的な動きを要請している。

最後に、明峯さんが「農的くらしのレッスン」で講義をしたリストを紹介しよう。

二〇〇四年度　農的植物学入門「マメ」、農的植物学入門「アブラナ」、庭の世界

二〇〇五年度　農的植物学入門「イモ」、農的植物学入門「マメ」、農的植物学入門「ムギ」

二〇〇六年度　基礎庭学、農的植物学入門「アブラナ」、農的植物学入門「ネギ」、闘う庭

二〇〇七年度　農的庭学入門、農的植物学入門「イモ」、農的植物学入門「セリ」、農的植物学入門「ネギの仲間」、庭を生きる〜山古志・水俣の人々のくらし、ディスカッション「私たちはこれから何をたべていくか」

二〇〇八年度　農的庭学入門、農的植物学入門「イモ」、農的植物学入門「採種の植物学」、農的植物学入門「アブラナ」、農的植物学入門「ムギ」、農的植物学入門「植物の生き方・動物の生き方・そして人間の生き方」

二〇〇九年度　農的庭学入門、農的植物学入門「マメ」、農的植物学入門「ウリ」、農的植物学入門「セリ」、農的植物学入門「採種」

二〇一〇年度　農的植物学「アブラナ」、農的植物学「採種」、農的植物学「ネギ」、農的動物学「ニワトリ」、農的庭学

二〇一一年度　農的植物学「イモ」、農的植物学「採種」、農的植物学「ウリ」、農的植物学「ムギ」、農的動物学「ニワトリ」、農的庭学

二〇一二年度　農的植物学「アブラナ」、農的植物学「マメ」、農的植物学「採種」、農的動物学「ニワトリ」、農的庭学

第1章　ある農場からの報告

私は養鶏を主体とした農場の従業員である。この農場は企業には違いないが、経営規模は小さく、中小企業というよりむしろ〝微小企業〟というにふさわしい。もともと数軒の農家が寄り集まって発足したのだが、現在はそのうちの二軒と、私たち何人かの従業員とを合わせた一三人ほどが、その構成員である。

この農場は直接消費者が口にする卵を生産する採卵養鶏場ではなく、ブロイラー用の雛をふ化させるための種卵（受精卵）を生産する種鶏場だ。原種鶏場から雌雄の種鶏の雛を購入して育て、それらが産む種卵をふ化場へ出荷する。種卵はそこでふ化され、産まれた雛が肥育農場でブロイラーとして育てられる。それが処理場、小売店を経て、消費者の口に入るというわけである。

この二〇年ばかり、卵の価格はほとんど変動していない。他の物価が暴騰している現在、なぜ卵価に限って、このようなことがありうるのか。

その理由は簡単だ。すなわち、養鶏が農業生産のなかで、もっとも近代化・合理化に成功して、〈大量生産〉が可能になり、卵の生産コストが低下したからだ。近代的養鶏はもはや農業というより、むしろ〝工業〟というにふさわしい。合理化の内容は、規模（飼養羽数）拡大、機械化、飼育技術の近代化などで、このような合理化した企業養鶏の典型を、いま大手商社による養鶏に見いだしうる。大手商社が養鶏産業へ介入して、養鶏の近代化・合理化の先鞭をつけた。配合飼料の製造から、卵、ブロイラーの生産、流通、加工、販売とすべての行程が一つの資本系列下で行われるようになった。これがインテグレーション（垂直統合）と呼ばれる。現在の安い卵価は、主にこのような商社系列の大規模養鶏による大量生産体制が生み出したもので、実質上は彼らの〝独占〟価格といってもよい。

これに対して、従来の中小規模の養鶏農家は、資本力の弱小さから思い切った合理化もできないまま、低卵価をおしつけられて、経営を維持しがたくなった。私たちの農場が関連するブロイラー産業も、採卵養鶏と同様に、商社によるインテグレーションがほぼ完成されている。この農場と直接関係する原種鶏場やふ化場はいずれも大商社の資本が、直接・間接に導入された企業であり、したがって私たちの農場にも、いまのところ資本の導入こそないが、彼らを介してさまざまの形で商社の支配が及んでいる。

インテグレーションに直接・間接に組み込まれた中小農場のはらむ問題性は、結局は弱小企業の〝下請け化〟の問題だと、私は理解したい。中小農場が大手企業からいかなる支配力を受け、生産内容がどのような変質を強いられていくのか。さらにそれは末端の消費者にとって、いかなる意味を持つのか。その支配力に抗していくとするなら、どのような手だてがあるのか。

アメリカ養鶏法の押しつけ

私たちの農場は、三、四年前［一九六九〜七〇年］までは、採卵養鶏場であった。しかし、鶏の飼育法は、他の養鶏場のそれと比べ、かなり特徴的であった。この飼育法は、鶏を卵を生産する〝機械〟と考えて、単に生産の量的拡大だけをめざす一般の養鶏法と異なり、鶏を健康に育てあげ、その結果、良質の卵をつくることをめざす技術体系であるといってよい。つまり技術を成立させる出発点が、一般の養鶏とかなり異なっていた。

個々の飼育技術で、その例を挙げると、鶏は一般に行われるケージ飼いではなく、十分な運動と日光浴、砂浴びができるよう、適正な飼育密度のもとで〝平飼い〟（土間飼い）にされる。鶏の健康には欠かせぬ緑餌（草）をふんだんに与え、市販の画一的な配合飼料に頼らず、鶏の健康状態に応じてキメ細かに対応しうる自家製の配合飼料を用いるといったように――。農場の立地、飼育者、季節、そしてつねに変化していく鶏の成育状態などの諸条件に、それぞれ適応した適正な管理を施していくことに、主眼がおかれた。それはいっさいを〝平均値〟のもとに集約して、画一的な養鶏法と、好対照をなしていた。

このため農場の生産する卵の品質は良好で消費者からも喜ばれて引き取られていったという。しかしながら、問題はこのような飼育体系が現実の市場の論理とマッチしなかったことだ。

この飼育法は土地や人手を多く要し、卵の生産コストは高くなりがちであった。大規模養鶏が勃興し、市場の卵価がそれらにより実質的に決定されていくにしたがい、卵を一般のマーケットに流通している限り、経営は次第に苦しくなっていった。さらに〝技術的未熟さ〟が経営の苦しさに拍車をかけた。

一般の養鶏法とは違い、この農場の技術は、農場で実際に飼育する者が日々鶏と接し、試行錯誤しながら徐々に獲得していくものだ。だからこそ、その農場に、その飼育者によく適応した独自の養鶏法が成立しうる。しかし、そこに技術発展の困難さもある。「教科書」がないのだから、失敗もありうる。ひとつまちがえると、育成率や産卵率がガタ落ちという状態もやむを得なかった。

この経営的危機を打開するため考えられたのが、種鶏場への脱皮であった。種卵生産は一般の採卵養鶏と異なり、平飼い飼育が基本となり、今までの飼育法をかなり温存できる。しかも、ふ化場との契約飼育により、種卵の卵価は比較的安定しており、経営的にも安定しうると考えられた。こうして種卵生産に取り組むことになったが、果たして現実はどうであったのだろうか。

確かに以前に比べ収益は上がり、経営は楽になっていくかにみえた。しかしながら、肝心の生産技術の質的低下を余儀なくされる事態になった。それはなぜか。

ブロイラー産業の国内での元締めである大手商社（原種鶏をアメリカ本国より輸入し、国内で系統維持を行えるのは、大きな資本力を持つ有力商社だけだ）からの影響力が、原種鶏場やふ化場を介して無視できなかったからである。

基本的にはアメリカ養鶏法の押しつけであった。アメリカの原々種鶏場で使われる飼育の手引きが、「教科書」として渡された。種鶏の標準管理表、完全配合飼料、そして、防疫プログラムなどの導入も余儀なくされた。

この農場の指向する飼育法では、〝標準〟管理という発想はあり得ない。管理方法は多様であり、その時々の条件に応じて、微妙に変わり得るはずなのだ。与える餌の質と量も、つねに鶏の健康状態を観察して、適正な処置がとられなければならない。薬剤の使用は、鶏を健康に育てる条件さえ満足させられれば、最低限で済むはずであった。薬をあらかじめできあがったプログラムに合わせて使うことは、むしろすべきではなかった。しかし、とにかくも、アメリカ式養鶏法を徐々になしくずし的に導入することをせまられた。

一方、卵価の契約にあたり、種卵の生産コストは極力低くするよう求められた。現在、ブロイラー業界は各系列間で激烈な競争状態にあり、いよいよコストの時代に突入したことが強調された。だから、人手や土地を多く必要とする生産性の低い飼育法は、歓迎されず、一人当たりの飼育羽数を多くしなければならなかった。その結果、この農場の飼育法が成立するための最大の要件である〝一羽一羽の鶏に対する十分な観察〟と〝小回りのきく臨機応変さ〟とが奪われていった。さらに〝緑餌多給〟の技術も再検討をせまられた。

コストの論理を追求の結果

一方〝下請け化〟に伴い、生産の部分化、個別化が不可避であった。種卵生産がそれのみで、自己閉鎖的に行われることを強いられた。私たちの種卵が農場から一歩外に出ると、もうそれらにどのような運命が待ち受けているか、私たちには知る由もない構造になっていた。どのような雛にふ化され、それがいかにして肥育されるのか。そして、それがどのように処理され、いかなる製品となって消費者の口に入るのか。さらに、それは消費者の健康維持にとって、どうだったのか。これらのことを、私たちは全く知らない。

驚くべきことに、種卵の質を決める当面の最大の指標であるふ化率すら、私たちには公表されない。なぜであろうか。そのようなデータをだれもが持っていないか、あるいは持っていたとしても〝秘密〟にしているかどちらかであろう。これらのデータは各企業間の〝かけひき〟の材料になりうるから、一種の〝企業秘密〟になっているのかもしれない。しかし、私は実際はだれもがこのようなデータを持ち合わせていないのだと思う。

〝一つ一つ〟の種卵には、それぞれ〝個性〟がある。仮に同一の飼育法を種鶏に施したとしても――である。だから、その〝一つ一つ〟の卵を生かすためには、それらのもつ〝バラツキ〟に十分配慮して、その後の処置をそれぞれにふさわしくキメ細かにすることが必要だ。ところが〝画一化〟を唯一のよりどころとする近代養鶏は、これをやり始めると自らの崩壊につながるから、できない。すべての卵は〝同じ〟であってほしいから、バラツキには目をつぶる。だから〝一つ一つ〟の卵の運命の追跡など、だれもが放棄してしまう。

個別生産は、それのみでは成立しない。隣接する諸生産および消費との関連性のなかでのみ、それはいきいきとする。だから、私たちは〝私たちの〟種卵に待ちうける一連の過程をつぶさに知りたいし、〝私たちの〟卵にふさわしい処置がとられることを要求したい。これが封殺されている限り、個別生産は死んだと同じで、向上する契機も失われていることになるから、やがて完全なる退廃に陥るほかない。

農場が種卵生産に期待したことは、見事（?・）裏切られたといってよかった。

現在の近代養鶏は採卵養鶏、ブロイラー養鶏を問わず、〝公害〟産業だと、私は思う。それは二つの意味でだ。一つは作り出す製品の質そのものにおいてであり、もう一つは生産が周囲の環境に及ぼす影響においてである。

鶏は画一的な防疫プログラムにより、〝薬漬け〟の状態で飼育されている。だから市販の卵やブロイラーの防疫薬剤による汚染は深刻だ。とくに抗生物質や合成ホルモン剤の残留は、人間に及ぼす影響がはっきりとわかっていないだけに恐ろしい。一方、各農場の周辺は、鶏の騒音、鶏糞の悪臭などによる環境破壊が著しく、もはや養鶏場は人間の生活空間には存在を許されなくなった。鶏に対する抗生物質の無配慮な投与は、抗生物質耐性菌を環境にバラまいていることにほかならない。

これらは、近代養鶏がコストの論理を追求するあまり、「鶏を健康に育て、安全でおいしい食物を供給する」という養鶏の成り立ちの本質を忘れた必然的結果である、と私は思う。ただやみくもに生産の量的拡大をはかり、鶏を不健康な状態に追い込んだあまり、今や〈薬〉の大量使用を前提としなければ、飼育は不可能になった。私たちの農場が指向したような〝鶏を健康に〟をモットーとする技術が発展していれば、このような〝公害〟は十分防げたはずであった。

しかし、今や私たちの農場も、このような〝公害〟発生に一役買っているといわざるをえない。この農場の人々にとっては、生産者としての立場をあらためて問い直さなければならないところまできてしまった。

このような深刻な状況のなかで、それを突破する一つのきっかけが、農場に与えられることになった。それは東京の消費者との交流であった。

それは一昨年［一九七一年］の暮れから始まった。私たちの農場の技術が良質の卵を生産できるはずだと注目して、ある東京の消費者が中心となり、規格外の種卵を食卵として共同購入するグループが都内でいくつか成立した。週に一回、わずかの量の卵であったが、消費者自ら車でとりにくることになった。しかし、規格外の種卵は、食用としてふさわしくなかった。

というのは、先に述べたように、農場は独自の飼育法の実施が基本的には許されないで、完全配合飼料も抗生物質を使用していた。そこで消費者側との話し合いで、種卵生産とは全く別の飼育形態で、すなわち農場のめざす独自の飼育法で、東京向け専用に食用卵を生産することが計画された。種鶏場の一隅に消費者向け専用の鶏舎が建てられた。この試みに共鳴する東京のある篤志家から、建設費の一部が寄せられた。

同時に、私を含めた三人が消費者代表として農場に入ることになった。私たちはそれまで大学院の学生や高校の講師として生物学を専攻していたが、自らの担っていくべき学問のもつ〝専門性〟の不毛さを感じ、それを打破するため〝農業実践〟の道を求めていた。こうして昨年［一九七二年］の五月、農場は最初の雛を迎え入れた。新しい従業員と雛を迎えたこの農場にとって、消費者向け食卵生産は、自らの指向する技術を展開するまたとないチャンスになるはずであった。

生産者と消費者が協同して

最初に入れた雛が産卵を開始しはじめた年の秋、はじめて生産者と消費者大衆とが一堂に会することになった。そこで両者合同の運動体「たまごの会」が発足した。飼育担当者と各消費ブロックの世話役と合わせて十数人が月一回例会をひらき、生産計画、飼育方法、卵価、運送、配分方法、および運動の方向性などを討議し決定することにした。両者の〝代表者〟間による〝ボス交渉〟や、中間業者的存在の介入は極力避けることにした。両者が直接、率直に意見交換し合う場の設定こそが、よりよいものをつくるうえで必須だと思われたからだ。

私たちの農場にしてみれば、独自の養鶏を展開して、良質の生産物をうみ出すためには、コストの論理からの脱却と、生産物が消費者の口に入るまでの一連の過程を、トータルに把握しうる生産体制の確立こそ必要であるはずであった。

一方、消費者は自分たちの食べる物が日々劣悪化している今日、今までのようにただ〝安い〟ものを得ようとする姿勢からは、何も得られない。しかも良質なものが、現在どこかにあり、それを捜し出せば問題は解決されると思い込むのも幻想だ。まっとうなものは現在もはや存在せず、それらを食べたいと願うならば、これから新たに作り出さねばならない。そのためには、消費者はただ口をあけて待っているのではなく、生産者と四つに組んで、ともにより良い物を作り上げようとする姿勢を確立することこそ必要だ。現在の事態は〈生産〉と〈消費〉とが分断されていることから生じたから……と考えていた。

このように生産者と消費者とが連帯して、生産と消費との分断を止揚し、あるべき生産の姿を互いに探り出していくのが「たまごの会」の運動の内容だということが、徐々に両者の了解事項となっていったのである。

そうしているうちにも、農場では種卵生産が従来通り続けられていた。農場の経営、生産者の生活は、ほとんどすべてがこの種卵生産に依然として依拠していたのである。〝反公害〟を唱える「たまごの会」の運動が、〝公害〟産業の一翼を担う種卵生産を前提にしてしか存在しないことが、確認されざるを得なかった。この〈矛盾〉を解決する道が二つ考えられた。

それは農場が種卵生産をやめて全面的に消費者向けの食卵生産に転換することか、あるいは食卵生産のみでも経営的に成立しうる農場を今の農場とは別に両者でつくることであった。原則的には、運動は前者の道を歩むことが望ましかった。なぜならよりよいものをめざす生産の確立が、同時に質の低い生産を駆逐することでなければならないと思われたからであった。ここで私たちの農場は、大きな岐路に立たされることになった。

ちょうどそのころ、農場がこのような運動にかかわり始めたことを知ったふ化場から、食卵生産はやめて、今まで通り種卵生産一本でやるよう要請があった。種鶏と採卵鶏との同居は、種鶏の防疫上好ましくないというのが、その理由であった。実際には、私たちの農場が既成の構造からハミ出していくことへ、彼らなりの〝危機感〟があったと私は思う。

農場内部で、意見は二つに分かれた。種卵生産を続け、少しでも経営の安定を求めようとする考えと、現在、〝安定〟に満足せず、自己の指向する技術を展開するため、消費者との連帯を積極的に求めようとする考えとであった。

以前から農場内部では〝経営〟を担当する者の立場と、〝生産〟を担当する者の立場とのあいだに、微妙な発想の食い違いが、時にあたって存在していた。〝経営〟を担当する立場からは、〝独自の養鶏〟はコスト高となり、ふ化場からの要請がなくとも、こちらから積極的に近代養鶏へと脱皮すべきだとの主張が、すでになされていた。この農場が徐々に近代的に変質していく主体的条件が、農場内部に存在していたことになる。この考え方からは、消費を拡大する意欲はでてきても、だからといって消費者との連帯を探る方向性はでてこなかった。

この相対立する発想が出てきたのは、それなりの必然性があったと、私は思う。それは〝経営〟担当者と〝生産〟担当者とを人格的に固定化してしまい、確固とした分業体制を作り上げてしまった農場のあり方そのものにある。〝経営〟のみを担当する立場は、自らの手足を動かして鶏を飼育する機会を奪われているのだから、ものを作り上げることの意味、喜びを十分体験的に把握できない。だから、この立場から目先の経営の〝安定〟のみを重視する主張がなされたとしても、やむを得ないと思ったのだ。

真の連合が成立するならば

現在、この対立ははっきりとは止揚されず、農場全体としては消費者との全面的連帯をすぐには打ち出せぬ状態にある。逆に消費者サイドからいえば、農場のあり方そのものを止揚するだけの説得力を、現在のところは持っていない——といわざるをえないのである。

そこで「たまごの会」は、農場とふ化場との関係が悪化せぬうちに、ひとまず現在の農場から撤退すべきだとの判断を下し、消費者が独力で新しい農場づくりをめざす方針が決定された。農場としては、私を含めた〝有志〟が運動を続けることにせざるを得なかった。

この段階で、運動は一見一歩後退したかにみえる。しかし、私はもし消費者が自力で自らの農場を作り、本来の生産をめざす根拠地づくりに成功したならば、それは私たちの農場を含め、既成の生産者を本来の生産へとつき動かすより有効な原動力となりうると考えたい。私は新農場建設をバネにしてこそ、再び消費者は現在の農場との〝連帯〟を求めるべきだと思っている。

私たちはこのようにして、生産(担当)者と消費者とが共同管理可能な農場建設をめざすことになった。そこでは〈消費〉からの〈生産〉へのチェックとサポートとが可能となるはずである。私たちは単に「卵」づくりだけでなく、「肉」も「野菜」も生産したいと考えている。鶏肉は原則的には「廃鶏肉」を食うことになろう。「卵」の生産と「肉」の生産との極端な専門分化は避けたい。野菜の生産は、鶏が〝生産〟する豊富な鶏糞を畑に還元して行う。現在分断されている植物生産と動物生産との有機的連携の回復をはかりたいのだ。

現在、「たまごの会」は新農場建設をめざし、精力的に動いている。この運動は、消費者サイドからの中小企業抱え込み、再編成であると、私は思う。それは大手商社によるインテグレーションに対抗するものとして打ち出された。

私たちの農場のように下請け化している企業、それはよりよいものを作ることを願う主体的な生産者にとっては、非常な屈辱である。そのような生産者と、よりよいものを食べたいと願う主体的な消費者とのあいだに、もし真の〈連合〉が成立するならば、それは必ずや大企業の支配を揺るがす大きな力となるであろう。このようにして、ようやく私たちの〝小さな企業〟は、自らの持つ〝大きな企業性〟を止揚する契機がひらけてくると思われる。

（『朝日ジャーナル』一九七三年九月七日号）

第2章　自給農場への道——たまごの会の運動

支配からの脱出

昨年［一九七三年］暮からのいわゆる〝石油不足〟を契機として、今、日本列島は〝物不足ムード〟が席巻しつつある。更にそれに呼応するように諸物価の高騰はまさに天井しらずの異常な様相を呈している。

しかしこの〝石油不足〟が必ずしも資源の絶対的不足を意味しているのではなく、大石油資本の演出によるつくられたものであることが判明しつつある。どうやらいわれるところの〝資源不足〟なるものは物価を騰貴させるためにあらかじめ仕組まれた政治的な虚構であるらしい。大商社が原料を〝買い占め〟、大手メーカーが製品の〝売り惜しみ〟をするなど市場の物の不足があらかじめ周到に仕組まれる。その後にそれを口実にすることにより価格はつり上げられて消費者に売りつけられる。これが現在の事態の本質なのではあるまいか。この独占資本による戦略こそが消費者を更なる収奪にさらしている元凶だといってよい。

しかし、これに対して私たち消費者は、どのような対応を示しているのだろうか。私たちの動きはますます独占資本を有利にさせていることになってはいまいか。トイレットペーパーや洗剤騒ぎに典型的に現れたように私たちは買いだめに狂奔するしかなかった。又政府主導の節約ムードに安易に乗っかってしまいがちであった。私たち消費者は結局は独占資本の思うがままの操作の対象でしかないのである。いったいなぜ私たちはこうでしかないのか？　それから逃がれるすべはないのであろうか？

私たち末端消費者は現在の近代化した分業体制の中で、ものの生産、ものの流通からは全く疎外されているといってよい。私たちは自らが消費する物がどこの誰によって、どのように作られたものであるかには全くといってよい程盲目的である。

私たちは〝金銭〟を払いさえすれば簡単に物が手に入る。なにもそのために自らの頭脳を使い、自らの手を汚さなくとも必要とする物は商品として眼の前にあふれているのだ。私たち消費者の自発性あるいは創造性は剥奪されているのである。ただ私たちが許されていることは、ひたすら物を欲しがることであり、そのためには黙って金銭を差し出すことだけである。これが商品経済下における私たち消費者の存在の本質だ。

もしそうだとするならば、現在の私たちのあり方をそのままにしておいては独占資本の操作対象から逃がれることは原理的に困難なのではなかろうか。いつまでたっても無力な私たちは彼らの種々のアメとムチの前に何の手出しもできないまま屈していくであろう。ではどうすればよいのか。独占資本の支配から逃れる方法はあるのだろうか。

それは唯一つ。喪失している自らの創造性を回復し、自らの退化した頭脳と肉体を甦生させること以外にない。私たち〝消費者〟は長い間人間としての自立性を失っていた。しかし今こそその眠りからめざめ、自らの足で立つ自立した〝人間〟として再出発すべきではないのか。自らつくり、自らはこび、そして自ら消費するという人間性の確立。私たちが生産、流通そして消費の自主的管理者になること。

こうして私たちは、私たちの自立を追求する運動体「たまごの会」を誕生させた。

自給農場の建設

東京都と神奈川県に住む、私たち約三〇〇人の消費者グループ「たまごの会」は今、共同出資で自らの農場を茨城県に建設しつつある。この農場建設は、自ら作り、運び、そして食べるという〝自立した消費者〟(＝自立した人間)への脱皮を求める私たちの運動の具体的方向性として打ち出されたのであった。農場では主に卵と野菜の生産を行うが、将来は米、豚肉、あるいは果物等の生産もとり入れて、文字通り私たちの〝食生活〟の自給がめざされている。この農場を私たちは「消費者自給農場」と呼ぶ。

自給農場といっても私たちのちっぽけな農場でできうる範囲は限られているだろう。鶏に食べさせる飼料ですらそのほとんどはよその畑、しかもアメリカの穀物畑に頼らざるを得ないのは他の一般の養鶏農場と同じである。がそうした一定の限界性をはらみながらも、どれだけ我々の力でやれるのかが追求されていくことになる。

今私たちは三〇〇人程の人々の〝共同作業〟としてこの自給農場の建設、運営をしていこうとしている。

当初私たちは農産物の生産―消費のあり方として、「たまごの会」を細分化させていくことにより最終的には一軒一軒の家庭に畑があり、鶏を飼うというような自給体制がその理想であろうと考えていた。しかしそれは誤りではないかと最近感じはじめている。〝協同〟生産＝〝協同〟消費の中にこそ人間らしさをみとめたいからだ。

私たち都市生活者は、団地生活に典型的にあらわれているように、あたかもケージ飼いの鶏のごとく群れ（＝共同体）としての生活を喪失している。買いだめに狂奔する様は、他人をけおとしても〝自分だけの〟生活を守ろうとする私たちの分断された孤独な姿を鮮やかにうつし出した。分断された個々の人間がもう一度協同性をとり戻し、お互いに活き活きとした連帯性を回復するための一つの足場をこの自給農場運動は提供しているのである。

今、卵はどうなっているか

私たちの運動の主要な生産物であり消費物でもある卵について述べてみよう。

日本の養鶏産業はこの一〇年程の間に急速な変貌をとげた。それは一口でいうと近代化、合理化であったといってよい。大手商社が養鶏産業にも介入し自ら大規模養鶏を誕生させた。その結果今までの零細な農家養鶏は駆逐され、ほとんど滅亡の寸前に追い込まれている。商社資本が養鶏産業の中で肥大化していくメカニズムはいかなるものであろうか。

卵の値段をみると昨年［一九七三年］の暮あたりまでこの二〇年間程ほとんど変動せず、物価の優等生とまでいわれてきた。何故卵価が低く抑えられてきたかというと、養鶏の大規模化と飼育技術の近代化とにより卵の大量生産が可能になり生産コストが大巾に低下したからだ。市場の価格はこの大規模養鶏により実質的に低く安定したが、このことは資本力の弱少さから思い切った近代化、合理化もできない零細な養鶏農家の経営を苦しくさせ急速な衰退をうながしていった。

一方昨年［一九七三年］初め頃より飼料価格がいっせいに値上げを始め、ついにこの［一九七四年］二月の何度目かの値上げでかつての約二倍までに高騰した。この餌代（＝生産費）の高騰はわずかに生き残っていた農家養鶏にとってはまさに壊滅的なでき事であった。この餌代の値上げはなぜ起こったか。

大手商社はすでに、餌の原材料の輸入、製造から、卵、肉の生産、加工、流通、販売に至る一連の過程を同一の資本の下に系列化していくインテグレーション（垂直統合）を完成させつつあった。そして今や飼料やその原材料を独占した彼らはそれらを自由に買い占め、売り惜しみすることにより餌の価格、流通を操作することができるようになった。自分の系列下の下請け農場には餌を販売するが、系列外のものには売らぬということをするのである。餌の値上げはやはりこうした大商社資本の仕組んだものであった。彼らのねらいは飼料の値上げをテコに生産費の上昇を結果させ、わずかに生き残りつつある中規模養鶏のけおとし、または自己資本系列下への囲い込みを行い、養鶏産業における独占度を更に強化していくことにあった。

このように低卵価、飼料の値上げをテコにして今養鶏産業は大商社の手中におちつつある。彼らは消費者にこの一〇年間卵を安く大量に食べさせて、卵を貴重品ではなく〝生活必需品〟にまで高めることに成功した。そうしておいて近い将来には卵の値段を相当上昇させるに違いない。

着々と布石を打ってきた彼らは最終的にはそれをねらっていたのであるから。

ところでこのような近代養鶏における鶏はどのように飼育され、その結果どのような卵が生産されているのであろうか。

鶏は餌を卵に変え、富を生み出す機械とみなされる。だから鶏は生き物としての存在を否定され不健康な生活を強いられている。運動もできない狭いケージの中にとじこめられ群れとしての生活を奪われている鶏は、日光浴も砂浴びもできない。太陽が沈んでも人工照明の下で餌をついばみ、卵を産み続ける。餌は〝完全〟配合飼料といわれるものであるが、これは鶏の全体的な健康さをつくり上げるための餌ではなく、生殖機能のみを異常に増進させ、ただやみくもに卵を産ませるのにつごうのよいようにつくられている。

そのような生活を強いられる鶏たちは極めて不健康であり病気に対する抵抗力はなくなっているのだが、餌の中に混入されて毎日摂取している抗生物質やサルファ剤のおかげでかろうじて病気のはっきりとした発現だけはくいとめられている。このような鶏から生産された卵や肉は私たち人間の食物としてふさわしいといえるのであろうか。かつての卵や鶏肉の持っていた風味やコクは失われた。防疫薬剤の残留はそれを食べる人間の健康にいかなる影響を与えているのだろうか。

私たち消費者は現在のスーパーマーケットの卵を食べさせられている限り食物として極めて劣悪なものしか口にすることができない。それも最近では高価な値段でだ。

私たちの農場の鶏たちは実に健康な生活を送っている。

私たちは健康な鶏から産まれた卵や肉こそ、おいしくて、安全であり、人間の食物としては最高だと考えている。だから私たちの飼育法は、鶏をけっして産卵機械と考えず、ゆったりと無理なく卵を産み、丈夫で産卵寿命の長い鶏を育てあげることをねらっている。

彼らは広い土間に群れ飼いにされる。そこは充分な日光と新鮮な空気、水の供給が保障されている。砂浴びも運動もできる。ストレスがほとんどないので群れ飼いにしても、お互いのお尻をつつきあうというような悪癖は出ない。専用の畑で栽培された牧草を毎日たっぷりと食べる。市販の完全配合飼料は使用せず、私たち自身が集めたトウモロコシや米ヌカ、魚粉等を鶏の健康状態に応じて配合して与える。健康に育てることができれば薬は必要がない。現在私たちの鶏は雛のごく初期を除いて薬をほとんど口にしない。

このような鶏から産まれた卵は市販のものに比べかくべつに美味しい。

農民に学ぶ

このような鶏の育て方は私たちがつくりあげたものではなかった。私たちはそれを農民から学んだ。

ここで「たまごの会」の簡単な歴史に触れておこう。

私たち「たまごの会」の農場は茨城での新農場が発足しようとしている今日まで、栃木県のK農場にあった。K農場は種鶏場（雛をふ化させるための種卵を生産する農場）であるが、その一隅に「たまごの会」専用の鶏舎が建てられていた。

この農場では以前から農場長の方針により、鶏を丈夫に健康に育てることをモットーとする独自の養鶏法がおこなわれていた。この養鶏法はこの農場長をも含めた多くの土着の農民たちが長い間、鶏と接する経験の中から伝承的につくりあげた技術体系だ。この農場の生産する卵のうちふ化場に出荷する際でる規格外卵を食卵として共同購入する運動として、私たちの運動はスタートした。この農場のもつ技術に私たち消費者が信頼したからに他ならない。しかし現実には不合格卵は必ずしも食用としてはふさわしくなかった。この農場はすでに大商社系の親会社の指示により、完全配合飼料や抗生物質等を使用していた。農場長の指向する独自の養鶏法は現実には近代化の波になしくずし的に風化しつつあったのである。

そこで私たち消費者グループと農場との話し合いで、種卵生産とは別に東京向け専用に食卵鶏を飼育することが決定された。この生産―消費に関しては、生産者、消費者が共に対等の立場でイニシアチブを共有するという理念のもとに両者合同の連合体「たまごの会」が発足した。それは一昨年［一九七二年］秋のことであった。東京側からは消費者代表の立場から私を含め三人がすでにその春に農場入りし直接、飼育にタッチしていた。たまごの会は毎月一回例会をひらき、飼育、流通、卵価等々あらゆることを両者が対等に話し合って決定することにした。

私たちは現在まで約二年間この農場の人々と共に生活し共に労働してきた。こうして彼らの土着の農法を徐々に習得してきたのである。

今農民のほとんどは、商品経済の渦中にあって、生活様式や実践する農法は急速に近代化してしまった。農民も農村もすっかり変わったのだ。土に執着することにより経験的に把握された知恵の集積ともいえる伝統的農法はすでに崩壊した。

しかし〝つくる〟ことにめざめた私たち都会生活者がまず学び、正しく継承すべきなのは、こうした土着の農法をおいてはないのである。それを現在においてもかろうじて指向している少数の農民がいるとすれば、彼らは私たちの偉大な先達といわなければならない。しかしこのごく少数の農民ですら(私たちの農場の人々も含めて)現実には自らの立脚点を喪失し近代化に組み込まれつつあり、今後更に自らの農法をより攻撃的に展開していく力はほとんどないのだ。

彼ら農民は未だに自らの中にある種の「素人らしさ」を持ちつづけている。長い間鶏と接していながらも毎日毎日がそれなりに新鮮な感動、驚きと共に鶏とのつきあいができる。彼らは〝固定観念〟、〝先入感〟を極力排そうとしているからであって、だからこそ彼らは自然や生き物によく即した技術の体系を編み出していくことが可能だったのだろう。又彼らは「素人」であるだけに、自らの眼前の事柄におぼれず、悪しき「専門家」に陥りにくい。ものをつくること、生き物とつきあうことの原点に立ち戻って考えることができうる。このような人々だから、私たち消費者や都市生活者といった異質な人間とも、対等なかかわりが可能になる。私たちがK農場で全くの素人でありながらも彼らと共に生産に関与できたのも、彼らのそうしたパーソナリティにこうむるところが大きかった。

彼らが近代化にのみ込まれていくことはそうした「素人らしさ」が失われていくことである。彼らの失われつつある「素人性」は私たち〝素人〟とのつきあいの中で改めて再構築されていくにちがいない。私たちが彼らに学んだと同様に、同時に彼らもまた私たちに学んだのである。

茨城での新農場建設はこの農場長の昨年［一九七三年］年頭における以下のよびかけによりその具体的な第一歩をしめすことになった。

「単に生産者だけが作るというのではなく、消費者をも含めて作り食べる会全体がこぞって楽しく暮し働ける場所、空間を持ちましょう。そのためには私どもも出資しますし、消費者の皆様も一坪ずつ持ちませんか」（たまごの会、農場通信No.3）

食生活がかわる

自給農場に裏付けられた私たちの食生活は今後どう変わっていくのかを考えてみたい。それは、スーパーマーケットによりかかった現在の都市生活者の食生活とはかなり異なったものになるにちがいない。

真冬でもピーマンやトマトが食べられ、いつでも欲しいだけ卵や豚肉が食べられる食生活。さらには冷凍食品やインスタント食品の普及で私たちの調理の手間さえ省いてくれた食生活。私たちのこれまでの価値観から言えばこのような食生活こそが〝豊かな〟食生活であった。しかしほんとにそうなのだろうか。

〝豊かな〟食生活の確立は一方で、〝食〟の領域から季節感を失わせた。又本来の〝味〟を失わせた。一年中でまわる農産物は自然条件にさからって作られたものだから当然農薬づけになっている。そしてさらに食べる人から〝調理する＝つくる〟ことの楽しさをも失わせた。私たちの自給農場はこうした食生活の根本的再検討をせまるにちがいない。

野菜は露地栽培が基本となるから冬トマトを食べることはあきらめなければならないだろう。豚を飼育したとしても〝つぶす〟チャンスは年に何回もないだろうから豚肉はその時しか食べられないだろう。その代わり食べる時といったら、豚肉だらけのこんだてが何日も続くというハメになる。しかしそれだけに真夏に食べるトマトや、年に何回か腹いっぱい食べるであろう豚肉はそれだけで〝ごちそう〟で（現在の食生活には〝ごちそう〟はなくなったのではないだろうか）その時はすばらしくうまく、一種の感動すら呼び起こすであろう。

調理するために手に入れる材料は種類も量も限られていよう。だからその素材ひとつひとつを大事にしながら、種々のバラエティに富んだ調理法が編み出されなければなるまい。一度に大量のものが生産された時は、少なくなる時期のために保存法を工夫しなければならないだろう。私たちは食生活において自らの創意工夫を求められざるを得なくなるのである。

私たちの自給農場の試みが成功するかどうかは、実は私たちの食生活にこのような変動をひきおこせるかどうかにかかっている。私たちの農場が単なるスーパーマーケットの補充物に堕した時（現在のいわゆる〝自然食品店〟のように）〝自給〟農場としての存在の意味はなくなる。

自然に即し、自然の恵みを大事にする食生活。畑と貯蔵庫をみまわして今日のこんだてを考える食生活。この確立が今求められようとしている。

卵を食べなくなる〝たまごの会〟

私たちの鶏は雛の時代から草をたっぷりと食べて育つ。草をよく食べる鶏は健康で産卵寿命も長く、又逆に健康な鶏程草をよく食べる。一方草などの粗飼料を与えずに、消化のよい炭水化物や動物性蛋白質のみを多給すると、体に過度の脂肪がついたり、生殖機能のみが常に亢進したりして、全体的なバランスのとれた健康体には育たない。美食、飽食は好ましくないのである。この鶏の〝栄養学〟は私たち人間の健康と食生活を考える際にも極めて示唆的だ。

国民一人当たりの動物性蛋白質の摂取量をメルクマールとしてその国の食生活の〝進み〟工合を判定することがよく行われる。

日本人の鶏卵の消費量がアメリカ人並みになってきたことをもって日本人の食生活は〝向上〟したとか、インド人の動物性蛋白質の摂取量はアメリカ人の何十分の一だから彼らの食生活は極めて〝貧困〟であるとかいったように。しかしそうであろうか。

人間の〝食〟の営みはけっしてそれだけで一人歩きするものではない。生活全体のスタイルと〝食〟の様式とは切っても切れない関係にある。それぞれの民族にその風土によく順応した固有の〝食〟の体系ができあがっている。インド人にはインド人なりの、日本人には日本人なりの食の秩序があったのである。しかしそういう〝食〟の本質を無視して近代栄養学の成果を画一的におしつけようとしているのが右記のような議論なのだ。

いったい日本に養鶏が現在のように〝栄える〟風土的条件があったのだろうか。鶏はその餌の供給におびただしい面積の穀物を必要とする。現に日本の必要とする餌の実に九九％は外国の（主にアメリカの）畑に頼っている。かつての日本の養鶏は庭先養鶏として餌は自分の畑で自給していた。餌が自給できる程度に鶏を飼い、そこから産み出される卵を一粒一粒大事に食べていたのだ。それが日本人と卵の関係であった。日本人は豊富な水産資源と独特の大豆の加工技術とによってその生活に必要な蛋白質を確保していた。現代の我々はそれを不当にも奪われ（海は汚され、農村では大豆など作れなくなった）その代わりに独占資本の作った卵を必要以上に食べさせられているのではないのか。

私たちは卵を食べる量を徐々に少なくしたいと思う。その代わりにその分だけ飼料作物や野菜、米の自給度を高め、更に大豆を栽培するといった生産体系に切り換えていきたい。そのことにより日本の気候、風土によく適応した我々の食生活が獲得できると思うのだ。たまごの会の農場は今約三〇〇〇羽の鶏を飼育しようとしているが、それがやがて二〇〇〇羽、一五〇〇羽へと減少していく可能性を秘めている。

再度農民と共に

現在の農民は既に商品経済にのみ込まれてしまい、それを打破するだけのエネルギーは彼ら自身にはもはやないと先に述べた。このことは私たちのK農場のごとき農民においても同様であった。しかし彼らがもし私たちとの間に真の連帯をつくりあげるならば（其の連帯とは両者による一定の緊張関係、対等の相互批判の関係の構築だろう）、農民たちの力は強く活かされるであろう。私たちは彼らと結合することにより自らの〝消費者性〟を止揚し、逆に農民は私たちと結合することにより自らの生産者性を止揚して、お互いに素人とも玄人とも呼ぶことのできない新たな人間として蘇生していく。こうした主体こそが現在の情況を変革していく最も強大な主体となりうるはずだ。

この農民との連帯は私たちの運動が、内にあっては同質集団に陥っていくことを、そして外に対しては攻撃性を失わぬために不可欠なことだ。私たちと彼ら農民との一定の緊張関係こそ運動が内部から発展していく原動力になりうる。一方独占資本が彼ら農民を囲い込み、土着性を剥奪して一人の労働者として収奪しようとしている現在、私たちはこれに抗して、我々の偉大なる先達を我々の財産として我々の側に奪いかえさなければならない。K農場の農場長は私たちの自給農場運動にメンバーの一人としてひきつづき参加することになっている。しかしK農場全体を私たちの自給農場とすることは現在の私たちの力量からできないと判断せざるを得なかった。

種々の限界をはらみながらも新農場は発足するに至った。今後の私たちの新天地での一つの課題はここでの実績がやがて再びK農場への〝連帯〟を求める原動力となり得るかどうかにある。それが今後もしつように追求されていかなければならない。

自給農場で逆包囲せよ

私たちの運動に今後、より多くの人々が結集することになるのならば、それは私たちの大きなよろこびとなるであろう。しかし私たちが彼らに望むことがあるとするならば、彼らは彼らなりに独自の自給農場運動を展開して欲しいということだ。どのやり方が最適であるかは現在の時点では分からない。私たちは、様々の人々の手による様々の試みが同時的に追求されることが必要だと考えている。「自給農場」は多様な創意工夫をこらして様々の地域にできあがらなければならない。そうした「農場」同士の連帯が一つ一つの「農場」のもつ限界性を突破するかぎになるだろうから。独占資本の人民に対する包囲を、今我々はより多くの多様な「自給農場」で逆包囲したいと願っている。

（『月刊地域闘争』一九七四年五月号）

第3章　農法と人間——人間の変革も農法のなかにある

1 商品をつくる農業はなにをもたらしたか

私と鶏

私は現在、茨城県にある「たまごの会」の農場で生活している。「たまごの会」についてはこの章の最後で詳しく紹介することにするが、この農場ではいろいろな家畜や作物が育てられている。ここで私が主に携わっている仕事は鶏の飼育である。

夜明けの早い頃は朝六時頃から私の仕事は始まる。まだ眠っている子供を起こさぬように室を出た私は、妻と共に近くの牧草畑にでかける。三〇〇〇羽の鶏に食べさせる今日一日分の青草を収穫するためだ。クローバーやイタリアンを大鎌で一時間ほど刈り取り、リヤカーに山盛り積み込む。それを農場に続く坂道を二人であえぎながら引っぱり上げる。もうその頃には陽はすっかり高くなっている。子供たちを起こし、農場のスタッフ全員との朝食をすませると、私たちはそれぞれの仕事にとりかかる。畑へ野菜の手入れにでかける者。住宅作りに精を出す者。水田に草取りに行く者。私は鶏の餌作りをしなければならない。

刈って来たばかりの牧草を動力カッターで短く刻み、自家製の配合飼料と共によく混ぜる。日下攪拌機がないのでスコップによる手練りだ。妻も私もこの仕事を始めたばかりの頃は足腰がきまって痛くなったものだ。しかし今はすっかり慣れた。鶏の餌といっても各ロット（鶏群）ごとに異なった種類のものをいくつも作るのだから、作業はやや煩雑である。しかし餌袋に詰められていく青草いっぱいの餌はいかにも美味しそうで、今日一日無事に餌を与えることができることの満足感が心に拡がる。

私たち飼育者は鶏の健康状態や生活のありようを常によく見極め、それに応じて日々の手立てを講じなければならない。鶏を観察するといっても、ただ鶏舎の前に立って彼らを外から眺めているだけでは不充分だ。重大なことを見逃してしまうことが多い。私たちは卵採りや餌やりのために一日に何回かは必ず鶏の群れの中に入り込む。彼らの生活空間での私たちと彼らとのかかわりあいは、彼らについてのさまざまな情報を確実に私たちに教える。直接鶏たちと接し合うこの時は、私たち飼育者にとってはとても楽しい時だ。

こうした鶏の飼育の合い間に、牛や豚の世話、牧草畑の手入れ、そして洗濯、食事作り、子供たちとのつきあいといった事を行っていく。私にとって農場とは、鶏を飼育する仕事（＝生産）の場というより、むしろ生活そのものの場であるとの実感が強い。私の生きるための生活と鶏を飼育していることがわかちがたく結びついているという実感。

私が鶏の飼育法をある農民から教えられていたとき、彼は私によくこういった。

「鶏を育てる教科書はない。人間は日々鶏と共に〝生活〟して、その中から少しずつ鶏との

〝つきあい方〟を体得していく他ない」と。

育て上げられる鶏の性格は飼育者（共同生活者というべきか）のそれをよく反映している。のんびりとした人間はのんびりとした鶏を育て上げるし、また神経質な人間が育てるとどうしても神経質な鶏になってしまう。まるで鶏と飼育者との関係は人間の親と子の関係のようだ。鶏は飼育者の〈分身〉であり、お互いにとってその存在は代替不可能なぬきさしならぬ関係だ。

鶏を大切に愛情込めて育てるという仕事は、私にとって実に楽しい。それは疎外労働とはなり得ない。人間が鶏に〝健康な〟生活を保障すれば、逆に彼らはその産み出す卵や肉を介して、私たち人間に〝健康な〟生活を保障してくれる。私は農場の日々の生活の中で実感しつつあるこの〈人間↔鶏〉の相互規定的関係＝共存関係こそが、実は〈農業〉という人間の営みの原点なのではないかと思う。

しかしこの〈関係性〉は、現在の農民の行う近代化した農業の中では確実にその形成が妨げられている。〈生き物〉と〈人間〉との間に共存的関係性を作り上げることに失敗した現在の農業（技術）は、生き物（作物・家畜）の本来的生活を奪い取り、そのことによって農民の生活を、そしてその生み出す〈食物〉を介して都市住民の生活をも非人間的なものに堕落させてしまった。

私は人間が人間として生きてゆくためにはもはや現在の近代化した農業はその桎梏となっていると考えざるを得ない。

商品生産技術としての近代農業技術

資本主義経済下にある現在、農産物といえども流通の過程において〈商品〉として扱われる。しかし現在の農産物はたんに流通の過程で商品として扱われるばかりではなく、それらの存在は本質的に〈商品〉そのものなのだ。なぜかというと、現在の農産物はそもそも商品として生産されているからである。

商品としての農産物を作ることに成功したのが他でもない現在の〝進んだ〟農業技術であった。現代の農業技術は、商品としての農産物を合理的に生産する技術体系であるといってもいいすぎではない。

現代の農業技術体系は、商品は作り得ても、人間に必要な〝食べ物〟は作り得ない。人間が健康な生活を獲得していくために〈食物〉が必要であり、本来〈農業〉とはその食物を生産する人間の営みであるとするならば、満足に人間が食べられる食べ物を作ることのできない現代の農業〈技術体系〉こそ問題にされなければならない。

ここで〈商品＝売り物〉と〈食べ物〉とを二つに区別して述べたが、それらは同じ農産物といっても互いに質的に異なる。〝食べ物〟とは何か。食べ物とはそれを作る生産者と、さらにそれを食する消費者とが、それを作り食べることによってそれぞれ〝健康な〟生活を獲得することを可能にするものである。一方、〝売り物〟とは、ある物を生産・流通する場合、その過程で一定の利潤を生み出すものをいう。そしてここではっきりとさせておかなければならないことは、〝売り物〟と〝食べ物〟とを作り出す生産技術はそれぞれ全く別個な、異質の体系であるということである。

農薬汚染の恐ろしさを知る稲作農家は、〈商品〉として他人に売る米の栽培には農薬を使用しても、自分が食べる米には農薬を使わないですませる。すなわち、〝食べ物〟を作るという目的が〝作る〟技術の内容をガラリと変えてしまっているのだ。作物や家畜の栽培・飼育において、〈農薬〉を使うことと、使わないこととは、たんにそれだけの個別技術的問題ではなく、それをも含む技術体系全体の内容を決定する重要な問題なのである。

農業専作化への道

六〇年代以降、日本資本主義の産業構造はいよいよ重化学工業偏重へと傾斜していった。その中で農業は重化学工業に対する土地と人手の供給源とみなされ、工業に手わたして残った限られた土地と限られた人手とを前提としてしか存立できなくなった。その所与の条件下でいかに最高の生産効率をあげうるかが日本資本主義にとっての「農業」政策に他ならなかった。

農村の人口が都市に流入し、人手不足が叫ばれ、省力化が必要とされ農業が機械化・化学化された。そして資本主義的経営原理の貫徹が余儀なくされ、その結果多くの農家は専作化（以下専作とは一つの作目を集中的に作る単作農業を指す）、大規模化への道をつき進んだ。

農業専作化への道、すなわち、稲作、蔬菜、畜産、果樹といった各専業的経営体の出現は、以前の「自給的複合農業」を崩壊させた。それ以前の農家は、一軒一軒が米、蔬菜、雑穀類を作り、家畜を飼育し、そのことによって完結した生産システムを構成していた。このことは一方で、各農家の生活――特に食生活――の高度な自給性を保障していた。

この自給的複合経営の崩壊から専作化への過程こそが、近代農業（技術）の頽廃――〝食べ物〟が作れなくなった――を決定的なものにした物質的基礎であると考えざるを得ない。

自給的農業の崩壊は、農民の生活を一変させた。ひとことで云うならば、自らの〈生産〉と自らの〈消費＝生活〉との間に乖離が生じたのだ。自分の食べるものは、おおよそ自分の作ったものでまかなえた自給的農業（もっと厳密に云うと、何はともあれ自分が食べるためにこそ生産活動が存在した）においては、農民自身の中で〈生産〉と〈生活〉とが不即不離の関係にあった。すなわち〈生産〉と〈消費〉とがその農民の生活において統一されていたのであった。しかしながら専作農業の形成は、なによりも農民自身の自給的生活を崩壊させ〈生産〉とは他人に商品として売りつけるものでしかなくなったのだ。すなわち農民の中で統一されていた〈生産〉と〈消費〉との相互規定的な農業は崩壊し、〈生産〉と〈消費〉とが分断した農業が出現したのである。農民は売るために作るのであり、また己れが食うためには買うこととなった。

現在の農民が、物を〝つくる〟ことの意味――すなわち〝食べ物〟をつくるということ――を忘却し、ただやみくもに〝つくることのみ〟を自己目的化していったのは、彼自身が〝食う〟ことを喪失していったからに他ならなかった。

資本主義的経営原理である専作化とは、今述べたように農民の生活における〈生産〉と〈消費〉との分断を促したが、それだけではなく、さまざまな局面での〈分断〉状況を生み出し、それによる矛盾を噴出せざるを得なかった。

各専業経営体同士の関係は有機的連携を維持するものではなく、一種の自由競争原理が支配する、互いに分断されたものとなった。その分断性の故、一つの地域を生産システムとしてトータルに把えようとする時、さまざまのムダや不合理性の発生をみないわけにはいかない。その典型的な例は、畑（＝土地）から分断された畜産農家における糞尿処理の問題である。糞尿の山は畜産農家においては悪臭を放つ廃棄物としてしか存在しない。一方では家畜から分断され、化学肥料の投入のみに頼る稲作農家の耕地は、極端な有機質不足をきたし〝地力〟の低下は深刻になっている。自らの飼育する家畜の糞尿を自らの耕地に還元することのできたかつての自給的複合農業は、これに比べはるかに合理的なシステムであったといわねばならぬ。

一方、専作化された農業の出現は、耕地において、時間的、空間的に単調なモノカルチュア（単一栽培）を出現させた。これにより従来の多様な作付体系、キメ細かな輪作体系は崩壊した。モノカルチュアは生態系としては極めて不安定なものだ。地力の疲弊は早い。また作物の病虫害は発生しやすく、かつ、いったん発生すると被害は大規模化する。この大規模化した病気の発生は多頭羽飼育を行う専業畜産農家に関しても事情は同様である。

さてこのような例で示されるような〝不合理〟な事態を生み出した専作化、大規模化を主体とする農業経営の資本主義化の中で、具体的な農業技術はいかに近代的に変質、すなわち〝科学化〟していったのであろうか。ここでは稲作技術と共に現在の近代農業技術の中で最も近代化・合理化を遂げた畜産、とりわけ私自身が直接関わっている養鶏技術の問題点を考察してみることにする。

近代養鶏技術の実態

鶏はケージと呼ばれる小さなカゴの中に一羽一羽入れて身動きできない状態で飼育する。これは鶏を〝群れ〟として飼育することから由来する種々の飼育上の煩雑さを避け、鶏の個体識別を可能にすると共に、鶏の運動量を減少させ〝ムダ〟なエネルギーの損失を防ぎ、飼育効率を高めることを可能にしている。またケージを立体的に二段、三段と重ねることにより、単位面積あたりの飼養羽数を著しく上げることが可能になった。このケージ飼育法の確立により、限られた土地と人手とでより多くの鶏が飼養できるようになり、大規模専業養鶏の発達を促す技術的基礎となった。

このようなケージに閉じ込められた鶏たちは何を食べさせられているのだろうか。

彼女たちが日々口にしているのは、完全配合飼料と呼ばれるものだ。この〝完配〟とは種々の単味飼料を一定の比率で混ぜ合わせたものである。しかしながらこの餌は飼育者自身が配合するのではなく、飼料メーカーがあらかじめ製造し、各飼育者にあてがったものだ。この餌の原材料の大部分は外国、特にアメリカ産の穀物だが、その輸入を牛耳る大手商社が配合飼料の製造、販売を独占しているのである。

本来鶏に与える餌の原料の生産、調整、配合等は、飼育者自身が日々鶏と接する中で行うべきであると私は考える。しかしながら、あてがいぶちの完配が出現することによって、飼育者は鶏を満足に見ずとも容易に餌を手に入れ、与えることが可能になった。この結果、飼育者と鶏との間に本来あるべき〝有機的緊張関係〟の形成は阻害され、さらに飼育者自らが畑で自給的飼料を栽培することが不要となり、家畜の飼育と作物の栽培との間の有機的関係も断つことになった。

飼料メーカーが作る餌は、その性格上当然画一的なものにならざるを得ない。そこで各々の鶏のその時々の条件に応じたキメ細かな飼養管理は不可能となった。この例で端的にあらわれているように、技術の近代化は常に対象とする事柄を一般化・抽象化してしまい、その事柄が現実にはある具体的な条件（ＴＰＯ）の中で存在しているという事実には目をつぶらざるを得ない。そして結果的には当面する事柄を分断し疎外していかざるを得ないのだ。

この完配は〝進歩した〟家畜栄養学の成果により、科学的・合理的に配合されたものだ。しかしそれは鶏の肉体の〝全体的健康さ〟を保障する目的で配合されたものではなく、鶏の生殖機能――それは鶏の示す生理作用のたんなる一つにすぎぬ――のみに注目し、それを異常に亢進させ、結果として当面の産卵効率を向上させるように作られたものである。本来、鶏に与える餌は、鶏が示す種々の生理作用を全体として調和のとれたものとして維持しうるものでなくてはならぬはずだ。しかしながらこの完配はそうした全体の調和を攪乱し分断する役割を果たしているのである。

ケージに入れられ、完配を食わせられた鶏たちは確かに卵をよく産むかにみえる。しかし鶏の生物としての生活そのものの展開は反自然的に阻害され、たんなる産卵性のみを異常に肥大させられているのであるから、けっして〝健康的〟とはいえない。この矛盾を解決するため、微生物の感染には無防備で、たやすく発病に至りやすい。この矛盾を解決するため、彼らは各種の病原微生物の侵入をあらかじめ予防する手だてが必要とされた。その手だてとは、各種の防疫薬剤――抗生物質やサルファ剤等――を大量に投与することであった。それらを配合飼料の中に混入して恒常的に鶏に摂取させたり、さらにそれに加えて、あらかじめ設定されたプログラムに従い、定期的に投与したりする。このことによってかろうじて病気の発現をくいとめようとするのである。

病気を防ぐ最大の手だては、まず鶏に最大限の〝健康な〟生活を保障することであるはずだ。しかしながら一方で鶏に不健康な生活を無理じいし、病気が発生しやすい状態にしておきながら、そのことには何ら手を触れず、対症療法的に〝薬漬け〟を行う。この近代技術の手口はマッチポンプでしかない。かりに〝薬〟を使わざるを得ないにしても、日々口にする餌の中に恒常的に混入したり、〝あらかじめ〟できあがったプログラムに従って投与したりするような画一的なやり方ではなくて、個々の鶏の生理状態に応じ、臨機応変に投薬すべきであろう。近代養鶏の行う画一的かつ、大量の薬投与は現実にはさまざまの〝耐性菌〟を生み出すに至り、結果として投薬の意味を減じてしまっている。

生物にとって〝健康〟とはいかなる状態を指すのであろうか。ある生物が常に変動する具体的環境条件の中で、他の(微)生物との不断の相互作用に身をさらし、なおかつ、それとの間の〝共存〟に耐ええたとき、その状態をこそ〝健康〟と呼びたい。したがって薬漬けによって周囲の微生物の根絶を計ることが前提とならなければ生きのびることのできない鶏とは虚弱で不健康な鶏であるといわざるを得ない。強靭な生命力を去勢された鶏しか育てあげることのできない近代養鶏が延命する手だては、いっそうの薬漬けを徹底させることと、〝未汚染地〟を求めて人里離れた奥地へと逃げ込んで行く他なくなる。

ところで効率的な商品生産は、対象物をできるだけ操作可能な形にすることが不可欠である。操作可能にするとは、できるだけ対象物を単純な系に転換することだ。

ケージ飼育というのは、本来動物（鶏）が具えている〝群れ〟としての生活を奪うことにより個体を孤立化させ、対象物を人間の操作可能な形に〝変形〟することに他ならない。また防疫薬剤の使用は、鶏の体内外にある各種微生物を死滅させ、鶏と微生物との微妙な相互関係を断ち、対象物を抜身の鶏だけにすることを目的としている。

鶏は本来的には、他の生物の場合と同様に、周囲の外界条件が少々変動しても自分自身をそれに適応させていくことにより、変動幅のある範囲内では生活しうる。ところが生死ではなく産卵性に注目した場合は、その適応幅は狭くなる。当然のことながら、自然の条件では、産卵性を左右する温度や日照時間等は、気候・天候・昼夜・棲息する場所等によってそれぞれ異なり、またSめまぐるしく変化する。産卵に好ましい時もあれば、不利な時もある。しかしそれを人間の力によって操作することはほとんど不可能だ。不確定要素が多く系が操作不可能になることは商品生産にとって致命的なことである。そこで生物生産の場合、自然の環境下に生物を直接さらすことをやめ、どれだけ人工的で一定の環境を当面する生物に与えることができるかにその努力が払われてきた。近代養鶏技術の場合、他の部門に比べ、〝近代化〟が著しかった理由は何か。鶏についてはそうした人工的環境を与えるのが比較的容易であり、対象系を単純化し操作可能にしやすかったからに他ならない。それが養鶏技術の「施設化・装置化」といわれるものであった。その極端な例が「ウインドウレス（無窓）鶏舎」の出現である。

従来の外界に対し〝開放〟された鶏舎と異なり、内部は完全に気密にされ、人工照明、エアコンディショナーにより光・温度の条件は人工的に制御される。鶏たちは外界の〝できごと〟とは全く無縁な世界で生活するのである。もちろんその内部の条件は鶏が産卵するのに最も適した条件にセットされている。鶏は人工照明とエアコンの下で、昼夜や春秋の別なく餌をついばみ、卵を産み続ける。このように近代養鶏技術はすでに鶏の外部環境すら操作可能にしつつある。しかしながらこのような恒常的な環境の下で育てられた鶏は、環境の変動に対し的確に対応していく本来の生命力を去勢化され、ますますその肉体を弱体化していかざるを得ないのだ。

ところで系が単純になればなるほど、飼育の「機械化」が可能となる。給餌から採卵・卵の選別、洗浄、パック詰めまでベルトコンヴェア・システムで行われ、人力の介入するスキはほとんどなくなった。〝進歩〟した養鶏(工)場ではすでに人間は鶏の飼育者というよりも、機械のオペレーターと化した。この結果、飼育者一人当りの飼養羽数――すなわち労働効率――は飛躍的に増大し、現在では一人で数万羽の飼育が可能だといわれるところまで〝進歩〟した。

このようにして現在の近代養鶏は確立したが、限られた土地と人手とで最大限の生産効率を上げることに眼目をおいてきた近代農業技術の〝発展〟のいきつくところはいわば農業の〝工業化〟であった。

こうした近代養鶏において、〈生き物〉と〈人間〉とはいかなる関係にあるのであろうか。それは私たちの農場におけるような〈鶏〉と〈人間〉との関係ではありえない。人間にとって鶏とは〝生き物〟というより、紙ペラ一枚にその特性を濃縮しうるひとかたまりの情報の集合体――

すなわちモノ――にしかすぎない。人間は五覚を駆使して（＝全存在をかけて）鶏と〝つきあおう〟とするのではなく、抽象化・平均値化された情報をもとにあらかじめ設定されたプログラムの教えるまま、機械的・盲目的な管理をほどこすだけである。

したがって両者間にはぬきさしならぬ有機的緊張関係（＝心の交流）は形成されようがない。鶏の飼育は一般化・没個性化されている。機械のオペレーターでしかない近代養鶏場の飼育者は、彼の労働における対象物との関係性においては、まさに合理化政策下の工場労働者と何ら変わるところはない。彼は鶏を疎外し続け、そして彼は鶏から疎外され続ける。相互の関係は共存的であるどころか敵対的でしかない。

2　管理される農民

与えられた農法

ところで以前の農村には、農民自身が土に執着することによって経験的に把握した知恵の集積ともいえる伝統的農法が存在していた。それを駆逐し崩壊させることによって近代的農業技術が定着した。ではこの近代的農法を作り上げたのは誰だったのか。

その主体はもはや農民ではなかった。科学者・技術者と呼ばれる一握りの近代的テクノクラートがそれであった。彼らは国家ないし資本による庇護の下、民衆の知恵、創意工夫を抑圧し、〝知的創造活動〟を排他的、独占的に専有することによって近代科学技術を作り上げた。農民が生活、生産の具体的な〝現場〟に存在し続けることにより「技術」を獲得していったのに対し、テクノクラートは農民と異なり、具体的な現場から隔絶した〝密室〟で技術の開発を推し進める。彼らの思考の方法論はあくまでも、分析的手法で一般解を求めるという近代科学的認識方法だ。したがって彼らの作り出す技術は〝一般的〟あるいは〝抽象的〟な内容を持たざるを得ず、その技術が展開する固有の場においては、その画一性の故に現実には不適応のことが多い。それでもなおかつその不適応性を無視してがむしゃらに技術を展開せざるを得ないところに近代技術の持つ宿命的な虚妄性があるのだ。

しかしながら農民自らが作り出した伝統的な〝土着〟の農法は、「技術」を荷なう人間、風土、その他の具体的な固有の諸条件の中からそれにほどよく適応したものとして確立していった。したがってそれは実際には多様な現実を反映して極めて多様なヴァリエーションを持っているのである。では近代農業技術体系はいかにしてこの土着の農法にとって替わり農村に定着していったのだろうか。

現在の養鶏とりわけブロイラー養鶏においては大手商社によるインテグレーションがほぼ完成した。彼らは餌の原材料の輸入・製造・販売から、原種鶏の輸入、系統維持、そしてコマーシャル雛の孵化・販売・肥育、さらにブロイラー肉の処理加工・流通・販売に至る一連の過程を同一の資本の下に系列化した。資本の作り出した近代的ブロイラー技術が農村を席巻するようになったのは、末端の農家をこのインテグレーションに包摂することによってであった。

農民は大手商社が作りあげた雛を購入させられる。そして餌も、大手商社が作った完全配合飼料を売りつけられる。雛と餌を牛耳られた農民はさらに大手商社が作った雛の「標準管理表」を手渡され、彼らの指示通りに雛を飼育することを要求される。さらに彼らの作った防疫プログラム通りに薬剤の投与を行わねばならぬ。このように末端の農家は、実際には、資本の作り上げた近代的飼育法の忠実なる〝代行者〟にしたてあげられてしまっている。

一方、稲作の場合を考えてみよう。この場合は畜産における大手商社の役割を地域の「農協」が果たす。彼らこそが画一化した近代農法の実質的推進者であった。農協は、推奨する銘柄米の種籾から、肥料（あらかじめ配合された〝完全配合肥料〟であることが普通だ）、防除プログラム付きの農薬（殺虫、殺菌、除草剤）、そして種々の耕作機械（トラクター・田植機・コンバイン等）をワンセットとして農民に売りつける。このことによって近代稲作技術は、一つの体系として農村に定着することが可能になった。

このように近代農法の農村への貫徹は、具体的には資本と農民との間に成立するワンセットとしての生産資材の〝売り買い〟の関係の中で行われている。近代農法とは農民にとっては、あくまでも資本により〝売りつけられ〟、〝与えられた〟農法にすぎない。

与えられた生活

かつての農村は〈現金〉がなくともなんとか生活できたといわれる。それは、営農に必要な生産資材も、また農民自身の生活に必要な生活物資も、その多くを〝自給〟できたからだ。

家畜の糞尿、野菜屑、落葉そしてワラ等を利用して堆肥を作ったので肥料を買う必要はなかった。また家畜（牛・馬）の存在は畑の耕起や荷物の運搬に役立った。その家畜の餌は、自らの畑で飼料作物を栽培し、また残飯、雑草、ワラ等を利用する自給飼料であった。作物の種子は可能なものは自家採取し、また品種の改良ですら自らの手で創意工夫して行うこともありえた。

畑には種々の作物が、そして庭先では各種の家畜が育てられていたから、自分の食する食糧の購入は最低限ですんだ。大豆、小麦等の作物は、パン、ウドン、みそ、しょうゆ等の加工食品を作り出す原料として自給的生活には不可欠なものだった。毎晩呑む酒は自家米を〝ドブロク〟として醸造し、その手作りの味を楽しんだ。山から木を切って薪にし、冬には炭を焼いて燃料とした。養蚕や機織は農家にとって重要な副業であったし、農閑期に行われた竹、ワラ細工は自給的生活をより豊かなものとした。住む家ですら部落共同体の中で、農民同士の共同作業としてこしらえた。かつての自給的複合農業においては、農民の行う〈農法〉は自らが作り出す自立的なものであり、そしてそれはなによりも農民自身の〈生活〉そのものを潤すものであった。

しかし農業経営の単作化と、農業技術の近代化（科学化）により、この自給的農業（＝自給的生活）は崩壊した。

確かに現在の農村の生活は都市生活なみに〝便利〟に〝豊か〟になった。どこの町や村にもスーパーマーケットができた。ワラぶきの家は少なくなり、サッシと新建材とでできた〝文化的〟な住宅に住むようになった。台所はダイニングキッチンへと一変し、カマドや井戸はなくなり都市ガス、都市水道が整備された。流行のファッションで身を包んだ若者たちはクルマを乗り回している。しかしそれは農村の生活すらも都市生活なみに〝資本の操作〟の対象（＝市場）と化したことを意味するにすぎないのだ。ここでいわれている〝便利さ〟や〝豊かさ〟とはたんなるささやかな〝物的豊饒さ〟にすぎず、それこそがまさに資本による支配・収奪の〝内容〟そのものであると思わざるを得ない。

今や農民は〝現金〟なしには生活することも、農業そのものを行うことすらできなくなった。そうした農民の心は商品経済に毒され、現金を至上目的化し、金さえもらえば米作りをやめることもいとわぬまでに荒廃してしまった。より効率よく現金を手に入れるためには、農業生産をますます近代化・効率化していく他ない。さもなくば、農業を放棄し、工業労働者として都市に流入する他ないのだ。こうして彼らの農業と彼らの生活はよりいっそうの効率化を求めるが故に、ますますその自立性、自給性を失っていくことになり、際限のない悪循環に翻弄されていくこととなった。

農民の荷なう農法が近代化し商品経済に適応したものとして変質していくメカニズムは、資本が農民の生活総体（生活態度や生活意識も含めて）を商品経済の中へ包摂し、それを資本の論理に適応したものとして変質させていく過程の中にある。すなわち農民の生活体系全体を商品経済のルールである〝売り買い〟の関係の中に埋没させることである。そうした〝関係性〟を作り上げ、さらにそれを維持強化させていくためにこそ、ますます農民自身の生活から自給性（＝経済的自立性）を奪い取り、彼らを資本の市場とする必要があった。農業の専作化とは、農民を資本の前に屈服させ〝近代農業〟をより効率よく貫徹させる上で不可欠な役割を果たしている。

農業をそして農民を堕落させてしまった諸悪の根源として〈近代農法〉をいい、またその変革をいうのは易しい。しかしその〈近代農法〉とは今や、相互規定的に密接に農民の〈生活〉に定着してしまった。その農法の変革とは、たんに農業技術上の変革のみを追求するだけでは成就されえず、内容的には、資本から与えられた安逸な生活を拒否するという、農民の生活体系総体を変革していく視点を持たざるを得ない。それは〈農〉の行為それ自体が、人間としての農民の生き方それ自体であるという農法と農民との関係を、彼の日常的な生活の場で構築していくことを意味しているであろう。

3　人間はどのように環境をとり込むべきか

安全な食物は健康な生物から

ある食物が人間の健康な生活を獲得していく上に価値があるかどうかを判定する場合、その判断基準はいったいどこにあるのであろうか。人間に必要な食物は生物（作物・家畜・微生物）が生み出すものだ。いいかえれば、生物の生み出す生産物が人間の食物に供されるのである。生産物の持つ食物としての質を判定する鍵は結果としての生産物それ自体を云々するよりも、その生産物がいかにして生産されたかのプロセスの中に、すなわち、生産物を生み出す生物がいかなる状態で生きたかの中にこそあるのではないだろうか。すなわち次のようないい方が正しい。

人間にとって健康な食物とは、健康な生物こそが生み出すものであると。

だからこそ我々は、我々の食物を問題にする時、それを生産する農業を問題にするのであり、さらに、健康な生物を作り上げることに失敗し、ひ弱で去勢された生物しか育てることのできないが故に、近代農業技術を批判せざるを得ないのだ。

ここでさまざまの防疫薬剤――農薬や動物用医薬――の農畜産物中における〝残留問題〟を考えてみよう。

カマボコや豆腐等の加工食品において〝保存料〟として添加されていた合成殺菌剤、ＡＦ-２が使用禁止にされたのはごく最近〔一九七四年八月〕のことだ。このＡＦ-２は、ある種の動物、微生物に対し催奇性、発ガン性、突然変異誘起性があるということが明らかになったからだ。ところがこのＡＦ-２と化学的に類縁であるニトロフラン系の化合物（フラゾリドン等）が殺菌剤として家畜の配合飼料中に添加され、豚や鶏が日々口にしているという事実はまだあまり知られていない。このニトロフランが鶏卵や畜肉に移行、残留して、それを食べる人間の健康に悪影響を与える可能性があるとの理由で、採卵鶏用の飼料への添加は全面禁止、ブロイラー及び養豚においては出荷前五日間に使用する飼料への添加は禁止するという措置が農林省によりとられた（一九七四年一〇月より）。この農林省による〝禁止〟の論理を少し考えてみよう。

この〝規制〟の内容はあくまでもニトロフランは畜産物に〝移行・残留〟しない限り使用してもよいということを容認している。しかし残留性を問題にする場合、それはあくまで今日の検出技術の範囲内のことであって、仮に現在の分析技術で検出されないといってそれが即、残留性〝ゼロ〟で、完全に安全であることを意味するのでは全くない。検出限界以下の微少な量が畜産物に残留していて、それを恒常的に人間が食べ続けた場合、その長期間にわたる人体に対する影響がここでは全く配慮されていない。

現在の分析的な近代科学の手法をもってしては、安全であることも、また同時に一部の極端な事例を除き、安全でないことも証明でき得ない。近代科学の毒物検出技術がまだ未熟であるという理由ばかりからではなく、そもそもそれらが近代科学の手法の限界を越えた極めて複雑な命題であるからだ。例えば人体に摂取された「ケージの卵」は、他の食品やその他のさまざまなルートを通じての(人間の生活空間は大なり小なりすべて〝汚染〟されているといってよい)さまざまな汚染と複合されて極めて複雑な系を生体内で構成し、それはさらに生体と複雑な相互作用をするであろう。この系を解析し、「ケージの卵」の挙動を解きその安全性を云々する手法は近代科学にはもともとないのだ。

しかし問題はそれだけではない。ニトロフランが畜産物に移行・残留して人体に悪影響を与える可能性があるとするならば、それ以前にまずそれを日々口にする家畜の体そのものに悪影響を及ぼす可能性が容易に想像できるのだ。すでに述べたように現在の近代技術で飼育された家畜類は、殺菌剤であるニトロフランを必要としなければ生存できない、そもそも不健康な生物であり(このような鶏の多くは解毒作用を司る肝臓の機能低下が著しいといわれている)、そうした不健康な家畜類にさまざまな毒性の予想されるニトロフランを恒常的に投与することは、二重の意味で家畜の健康を破壊することにつながる。

人間にとって価値のある食物はなによりも健康な生物からこそ生み出されるという考えに立つならば、ニトロフランは仮に畜産物に移行・残留せず、その畜産物が人間にとって〝安全〟なものであるとしても、家畜そのものの健康を破壊する可能性がある限り、全面的にその使用を禁止すべきものなのだ。農林省の論理には家畜そのものの健康に対する配慮は全くない。

現在、屠畜場で屠殺される豚の多くが、大なり小なり胃潰瘍の症状を持っているという。豚は本来雑食性の家畜である。それが現在の近代的飼育法では、土から隔離され、鶏の場合と同じようなコンクリートのケージに詰め込まれ身動きもできず、日光浴もままならぬまま、微粉末状の濃厚飼料だけを無理やり喰わされている。胃潰瘍の症状とは、豚をこのように反自然的・反生物的な環境におき、本来の食性を無視したことの結果であり、一つの象徴なのだ。この意味で配合飼料とはその存在そのものが豚にとっては〝毒物〟なのである。昔ながらに放し飼いにし、残飯や青草等の粗飼料で育てた豚には胃潰瘍の症状はでない。

現実には、その胃潰瘍の病徴部のみを切除して他の部分は食用として市場に出まわっている。病徴部だけを切り取れば胃潰瘍の豚も食用として問題ないとするこの思想は、残留毒性さえ検出されなければ家畜を〝薬漬け〟にしても、健康を破壊しても構わないとする思想と全く同質のものだ。私は胃潰瘍の豚の肉も、ニトロフラン漬けで育ったブロイラーの肉も食物として拒否したいと思う。それらは一見〝無毒〟で〝衛生的〟であったとしても、健康な生活を奪われた生き物が生み出したものである以上、いぜん人間の食物としては失格しているからである。

食物の安全性は厳密な意味で、近代科学的に証明できないとすれば、〝歴史〟にその証明を委ねる他ない。しかし長い時間の後、〝クロ〟の証明がでた時はもう遅いのだ。したがって現在に生きる我々が最低限しておかなければならないことは、安全な食物を手に入れるためには、それを生み出す家畜や作物の〝健康〟をこそ最大限に保障する生産体系(農法)を創出するということより他に道はない。

人間的自然と農業

家畜や作物は野生の動植物とはさまざまの点で異なる。それらは一種の〝奇型生物〟であるといってもよい。家畜や作物は、人間が長い時間をかけて人間の生活に都合のよいように〝改良〟を重ねてきた存在であるからだ。したがってそれらの存在には〝人間の法則〟が貫かれている。しかしそうだからといって、それらが〝無生物＝モノ〟になってしまった訳ではなく、同時に〝生物の法則〟が適用しうる〝生き物〟である。このように家畜や作物は、人間の論理と生物の論理とが〝統一〟された存在だ。

「環境がなければ生物は住めないが、生物がなければ環境の概念もないし、それを合わせた自然もない。このとき自然は『生物的自然』になった。時がたって、超優越生物としての人間が誕生し、自然は『人間的自然』になった」(川那部浩哉「脚光あびる生態学のかげから――ある研究者の日記から――」『朝日ジャーナル』一九七〇年七月二六日号)。すなわち人間が誕生して以来この地球上には人間の手の全く入らない存在はなくなったのだ。人間は周囲の環境(生物も含めて)との間に人間にとって意味(その意味の内容は人類史の各段階によって異なるが)のある関わりを持とうとしてきた。家畜や作物とはまさにそうした人間が周囲の生物との関わりの中から生み出した〈人間的自然〉に他ならない。

では農業とは何だろうか。私はそれを次のように言いたい。すなわち、農業とは、全体性をその存在の本質とする〈環境・生物〉と、他方ある特殊な個別的目的性を追求する〈人為＝生産実践〉とが、かろうじて共存するある一点を具体的に見出し、〈環境・生物〉と〈人為〉との間に横たわる〈矛盾〉を止揚する営為であると。ここでいう〈環境・生物〉と〈人為〉との統一体とは、まさしく〈人間的自然〉そのものであり、いいかえれば、農業とは〈人間的自然〉の一獲得方法なのである。

ところで今まで述べてきた近代農業の持つ深刻な矛盾とは何であろうか。それは本来止揚するべき〈環境・生物〉と〈人為〉との間に横たわる〈矛盾〉を、ますますそれに輪をかけるようにして拡大し、技術の部分的合理化を徹底したところにある。近代農業が定着する以前の〈人間的自然〉は、〈人間〉と〈環境〉とが共存しうるような秩序であった。その共存的な〈人間的自然〉を近代農業は破壊し尽し、新たなる〈人間的自然〉を現出した。しかしこの〈人間的自然〉は〈工業的自然〉ともいうべきものであり、もはや周囲の環境・生物と人間とが共存しうるような秩序ではなかった。しかしながら私たちが、さらにこの地球上で棲息していこうと欲する限り、どうしても〈人間〉と〈環境〉とが共存できるような〈人間的自然〉の獲得――昔の姿に戻ることではなくさらに新しい秩序の獲得を意味する――を追求していかざるを得ないのである。

現在、近代農業を乗り越えようとする試みが各地で行われつつある。例えばそれは無農薬栽培運動であったり、鶏卵の生産を昔ながらの庭先養鶏で行おうとする運動であったりする。しかしこの際に私たちがはっきりと再確認しておかなければならぬことは、くりかえしていうが、農業とは人間的自然を獲得する営為であるということだ。近代農業が、〝利潤追求〟という〈人為〉を強調するあまり、〈環境・生物〉との結合に失敗した、その裏返しとして、単純に〈環境・生物〉を全面的におしだそうとする試みは、問題の回避であり、事柄の解決には全くならないことを強調しておかなければならない。

農薬公害を解決するためには、近代農業から単純に〈農薬〉の使用を差し引いただけでは問題は何ら解決されない。近代農法においては農薬の使用はその成立の前提条件になっているのであり、たんに農薬の使用を止めるだけでは、たちまちのうちに、家畜、作物は生存できなくなってしまう。

現在の作物や家畜は近代化した育種技術により、生産性は奇型的に高いが、微生物の侵入や環境条件のわずかな変動に対しても極めて適応力の弱い去勢された「生き物」として遺伝的に固定化されてしまった。育種技術もまた、作りあげる家畜や作物が大量の化学肥料(濃厚飼料)や農薬を浴びて育てられることを前提として〝発展〟したのであった。したがって私たちはそうした遺伝的特性として虚弱化した作物・家畜をもう一度生命力豊かなものに蘇生させるという――それも生産性を極端に落とさずに――新たなる視点に立った育種法を確立しなければならない。

しかしながら近代育種技術によっていったん駆逐された品種(遺伝子)を再度発掘し、再生させることは極めて困難な課題であり、可能だとしても長時間にわたる多くの人々の努力を必要としよう。さらに農薬を必要としない健康な作物づくりを行うには、化学肥料と農薬の長期間にわたる大量投入によって〝死〟に瀕した耕地を再び蘇らせることが不可欠だ。しかし一度死に絶えた

〝地力〟を再生させることは一朝一夕でできるものではない。長い間にわたる有機質の投入が必要であろうし、また耕地に残留する農薬は長期間にわたり消失せず〝土〟を蝕み続けるであろうから。しかも悪いことには、去勢された作物や家畜、そして単調なモノカルチュアや多頭羽飼育の出現と、長期間にわたる大量かつ多様な農薬の投入とにより、作物と家畜をとり囲む病原微生物相はより複雑化、強大化してしまった。

このように農薬公害を止揚すると一口にいっても内容的には、近代農業のたんなる手直しや裏返しではなく、作物や家畜を〝健康〟に育てることのできる新たな別個の技術体系（農法）を獲得していくことを意味するものでなければならない。それは今後長い期間にわたる努力を必要とするものである。したがって現在すぐに農薬の使用をゼロにすることはできない。当然場合によっては使わざるを得ないだろう。

今、私たちにとって重要なのは、画一的、機械的な近代農法の確立によって奪われてしまった〈人間〉と〈生き物〉との間に本来あるべき〝有機的緊張関係〟を再度把え直し、それを日々持続させていくことである。そうした日々の模索からのみ農薬公害の止揚は達成される。農薬を使うとか、使わないとかを、農民の生活や、生産物を食する消費者の生活と隔絶したところで議論したり、またそれをあらかじめ二者択一的に決めてしまったりする立場は正しくない。それは人間（農民及び消費者）と生き物との間にある有機的関係を無視して農法を一人歩きさせるものであり、したがって、健康な生き物を育てることが同時に人間の健康な生活を保障することにつながるという〈人間的自然〉の獲得をめざす〝農業〟の使命を放棄することになる。

4 農村と都市の連帯を求めて――たまごの会の運動

消費者自給農場の建設

〈農〉の行為と〈食〉の行為とはそれぞれ資本により分断され、支配されている。そして現在両者が結合されるときは、資本の論理（＝金銭表示を介して）によってのみである。私たちはこの資本の支配をはねのけ、〈農〉と〈食〉との分断を止揚し、私たちの論理のもとに両者を結合させていかなければならない。

つまり農民と都市生活者とが連帯し、共同で新しい農業を作りあげることだ。

しかし現在の農村と都市との深刻な乖離を考えたとき、極めて困難な課題であるといわざるを得ない。しかしそのためには、さまざまの創意工夫をこらした模索が開始されねばならない。冒頭で触れた私たちの「たまごの会」の運動もそうした試みの一つである。

「たまごの会」は東京およびその周辺に住む約三五〇世帯の都市生活者の運動体である。しかし自らの食生活の自給をめざす目的で、農村に農場を建設し、農業実践を行っている意味においては〝生産者集団〟でもある。私たちはこの農場を「消費者自給農場」と呼んでいる。

この名の示す通り農場で直接生産を担当するスタッフは私自身も含めてもともとの農民ではなく、それまでは都市生活者（消費者）であった。今問題にされるべきなのは、固有の土着性と歴史性とを持った既成の農民と、都市生活者とがどう連帯しうるかであろう。しかしこの「たまごの会」の運動が、農村での生産活動と都市住民の生活とが有機的に関連する中で展開している限り、農村と都市との分断を埋めた新しい農業を成立させる上で重要な手がかりを提供しうると私たちは考えているのだ。

この「農場」は全会員からの共同出資により七四年の春建設された。「たまごの会」はそれまで、安心しておいしく食べられる食物はいかにしたら獲得できるかを、都市生活者の立場から一貫して追求してきたが、この農場建設は、この運動の辿りついたひとつの結論であった。まっとうな食物を手に入れるためには、〈与えられ支配された消費者〉としての己れの存在を、自らの食物は自らの手で作り、運び、そして食べるという〈自立した生活者〉へと脱皮させること以外にない。この決意が農場建設にこめられていた。

現在、私たちの農場から東京の会員へ配送される主な生産物は、三〇〇〇羽の鶏が産み出す鶏卵、鶏肉と、全体で約二町歩の畑に作付けされた多品目にわたる蔬菜類とである。畑には他に飼料作物(牧草)、水稲そして大豆等の雑穀類が栽培され、他に牛、豚、山羊の飼育も軌道にのりつつある。「自給農場」で確立されるべきなのは、まず農場の人間の食生活の自給性を保障し、その自給性の保障こそが都市に住む人間の食生活を保障しうるような農業である。

この農場は、会員からの出資金と生産物の代価との二つの財源により運営されている。会員の出資といっても、この出資はいわゆる投資効果を持つものではない。そして出資金の額の多少に拘らず、会員は運営に関して対等の権利と義務を負っている。農場担当者といくつかに分けられた各消費地区の世話人とで構成される「世話人会議」が、実質的な経営主体となっているが、原則的には会員全員に経営権が保障されている。決定する人間とされる人間との関係の中で、事柄が運ぶことを何よりも避けるべきだと考えているからだ。

　ここでいう「農場担当者」や各地区の「世話人」とは、会員の中から選出された代表ではなく、あくまでも自らの意志により、自発的にかってでた〝ボランティア〟である。農場担当者と他の会員との関係も全く対等なものとして考えられている。相互の関係は〝雇用関係〟でもなく、そうかといって〝つくる〟主体と〝たべる〟主体との間に成立する〝売買関係〟でもない。そうした契約関係からは、通常の商品しか生まれず、我々のめざす食物は生み得ないと考えるからだ。

　いくつかの実務上の確認、申し合わせ事項はあるが、会全体の規約・綱領はない。また代表者もいない。会員相互を結びつけるのは、まっとうな〝食物〟を食べたいと願う共有意識と、お互いの〝人間的信頼関係〟をおいてない。このような組織イメージは既成の組織にはないであろう。しかしながら資本主義的ルール、資本主義的人間観を極力排し、新たなる組織論を獲得する他、私たちが〝食物〟を手に入れるすべはないのである。

　生産物の価格の決定の仕方を述べてみよう。生産物は利潤を生み出すべき商品としての意味が込められていない。農場での経常的な生産活動を保障し、その生産物を運び、そして食べるという会全体の活動を確保するための必要経費が生産物の価格として計上されていればよい。したがって市場の価格とは全く別個の、会独自の価格が算定されている。

　このような経常経費以外の出費、例えば、新しく鶏舎や住宅を建てたり、大型の機械を購入したりするような場合は、別の会計システムを設けている。すなわちその時々に応じて必要な資金を会員が（生産物の代価以外に）出資金として出資するという方法である。一般の組織の場合は、このような経費も売り上げから計上されるであろう。何故このような二本立ての会計システムを設けているのであろうか。それは各支出事項に応じ、その場その場での「必要性」を会員相互で充分討論し（このような出費は、いまある運動に新しい質を添加していく重要な意味をもつ）、無性格な金の出し入れに関して、明確な意味を付与したいからだ。

私たちが商品経済の中に住んでいる限り、何をするにしても最終的には〝金〟という表現を使わざるを得ない。しかしその時、問題になるのは私たちがその金に対し、いかなる性格の金なのか、当面する金の出し入れがいかなる根拠にのっとっているのかをはっきりとさせようとするかどうかである。資本主義のルールに従えば、利潤の蓄積こそが至上目的であり、したがって金そのもの、厳密にいうと金の額（＝量）のみが問題になるにすぎない。いかにしてその金を得て、いかなる目的にそれを使うのかはそこでは問題にされない。この金のもつ無性格さが人間や組織をダメにさせることになるのだ。

新しい生活の質とはなにか

さて私たちは農場で生産される生産物とは、そこで展開される生活総体が表現されたものだと考えている。したがって〝よい〟生産物の生産を願うのならば、たんなる生産技術の変革のみならず、それをも含めた実践者の生活総体の変革が必要とされる。したがって農場をたんなる〝生産〟の場として捉えるのではなく、トータルな〝生活〟の場として捉えるのでなければならない。その農場の生活を、商品経済により荒廃した既成の農村生活を越えた異質のものとして確立させるためにさまざまな物的、および人間的条件を整備することが、現在の「たまごの会」の運動の主要なテーマになっているのだ。それはむろん、農場スタッフと都市に住む会員との共同作業として展開されることになる。この農場に作りあげられていく新しい生活の質は、分断され支配された都市生活を、都市住民自らが自らの手に取り返していくための具体的方向性と物的条件を保障するものとして都市へと還流させていくことになる。

農場で築きあげられていく新しい生活の質とは何か。それは商品経済の桎梏から解放された、自立した自給性豊かな生活であるはずだし、資本主義的人間観、労働観から解放された新しい人間関係の成立であろう。農場での生活をより豊かに、より自立的にするものとして行われる具体的な生産実践を通じて、〈効率主義〉により生み出された諸問題、すなわち、労働における〝分業〟の問題、そして女、子供、老人、障害者等に対する〝差別〟の問題も具体的に検証されていくことになろう。

今農場で主に自給用として飼われている山羊について述べてみよう。

山羊は現在では周辺の農家ではほとんど飼わなくなった。全国の山羊の飼養頭数の変化を調べてみると、日本の農村の変動を象徴するかのようで興味深い。六〇年には全国で六〇万頭いたものが、その後急激に減少し、七〇年には一〇万頭台にまで減った。山羊の乳は人間の母乳の組成に近く、乳児を育てるのに重宝であった。しかし農村の生活が近代化し、購買力を増すに従い、自給的な山羊乳はすたれ、代わって市販の「牛乳」や「粉ミルク」が購入されることになった。

ところが適当量の雑草さえ与えておけば充分飼育できる山羊は、広い牧草畑を必要とする乳牛に比べ、狭くて急峻な土地の多い日本の農村の風土にはよく適応しているのである。私たちの農場は、乳牛の頭数増加が土地の制約から自ずと限界がある以上、山羊の飼育こそ自給的生活の確立には極めて合理的であると考え実行に移している。

豚は、ほとんど残飯のみで育てられている。豚のおかげで農場にはムダな廃棄物がなくなった。今、豚の飼育が本格化し頭数が増え、農場の残飯だけでは不足する場合を考え、東京の会員の台所から農場への残飯輸送を検討中だ。都市の残飯を農村に還元し、家畜の餌や堆肥に再利用することに成功すればその意味は重大である。しかし同時にこの試みは、都市生活者の排出する残飯に注目することにより、逆に彼らの食生活の質を具体的に問い直すことを可能にしている。さらにこの試みは、都市生活者自らが豚の〝飼養管理者〟になりうることを可能にしている。自分が将来食べることになる豚に対して、今何を食べさせたらよいのか、わるいのかが自らの残飯を選別し農場に送り出すときに問われることになるからだ。〈ヒト↕ブタ〉の有機的関係が農場の人間だけでなく、都市に住む人間にも具体化される。

自ら育て自ら殺す

ところで現在、牛・豚等の家畜類を認可された屠畜場以外の場所で、屠殺、解体することは法的に禁止されている。飼育者である農民自身も庭先で自らの家畜を〝殺す〟ことはできない。

この屠畜場の成立は、〝殺す〟権利を奪われ、ただ〝飼う〟ことだけを許された人間と、他方で〝殺す〟ことだけを職能として〝飼う〟ことを知らぬ人間とを、それぞれ生み出した。この分業体制は明らかに、畜産物の大量生産―大量消費のシステムの成立を前提として確立した。

しかしながら本来農業とは、何はともあれ実践者自らの自給的生活を確保するための手段であるとするならば、豚の飼育もまた、まず自らが食用に供することをその目的としたものでなければならない。もしそうだとするならば、自ら食するために自らが飼育した家畜類は、自らの手によって屠殺することが最も自然で本来的なのではあるまいか。

現在のブルジョワ法体系は、動物を飼育すること、それを屠殺・解体すること、加工すること、そしてそれを食することを、それぞれ分断し、分業体制の中へ封じ込めることを前提として成立し、したがってその分断を固定化している。

人間が自らが食するために〝愛情込めて〟育てあげた動物を、自らの手によって〝殺す〟というその一瞬の中にこそ、人間と動物との間に本来的に存在する有機的緊張関係と、その緊張関係を介して人間に食物が与えられるという事実とを、人間がリアルに再確認できる貴重なモメントがあるのだ。これを疎外している現代の社会は、したがって反自然的な飼育方法により家畜の健康を奪うことに何の異議を認めず、またさらに、何の胸の痛みも、いとしみも感じることなく家畜の首をはねねば成就し得ない疎外された労働を生み出し、さらに、日々与えられる食物の持つ根源的意味（食物は生き物を大切に育み、それでもなおかつそれらの命を奪うことによって得られるという）に気付きもせず、ただひたすら食物の浪費をして構わぬ食生活のスタイルを生み出す、といったさまざまの人間的頽廃を醸成した。

私たちは、家畜、食物にまつわるこのような人間的頽廃を止揚しなければならない。私たちはそのためにこそ、自らが食するために自らが育てた家畜は、自らの庭先で自らの手により殺すのが正しいと考えざるを得ないのだ。

私たちは豚肉を、自分たちの手でハム・ベーコン等に加工している。農畜産物の加工・貯蔵技術の獲得こそ、自給的生活を成立させていく上で不可欠のものになる。

私たちの鶏の飼い方

ここで私たちが鶏をどう飼育しているかを述べてみよう。

私たちの飼育法は、環境の変化や周囲の微生物との共存に耐えうる、強い生命力を持った鶏を育てることをねらっている。

初生雛は細かく裁断された稲ワラを充分しきつめた広い土間の上に放し飼いされる。そこは充分な日光と新鮮な空気・水が保障されている。砂浴びも運動も自由にできる。ストレスがほとんどないので群れ飼いにしても〝尻つつき〟というような悪癖はでない。鶏はワラの上に糞を排泄するのであるが、その糞は徐々に発酵し最終的にはほとんど無臭の乾燥した粉末状のものとなり、オールアウト時まで鶏舎の中でそのままにされる。鶏は自ら排出した糞の上で生活するのである。したがって鶏は、発酵熱で弱毒化した微生物を鶏糞と共に常についばみ、日常的に微弱な感染を受け、それへの免疫性を徐々に獲得するようになる。

外界の暑さ寒さに対して特別に「保護」するようなことはしない。育成期には粗剛な（＝消化の悪い)牧草やモミガラ等をたっぷりと食べさせ消化管を鍛える。成鶏になっても青草を中心とした粗食で、美食、飽食は避ける。市販の配合飼料は使わず、私たち自身が集めたトウモロコシや米ヌカ、魚粉等を鶏の年齢や健康状態をよく見極めながらそれに応じて配合して与える。健康な生活を保障してやることができれば薬の投与は最低限ですむ。

このような私たちの鶏の育成率は近代養鶏のそれと比べ遜色なく、産卵寿命も長い。水っぽく、コクも香りもない近代養鶏の卵に比べ、私たちの鶏が産む卵はかくべつに美味しいと自負している。

鶏舎の中で稲ワラと土とよく混ざり熟成した鶏糞はそのまま良質な有機質肥料となる。鶏の飼育が同時に良質な堆肥作りをすることになるのだ。私たちの牧草・野菜・水稲の栽培は市販の化学肥料を使わない。この鶏糞を主体として、他に落葉やワラの堆肥、牛・豚の糞尿、そして人糞等を畑に還元する。耕地の土を肥やし、植物体の健康を保障する栽培法を獲得すれば、化学肥料はもちろん、農薬の大量投与は必要なくなるはずだ。

しかしながら昨年[一九七四年]の夏、私たちの無農薬で栽培したトマトは病気で全滅した。私たちはついにトマトを一個も食べずに夏を過ごすこととなった。東京の会員の何人かもそうした。スーパーに行けばいくらでもトマトを手に入れることができたのに。しかしこのトマトの場合に比較して主食である米の無農薬栽培には、よりいっそうの困難がつきまとっている。除草剤を拒否するなら夏の暑いさ中にたんぼをはいずりまわり草取りをしなくてはならない。〝できなかった〟からといってトマトの場合のように食べないですませる訳にはいかぬ。できなかったら米屋から買ってくればよいという考えを前提にして無農薬栽培を行うことは、あまりに安易で、問題の回避でしかない。

前に説明したように現時点では安定した無農薬栽培は技術的には困難だ。仮にあくまでも無農薬でやろうとするからには、できなかった場合には食べないですませるという人間の側の覚悟が必要である。そう覚悟のできない状況があるとすれば、私はむしろ自らの責任と判断とによって断固として農薬を使い、そしてそれから得られた食物は、農薬で汚染されていようといまいと、自らがすすんで食べるという〈人間↕生き物〉の関係を構築することが重要だと考える。いずれにしても私たちは、自らの荷なう〈農法〉とそして自らの〈生活〉のありようとの〈結合＝統一〉を今、厳しく求められざるを得なくなっている。

私たちが現在実施している飼育法や栽培法は、私たち自身が一朝一夕のうちに作りあげたものではなかった。その多くは土着の農民たちがかつて経験的に把みとった伝統的農法に学んだ。〝つくる〟ことにめざめた私たち都市生活者がまず学ぶべきなのは、現在の正統たる近代科学技術の陣営より不当にも異端視され駆逐されていったこうした土着の農法をおいてない。我々はそれらを我々なりのやり方で吸収、発展させていくことになろう。

「隔離」と「薬漬け」とによってしか生きられない近代養鶏の鶏たちが、ますます人里離れた未汚染地へと逃げこんでいく一方、人間の側からも「騒音」と「悪臭」とを根拠に鶏を人間の生活空間から永久追放しようとしている。一方、空中防除を含めた大量の農薬散布により、耕作者自身すら素足で田の中に入れなくなり、また農薬で汚染された畔の雑草はもはや家畜の餌としては無用のものとなった。このように人間と動物と植物とがバラバラに分断されてしまった現在、私たちの農場は〈人間↕動物↕植物〉が互いに共通の空間の中で生活でき、その間に閉じた物質循環を確保できるような生産（＝生活）システムの獲得をめざしている。

ピーマンは真夏にしか食べない

ところで都市に住む会員にとって当面の最大の運動目標は、スーパーマーケットなどによりかかった食生活を廃し、「自給農場」に裏付けられた新たなる食のスタイルを構築していくことにある。それは私たちの〈食〉に対する既成の価値観の根本的変革を必要としている。

農場からの生産物は農場での自給用を除き全量が会員の手元に届く。選別も〝お化粧〟もされていない。鶏糞まみれの卵や、曲がったキュウリ、実のふぞろいなトウモロコシもそのまま届けられる。会員は送られてきた生産物のありのままの姿をみて、農場での作物や家畜、そしてそれを育てている農場の人間のありようを想起しながら食べるのだ。

ところがそうして届けられた生産物が全て汚染ゼロで安全な訳ではない。それは何故か。いく度もくりかえして述べているように、農薬を必要としない農法への変革は短期間では成就しない。私たちの農場でも現時点では農薬の使用もやむを得ぬ場合もありうる。一方、鶏を育てる場合、鶏の持つ〝歴史的食性〟を尊重することが現実には結果として、かえって生産物の汚染を高めることがありうる。例えば日本に比べ比較的環境汚染の少ないアメリカでとれたトウモロコシや大豆などを与えて鶏を育てる場合に比較して、汚染された環境（土・水・空気等）の中で牧草を栽培し（栽培そのものは無農薬にしても）、さらにタンパク源としてこれまたさまざまに汚染された海からとれた魚粉を与えて育てる場合、環境からの多面的な汚染を生産物に取り込んでしまうことになりかねないからだ。

汚染を完全に防ぐためには、鶏の食性を無視し、完全に制御された〝密室〟の中で作られた〝人工飼料〟を与えた方がよいのかも知れない。しかし私たちはそうした方法はとりたくない。〝土〟を活かし、鶏の歴史的食性を尊重するような農業のあり方を放棄せず、まさにそれをやり抜く中でなおかつ安全な食物を手に入れる手だてを模索していくのが人間として本筋だと考えざるを得ないからだ。

現在の食物が安全でないという意味は、汚染の程度が、人間が本来的に持つ環境への〈適応力〉をはるかに越えているという意味でだ。完全に無菌化、無毒化された食物を追い求めていく姿勢は正しくない。この思想こそ、人間生活の究極的姿として宇宙船の中の生活のような純粋培養的生活をその理想とする近代の価値観、資本の論理を補完することになる。そして現象的には無菌的で無毒であるが、本質的には去勢され、虚弱化した食物しかうみ出せない事態を招くことになる。

資本は既に残留性のない程度に〝薬漬け〟にして、〝無菌的〟で〝衛生的〟かつ〝安全〟な食物をより効率的に作ろうとさまざまな策を弄している（残留性のない、しかも人間に対して低毒性の農薬が開発されつつあるし、ニトロフランの規制によりニトロフラン漬けのブロイラーの肉や、胃潰瘍の豚の肉でも〝無毒〟で〝無菌的〟になりつつある）。〝異常なる汚染〟と〝汚染ゼロ〟とは実は同じ近代(＝資本)の構造からでてくるのである。

作物や家畜がそうであるように、人間もまた食物等を通じて周囲の環境との間に〝緊張関係(＝交流)〟を維持して生存している。仮に人間が無菌的で無毒な食物を摂り続けるとするならば、人間本来が持つ適応力(解毒作用とか免疫獲得性とかいった)は去勢され、人間は虚弱化していかざるを得ない。同様に消化のよい食物を求める姿勢こそ私たちの消化器官の弱体化を促進することになろう(私たちの農場の雛はわざわざ消化のよくない粗剛な青草やモミガラをたらふく食べて育てられている。また豚が胃潰瘍になったのは、まさに消化のよい濃厚飼料のみを食べ続けたからであった)。

重要なのは、我々人間が環境と自由に交流しうる強い肉体を持つことであり、食物もまた私たちと有機的緊張関係を持ちうるものとして獲得することだ。解毒作用を司どる私たちの肝臓、消化作用を司る私たちの胃腸、それらは〝パンク〟しても〝萎縮〟してもならない。それらは生き生きと活動を続ける生命力あふれた臓器でなければならない。

私たちは当面、汚染された食物をそれでも作り続け、そしてそれでも食べ続けることが必要だと考える。この関係の中からのみ私たちのイメージする農業は獲得されるであろうし、この中からはじめて、真の意味で汚染の少ない(すなわち汚染の程度が人間の適応性とバランスしうる)、おいしい〝健康〟な食物の獲得が可能になると考えるからだ。

自給農場は今、私たちの食生活に具体的な変化をもたらしつつある。

露地栽培が基本の野菜は、冬ピーマンを食べることを諦めさせた。卵も限りある量を共同配分したものだから、以前のように食べたいだけ食べるという訳にはいかぬ。豚をつぶすチャンスは年に何回しかないからその時しか食べられない。しかしそれだけに真夏に食べるピーマンや、時々食べる豚肉はそれだけ〝ごちそう〟ですばらしく美味く感じる。限られた量を分け合って食べるという連帯感は、さらに味を格別にしているはずだ。

調理するために手に入れる材料は種類も量も限られている。だからその素材ひとつひとつを大事にしながら、種々の調理法が編み出されねばならない。一度に大量のものが生産された時は、少なくなる時のために保存法が工夫されなければならない。インスタント食品、冷凍食品で慣らされた私たちは食物の調理・加工・保存において自らの創意工夫を求められざるを得なくなっている。

こうした食生活の確立は、私たちの食物に対する味覚や美的感覚すら変えつつある。規格化され磨きあげられた農産物のみをおしつけられ、それを〝美しい〟と感じていた私たちは、土にまみれた大根、ふぞろいなキュウリ、黒い病斑におおわれたミカン等に、生命力に満ちた独特の美しさを改めて感じるようになった。その美しさを美しいと感じる感性が奪われていたのであった。

一方本来の製造法にのっとって作った私たちのハムは、発色剤と殺菌剤とでごまかした市販のハムに慣れた私たちにとって、なかなかなじめないものであった。同様に「ケージの卵」や「還元乳」に慣らされてきた私たちの味覚は、鶏本来の育て方をして得た卵や、牛の「生乳」は味が濃厚で生臭く、すぐには美味しいと感じない。資本の作り出した〝ニセモノ〟を長い間食べさせられることによって、それに適応した味覚が形成されてしまったからだ。私たちの食生活の変化とは、このように資本によって支配され〝与えられた〟感性を拒否し、私たち自身の新たなる感性を獲得することをも意味している。

〈農〉と〈食〉そして〈農法〉と〈人間〉

〝つくること(農)〟と〝たべること(食)〟とを分断してそれぞれを単独で語ることはできない。〈農〉と〈食〉とは常に相補的・相互規定的な関係にある。〈農〉がそうであるのは〈食〉がそうであるからであり、またその〈食〉がそうであるのは〈農〉がそうであるからという関係性。従来の「農業論」はこの視点がややもすると希薄であった。現実に〈近代農法〉は〝農民〟の生活に密着しているように、食物を介して〝都市住民〟の生活にも定着している。この近代農法の変革を語る時、再び〈農〉と〈食〉との分断を固定化したままで語られてはならない。

一方、〈人間〉はそれにふさわしい〈農法〉を求め、そしてその〈農法〉はそれにふさわしい〈人間〉を求める。〈農法〉とそれを荷なう主体である〈人間〉との間にも、常に相補的、相互規定的関係が成立する。したがって〈農法〉の変革とは、たんなる農法の変革にとどまらず、それをも包含する人間生活総体の変革を意味せざるを得ないのだ。

今私たちが腐敗した近代農業を拒否し、新たなる農業を構築しようとするならば、何をなすべきなのか。それは、資本により与えられた価値観の上に無批判にのっかり、つかのまの物的豊饒さに酔いしれている私たちの日常性をこそ対象とする闘いを構築することであろう。今日、何をどのように耕作し、そして今日何をどのように食するのか。さらにいうならば、今日どのように遊び、そしてどのように子を産み育てていこうとするのか。そのような具体的日常的な生活の営為ひとつひとつの質を検証し、その中に含まれる資本主義的虚飾を一枚一枚止揚していく闘いが同時的に農民と都市住民に求められている。新たなる農業、新たなる食物の獲得は、権力により与えられた日常性を拒否し、農民と都市住民との連帯の中で獲得されていく新たなる日常性の中からのみはじめて可能となるであろう。

　私自身のあり方についていうならば、それは農民になりきることでもなければ、都市住民に立ち戻ることでもないであろう。全ては私が一人の〈生活者〉として自立できうるかどうかに委ねられている。

（長須祥行編『講座　農を生きる３　〝土〟に生命を』三一書房、一九七五年）

第Ⅱ部

街人よ耕せ

やぼしんぶん
No.6, 1981, 7, 19
種のない
は絶好です。このまえ
うに、この梅雨期には
んたちは晴れ間をみつ
つせとトマトやキュウ

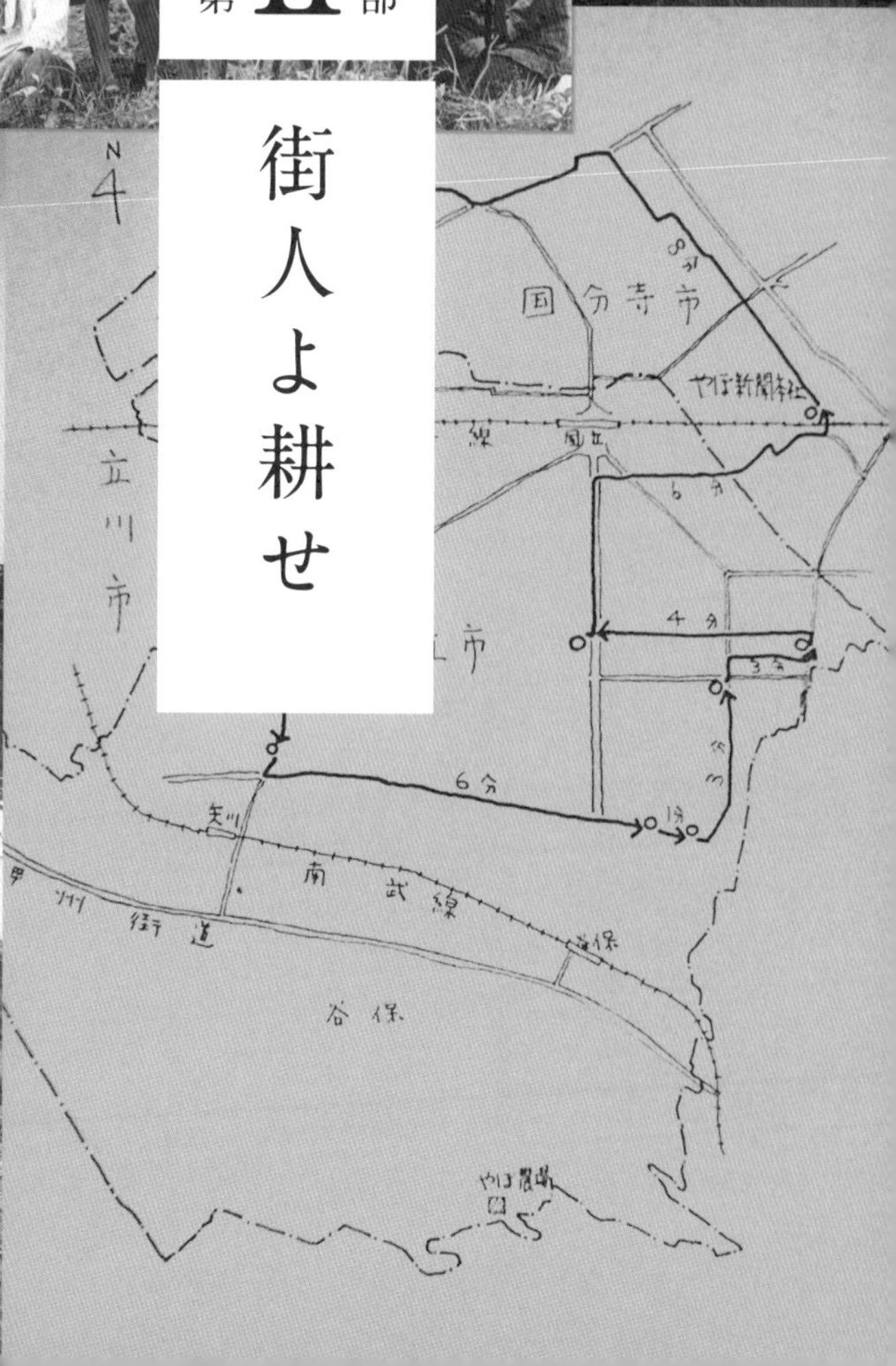

【解題】都市を耕す

小口　広太

1　現代史のなかのやぼ耕作団

明峯さんが取り組んだ自給農場運動は、大きく「たまごの会八郷農場→やぼ耕作団→庭」という変遷をたどっている。その出発点は、消費者自給農場「たまごの会八郷農場」である。だが、八郷農場は東京や神奈川に暮らす会員世帯から遠く、「自らつくり、運び、食べる」を十分に実践できなかった。そこで東京都国立市に拠点を移し、日常的な暮らしのなかで耕す「やぼ耕作団」を発足させた。明峯さんの取り組みのなかで「耕す市民」という生き方と姿勢が明確に登場するのは、やぼ耕作団からである。

たまごの会からやぼ耕作団へと実践の場を移した背景、やぼ耕作団発足の経緯と展開については、「やぼ耕作団の歩み」(第2章)にまとめられている。「いま、ここにユートピアを」(第3章)は、自分たちの実践の立ち位置を確かめる目的でトヨタ財団の研究助成を受けて取り組んだ成果の一部である。そこでは、メンバーへのヒアリングやアンケート、加えて近隣で取り組まれている市民耕作に関する調査を踏まえて、自給農場運動の実践を客観的に分析し、その実態・仕組み・意義を明らかにした。明峯さんらしい実践的研究の形と言える。

第Ⅱ部でもっとも新しい文章が「庭宣言」（第1章）である。明峯さんは晩年、庭協会を立ち上げ、暮らしの再生に向けて歩みをともにする仲間たちに連帯を呼び掛けた。「庭学」を提唱し、日本だけでなく、世界の庭に関する歴史や文化、現状などについても調査を行い、野菜や果樹、ハーブ、花を育て、豚や鶏も遊んでいた庭先が人びとの自給と暮らしの拠点であった西洋の庭の概念や考え方、実践が参考になると指摘している（「基礎庭学（講座・農的くらしのレッスン記録）」NPOあおいとり、二〇〇七年）。

「ハイレベルな市民農園と市民耕作」（第4章）では、市民による多様な耕作方式を多角的な視点から分析し、その有効性と限界を検討した。そこでは、農地と市街地の混在を活かしたまちづくりの方向性を示しつつ、農家と市民をつなぐ市民農園の意義について述べ、さらにたまごの会ややぼ耕作団の実践から市民農園の枠を超えたハイレベルな耕作方式の可能性についても明らかにしている。

やぼ耕作団は発足以後、耕す市民の仲間を広げつつ、耕作放棄地を拠点にしぶとく、幅広く展開してきた。現在では都市農業振興基本法が制定され、都市農地の位置付けは、「宅地化すべきもの」から「あるべきもの」へと大きく転換。国の振興基本計画素案も提示された。都市の農地、そこで営まれる農がもたらす価値への評価が高まるいま、明峯さんの実践を現代史という視点で捉えると、やぼ耕作団の先見性と先駆性はより明確になる。

2　限界都市・東京

第Ⅱ部のタイトル「街人よ耕せ」は、「東京でこそ農業を！」と言い換えられる。明峯さんは東京という街を耕し始めたとき、農地をどう維持するのかという課題に常に直面した。実際、やぼ耕作団も農地の移転を繰り返し、解散の理由は区画整理事業による畑の返還を余儀なくされたからである。高度経済成長期以降、急速に肥大化した東京は日本中でもっとも農の営みから離れた空間となった。土地面積の全国シェアは〇・六％しかないが、人口は一〇・三％も占めている(農水省「東京の農林水産業」二〇一五年)。

この間、農地は瞬く間に潰されていった。二〇一〇年の耕地面積は七六七〇haで、一九九〇年と比べて三三・三％(三八三〇ha)も減少している(農林水産省『耕地及び作付面積統計』)。全国平均の減少率は一二・四％だから、いかに急減しているかがよくわかる。とくに、市街化区域内農地の減少が著しい。また、二〇一〇年の販売農家数は六八一二戸で、一九九〇年と比べて四六・三％も減った。減少率は全国平均とほぼ変わらないが、経営規模の縮小が激しい。

明峯さんは都市、とりわけ東京のあり方を、「非自立的な存在」と鋭く批判した。地域が維持され、発展していくためには、食料、エネルギー、水の永続的確保が基本的条件となる。ところが、東京はそのいずれも自給できず、他の地域の資源や人びとの営みを前提としなければ維持できない(『ぼく達は、なぜ街で耕すのか――「都市」と「食」とエコロジー』風濤社、一九九〇年、一七二〜一七三ページ)。

東京の脆弱性は明らかだ。食料自給率はカロリーベースに換算すると約一%で、全国最低。この数字は、二%の神奈川や大阪とともに断トツに低い。食品残渣は土に還すことができず、大量に発生する食品廃棄物は深刻な社会問題となっている。エネルギーは、農山漁村に建設された発電所から送られてくる。二〇一一年に起きた福島第一原子力発電所の事故は、東京の快適で便利な暮らしが農山漁村の犠牲の上に成り立っている現実を私たちに突き付けた。消費されたエネルギーは大気中の温室効果ガスの濃度を高めて地球温暖化を促進させ、放出された廃熱はヒートアイランド現象の原因となり、集中豪雨を引き起こす。アスファルトやコンクリートで舗装された地表は降った雨を吸収できず、洪水となるケースも多い。

このように、東京は資源と環境という側面から数々の都市問題をかかえている。近郊の農村を潰しながら他者への依存を強めていった東京は、大量消費のツケを遠く離れた農山漁村や地球の裏側にまで押し付けて解決したかのように振る舞い、維持されている。明峯さんは次のように述べる。

「都市は〝解体〟されるべきです。都市の解体とは何か。それは都市が自立性を回復することです。都市がこれまで排除し、他に押し付けてきたものを取り戻すのです。…そして僕はさらに「東京にこそ農業を」と言いたい」(前掲『ぼく達は、なぜ街で耕すのか』一七六ページ)

東京が自立性を回復していくプロセスのなかで、重要な役割を果たすのが農地である。農地を維持することによって新鮮な農産物が供給されるだけでなく、農業・農村の多面的機能と言われるように、国土の保全、水源の涵養、自然環境の保全などにも大きく貢献する。これらは、国が都市農業振興基本法を制定した際の根拠になっている。

農地を守り、育むということは、一方的に消費するだけの存在になってしまった東京に生産と循環の空間を取り戻し、地域としての自立性を高めることである。さらに、東京が一地域として健全な姿を取り戻し、他者と共生していくことを意味する。

3　都市農業を誰が担うのか

農地を維持していくために最大の問題となるのは、都市農業を担う主体である。主要な担い手である農家は減少と高齢化が進み、東京農業の現状はやぼ耕作団が活動していたころと変わらないどころか、ますます悪くなった。しかし、そうした状況のなかにも小さな希望が見えつつある。

ひとつは、非農家出身の新規就農者の増加である。二〇〇七年に西多摩郡瑞穂町に、東京で第一号の新規就農者が誕生した(闘う農業1「『東京農民』新たな芽」『日本経済新聞』二〇一五年六月一六日)。新規就農者の活躍は、『平成二六年度食料・農業・農村白書』でも特集が組まれたほどだ。それによると、二〇〇九～一四年の東京都の新規就農者数は三九名にものぼり、年齢層も若い。そうした新規就農者が中心となって「東京 NEO-FARMERS!」というネットワークを組織し、勉強会の実施や都内の大手スーパーに常設コーナーを確保するなど活発に活動を展開しているという（前掲『平成二六年度食料・農業・農村白書』一八七ページ）。
もうひとつは、市民参加型の多様な耕作方式の共存である。都市農業を支えるもうひとつの耕作主体として、明峯さんが期待を寄せていたのは、街を耕す都市住民、すなわち「耕す市民」だ。

「市民をも含めた大多数の人々誰もが、心地よく大地と交流しうるような自給的な農業にこそ、活路を見いだしていくべきだと思うのです。都市化が究極まで進んでしまった東京だからこそ、まわりまわって農業がその原点に回帰する可能性があるのではないか。つまり、〝究極の都市農業〟はごく素朴な自給的農業だろう、と言いたいのです」（前掲『ぼく達は、なぜ街で耕すのか』一八四ページ）

城壁を境に都市と農村がはっきり分離されていたヨーロッパとは違い、日本では農地と市街地がモザイク状に混在している。これは、「混住化」と言われる日本独特の都市空間のつくられ方だ。モザイク状の空間は農業の振興にとってデメリットのように見えるが、これを逆手に取った東京農業の新しい姿が創り出されている。

その特徴は、個人直売、直売所や学校給食への出荷など地産地消の進展、観光農園など交流活動を通じて消費者と一体的な関係性を築くといった、多彩な農業経営の展開だ。土に愛着を感じ、農のある暮らしを求める人びとを取り込んだ多様な耕作方式の広がりと共存もまた、このような都市空間を強みとして活かした取り組みである。

広範な人びとの手によって新しい東京農業を創り上げていこうと提案した明峯さんは、専業農家による「精農」、兼業農家による「楽農」、市民による「援農」「遊農」、子どもたちによる「学農」という多様な農のスタイルが相互に関わり合いながら共存していくことを展望した（『都市の再生と農の力――大きな街の小さな農園から』学陽書房、一九九三年、二四三ページ）。それは、「農地は農家だけのものではない。みんなで耕そう」というメッセージである。

市民参加型の多様な耕作方式を整理すると、「消費者自給農場」「クラインガルテン（滞在型市民農園）」「農業体験農園／市民農園」「家庭菜園」「ベランダ／プランター菜園」となる。加えて、「援農ボランティア」も農のある暮らしを始める貴重な入口であり、東京都はＪＡや区市町村と連携しながらその育成に力を入れている（東京都農林水産振興財団による「東京の青空塾事業」）。

一九九〇年代半ばから、農地所有者が行う農業経営として取り組まれている農業体験農園は、練馬区の農家が先駆的に仕組みをつくり、「練馬方式」として全国に知られる存在だ。農業経営への貢献や新鮮な農産物の買い取りだけではなく、農家の丁寧な指導や利用者同士の交流、イベントの開催などコミュニティづくりへと進展しているケースも多い。市民農園も含めてキャンセル待ちが多いことから、都市住民の間で高まる農への関心とニーズを満たす重要な受け皿となっている。

ただし、農業体験農園や市民農園の区画面積は一五～三〇㎡と狭く、利用期間は申し込めば延長できるものの一～二年と短い。また、栽培する作目は基本的に農家が決め、栽培方法も指導に従わなければならない。そのため、自由な作付けや独自の栽培方法を望む市民にとっては物足りなさもある。

4 やぼ耕作団方式の特徴と意義

明峯さんはさらにハイレベルな市民耕作のあり方を求め、街を耕す多様なスタイルについて調査研究した。そのなかで、市民農園よりも広い面積が耕作でき、市民たちの自主性にもとづいて自由な耕作を展開する「やぼ耕作団方式」の自給農場が都市の農的空間を支える耕作主体、都市の農地を保全する手法として重要な意義を持つと考えた(本書二一五ページ)。多摩地域や横浜市周辺で活動する耕す市民たちのネットワークとして発足した「市民が耕す農研究会」は、市民農園以上農家未満の市民による耕作主体を「農耕ゲリラ」と命名している(明峯哲夫・石田周一編著『街人たちの楽農宣言』コモンズ、一九九六年)。

やぼ耕作団の大きな特徴は、休耕農地を利用した農地利用型であり、十数家族が三〇~五〇aの農地を共同で耕作した点にある。つまり、一軒の農家が耕作するほどの農地を複数の市民で耕作する方式だ。そして、少量多品目の野菜、米、麦を栽培し、ウサギやニワトリ、ヤギを飼育。家畜の糞尿や生ごみ、落ち葉、稲ワラ、麦ワラ、米ヌカなど身近な資源を利用して堆肥をつくる有畜複合型の有機農業に取り組んでいく。また、味噌や醤油などの農産加工、さらにはワタや藍を栽培して織物や染め物、布団までつくり、食生活以外にも自給の幅を広げた。

こうしてやぼ耕作団は、市民たちが生産手段である農地、種、道具、機械、施設を共同で持ち、それらの手段を活かす技術を身につけ、メンバー間の多様な知恵と工夫によって生活全体が自然に寄り添った「ホンモノの暮らしづくり」へと展開したのである。

5　耕す理由《わけ》

明峯さんは、「産業としての農「業」ではなく、人々の「暮らしそのものとしての〈農〉」（「のら便り」第六号、一九八三年、一九ページ）と述べ、「農業」と「農」を意識的に区別していた。都市農地を担う新たな耕作主体として市民に期待していた明峯さんは、耕すことそのものにこだわり続けていた。市民が自ら耕す積極的な理由について、次の三点から見ていこう。

第一は、食べものの確保である。食べなければ生きていけない人間にとって、食べものは生命の糧である。すなわち、自給は農の営みの本質であり、耕すことの基本認識と言える。

第二は、コミュニティの形成である。やぼ耕作団は田畑が近くにあり、暮らしの空間で日常的に展開する農園づくりを実践していた。明峯さんは、そのような農園が持つ機能として一七項目を挙げている（本書一八七〜一八九ページ）。

共同で耕作し、栽培した食べものをメンバー同士で分かち合い、共同で消費することによって人と人とのつながりが形成され、「共同性」が育まれる。また、農園は生産と消費の場だけではない。交流の場として遊び、本を読み、休憩し、おしゃべりをする多様な人たちによって構成され、「社会性」が育まれる。農園ないし庭は相互扶助を促進する手段であり、人と人とが支え合う包容力を持ったコミュニティとして描かれている。

第三は、身体性の回復である。自給農場運動は土から切り離された都市住民が自然に働きかけ、心身の回復をはかること、そして人間らしく生きる主体性を獲得していくことを目指していた。しかも、明峯さんの視点は、労働の本質にまで迫る。

「街の人間が自分の食べ物ぐらい作ろうとするのは、全うな要求だと思います。庭も満足にない狭い住宅に押し込まれた人間が、『やぼ』のような場をもつことは、したがって大変貴重な事だと思います。……『やぼ』は市民にとって、自己教育の場と言えると思います。鉄とコンクリートに閉じ込められ窒息しかかっている都市住民。おしきせの生活をあてがわれ、生きていくために身と心を生き生きと躍動させることのなくなった都市住民。『やぼ』のような空間は、そんな我々都市住民が、土と生き物との交流を取り戻し、自らの心身のたくましさとしなやかさを回復する、自己鍛錬の場になりうるのではないでしょうか」(本書一六四ページ)

以上のように、人間は耕すことを通じて自然との関係性を創り、「生命」「生活」「人生」を充足できる。明峯さんが市民という立場で街を耕し続けことも、農は誰にでも必要な営みであり、農の営みを暮らしのなかに取り戻そうとしたからであった。人間の「生」にとって「農」はなくてはならない、かけがえのない営みであり、それが耕すことの最大の根拠と言える。

第1章　庭宣言

「庭」。それはなによりも、野菜や果樹を栽培し、小家畜を飼育する「農的な空間」である。私たちはこのような「庭」が「暮らしの拠点」として、それを求めるすべての人々の下に与えられるべきことを強く主張したい。

現在の都市の住まいを考えると、屋根、かまど、それに寝床さえあれば、人は生きていけるかのようだ。「庭」は暮らしを支える不可欠なものとしては考えられていない。生きていくのに必要なもののすべてを金銭と交換するよう強制するこの社会では、人々の「自活する力」は、はっきり言って邪魔なのだ。「庭」を奪われた人々はこうして、街中のスーパーマーケットに動員される。人々の「自活する力」は、そこに溢れる世界中の食べ物を手に入れるための金銭を稼ぐことに専ら発揮される。奪って、あてがう。これが人々を商品経済に繋ぎとめる戦略である。

食品工業・外食産業の果てしない姿勢が続く。かまどは、カップラーメンに熱湯を注ぐ一台の電気ポットにまで痩せ衰えようとしている。人々はかまどすら手放そうとしているのだ。そしてこの社会は、もはや何もあてがう価値はないと刻印した人たちからは、屋根もかまども寝床も、その一切合切を容赦なく奪い取ることも辞さない。私たちの誰もが、明日にはこうして全てを失った宿無しとなってもおかしくないのが、今という時代である。

私たちは、奪われ、あてがわれるばかりの暮らしから逃げ出すことを願う。そのためにはまず「庭」を手に入れなければならない。

＊

人の体内。細胞は周囲を体液で満たされている。細胞は体液から栄養を取り込み、体液に不要物を排出する。細胞と体液との間に行われるこの不断の物質循環こそが、細胞の、人の生を支える生命線である。私たちが提案する「庭」は、人の暮らしにとって「体液」のような存在だ。「庭」。そこには一塊の土がある。大気が満ち、光が溢れ、雨が降り注ぐ。「庭」は大地の一部である。種子を播けば、発芽し、成長し、やがて実りがもたらされる。そこに生きる小さな家畜たちは人の暮らしから出される廃棄物を糧とし、彼らの排出物は野菜たちを育む土に還元される。


すべてを市場化しようとする巨大都市。その只中に埋没しそうな私たちの暮らし。その狭間にこの「庭」を介在させたらどうだろう。人は栄養物を「庭」から摂取し、不要なものを「庭」に排出する。「庭」を活用することで、人と周囲の環境との間に小さな物質循環が動き出す。細胞が体液に生かされるように、人は「庭」により生命を与えられる。

「庭」は単なる「農園」や「菜園」ではない。そこは子どもの遊び場でもあり、大人たちの集会場でもある。「庭」で、家族が、隣人が集い、交わる。人は「庭」に立つことで、自然の恵みに包囲されると同時に、人の環にも包囲される。「庭」は人と動植物が、人と人が、生き合い支え合う共生の場である。人は「庭」で生かされ、育てられ、励まされる。

「庭」はまた、住まいを囲む一広がりの空間を意味するだけではない。「市民農園」、共同住宅や集合住宅に設《しつら》えられた「共同の庭」、農地を利用した「共同耕作地」、ヴェランダの「庭」、屋上の「庭」、会社や工場の「庭」、学校や病院、老人ホーム、そして刑務所の「庭」などなど、様々なスタイルの「庭」が、あらゆる場所で工夫されなければならない。

＊

私たちは、今は消費的空間に化している都市も、やがては「庭」へと再生できると考えている。都市が無数の「庭」を内包し、多くの農地や林地などの農的空間を混在させるものに脱皮すれば。だから私たちは「農的なまちづくり」を強く主張したい。都市全体が「庭」になれば、人と外界とを巡る物質循環はより確かなものとなる。

そして都市周辺に広がる近郊農村。そこには農地や林地が遺されている。その近郊では今、「里」をキーワードに、景観の保全／再生が試みられている。「里」の保全／再生は単なる空間のそれではない。そこを活用する主体（人材）とノウハウの保全／再生を意味することに注目したい。「里」は風景としてではなく、人々が主体的に暮らす場として理解されているのである。工業的農法と都市化に蹂躙される近郊農村が、循環的な農の空間、「里」へと蘇っていくのである。

私たちは今、都市から発するキーワードとして「庭」を提案したい、それは郊外から発せられた「里」というキーワードに連なる。「庭」も「里」も、人々が主体的に関わる「暮らしの拠点」なのだから。

「庭」となった都市。「里」となった近郊。それらはごく自然に融合していくだろう。こうして、都市と近郊との循環的な関係が修復される。「里」は「庭」に、「庭」は「里」になるのである。ようやく人の生命線は成熟に向かう。

＊

人の暮らしと、暮らしの場の再生を願うキーワード、それが「庭」である。そのキーワードに込められた思いを実現させるべく、今私たちは「庭協会」をスタートさせた。私たちは、私たちと志を同じくする多くの方々が「庭」奪還に向け起ち上がられんことを、そして既に「庭」を拠点に創意に満ちた暮らしを実践されている方々に対し心からの連帯を呼びかけたい。

（『庭プレス』二〇〇七年二月号）

第2章　やぼ耕作団の歩み

はじめに

やぼ耕作団が発足してから約五年が過ぎてしまいました。やぼ耕作団（以下「やぼ」）にとってこの五年間というのは、どういうものだったのか、そしてこれからはどのように展開していくのかを、ある程度検討する時期に来ていると思います。

ごく初期からのメンバーは少なくなってしまいました。初期の「やぼ」のことは、今では多くの方に知られていない。単なる昔話はあまり意味のないことですが、今の、そしてこれからの「やぼ」を考える時に、やはり「やぼ」の創成期から今に至る歩みをひもといてみるのは、大切なことだと思います。

むろん以下お話しする〝歩み〟とは僕のとらえ方であって、「やぼ」としてこう考えてきたという訳では必ずしもありません。初期から携わってきた方々に、大いに補充、修正していただければと思います。

「やぼ」は八一年五月に発足しました。その「やぼ」の歩みを考えるためには、前史といいますか、「やぼ」がどういういきさつから始まったのか、ということにまず触れてみなければなりません。谷保《やぼ》［東京都国立市］で七ａの畑が借りられることになり始まったのですが、当時は七家族でした。その七家族全員たまごの会（以下「たまご」）のメンバーでした。つまり「やぼ」は「たまご」と大きなつながりをもっていた。「たまご」の流れの中で「やぼ」が生まれたといってもいいかと思います。したがって「やぼ」の歩みを語るために、まず「たまご」について話すことから始めたいと思います。

❶ 街で耕し始めた……（八一～八三年）

「たまご」は七一年暮れに、栃木県のある養鶏場で始まった。東京や神奈川に住む一〇〇～二〇〇軒位の人がグループを作り、そこの卵を共同購入することになった。七二年春に僕たち一家は札幌を出て、この養鶏場に住み込むことになった。僕たちは、平飼いといって地べたに鶏を放って飼う本来の鶏の飼い方を、この農場で勉強することになる。

もともとこの農場は、ブロイラー用の種卵を作ってふ化場に出していた。種卵を作る技術が非常に優秀だったので、消費者と結びつくことによって、その技術を人が直接食べる卵づくりに生かそうということだった。ところがまもなくこの養鶏場は取引先のふ化場から、自分たちと付き合うのか、消費者と付き合うのかという選択を迫られることになった。農場はふ化場を選ぶことになり、消費者はその農場から離れなければならなくなった。その時以来「たまご」のメンバーたちは、自分で食べるものは結局は自分たちで作らなければならないのではないか、という考えを次第に強く持つようになった[1]。

これはある意味ではかなり過激な思想です。農民に依拠せず、我々の力で我々の食べ物を作ってみようじゃないかという意気に燃えたということですから。そこで七四年春、茨城に土地を借りて自前の農場をつくることになる。市民が自分の食べ物を作るために農場を作る、これは恐らく前代未聞のできごとでした。三〇〇家族の会員がとりあえず平均一〇万円程のお金を出し合い、山を切り拓き、住宅や畜舎を作った。その時の様子は既に映画で見ていただきました[2]。三〇〇家族の人々が、茨城に共同農場を作ったことの意味を、ここであらためて考えてみたいと思います。

なによりも、自分で自分の食べ物を作ろうと決意して、市民たちが現実に生産手段を持ってしまったということです。自分たちが人間らしく生きるために、自分の食べ物を自分で作るのは当たり前、というごく素朴な思想に皆とりつかれて殺到した。これにはそうせざるをえない時代的背景もあった。

公害問題が噴出し、街に流通する食べ物の安全性に強い疑念が持たれていた。またオイルショックの中で、トイレットペーパー欲しさに殺到する市民たちの姿に、何等の生産手段も持たずあてがいぶちの生活を強いられる己の脆弱な存在を、いやがおうにも感じざるをえなかった。時代に規定され時代の弾みに乗りながらも、都市住民の夢ともいうべきものを真正直に求めた試みだったということです。やがて「やぼ」もその意気込みと精神とをひきつぐことになる。

けれどもここでもうひとつ大事なことは、その農場を都心から一〇〇㎞離れて、やや遠隔の地に作ったということです。例えば国立からだと片道四時間はかかる。農場にやっと着いたと思ったら、もう帰ることを考えるという距離。これは会員と農場との関係を規定する重要な条件として、あとあとまで尾を引く問題となった。

さてとにかく始めたこの運動を、僕たちは消費者自給農場運動と名付けました。これはどういう運動か。

具体的には、都市住民が共同で自給農場を運営するということですが、このスタイルはそのまま「やぼ」につながっている。この試みはスローガンでいうと、〝自ら作り運び食べる〟と表現された。他人の手を介さず、自分たちの手で食べ物を作り出そうという意気込みが込められていた。食べ物を自分たちで作るということにこだわったのは、もちろん本来のいい食べ物が欲しいという痛切な思いがあったのだけれども、一方で、それを通して街の中に住んでいる自分たちの生活まるごとを、問い直してみようという思いがあった。

問題は食べることだけにあるのではなかった。一体何でこんなにもあくせき働き、そして金を稼ぐのか。夫婦とは、家族とは、隣人とは……と。生活全体の問い直しを、食べ物を共同で作り運び食べることによって、やろうということだった。そしてこの運動にとって大切なことは、その作業を一人でやるのではなくて、いろいろなパーソナリティを持った人間同士が共同作業として行うということだった。結局消費者自給農場運動というのは、単に食べ物を作るということだけではなく、街の生活では孤立しがちな市民が、農場とそれを取り巻く人間のネットワークの中で、相互に助けあっていく一種のコミューンを作っていこうとする運動でもあった。(3)

けれども七〇年代の終わり頃になると、「たまご」に何ができて何ができないのかが分かってきた。

一人一人の会員にとってみれば、〝自ら作り運び食べる〟といっても、農場通いも一年に一回という人もいれば、せいぜい月に一、二回というのがいいところ。農場には専門のスタッフがいて、東京の会員は仕事といっても手伝い程度。本当にこれで自ら作っているといえるのか、という素朴な疑問が根強くなった。所詮〝自ら作り運び食べる〟はできないことだ、なおもそのできもしない〝幻想〟を抱かせて、三〇〇人を動かしていくことはまちがいではないのか、街の人間はやはり街の人間らしく生きる外ない、食べ物も〝自ら作る〟というより、やはり信頼のおける農家に委託して、彼らを支えていくことこそが、都市住民としては大切な事ではないのか。このような〝正論〟を唱え始める立場（〝産直〟派）と、作ってしまった農場を大事にして、さらに〝夢〟を育んでいこうとする立場（農場派）とに、たまごの会内部は分裂することになった。

その中で僕自身は、基本的には農場派の立場をとるのですが、まてよ、街人が自らくわを握り、他者と助けあいながら耕すということを文字通り実践するには、一〇〇㎞離れた場所では大変困難なことではなかったか、やはり街を根城にし、街の中でこそこのような試みをする必要があるのではないのか、と考え始めていた。〝自ら作り運び食べる〟というスローガンは、街の中で適当な場さえ恵まれれば、街人にとってはやはり意味のあるものであるはずだった。こうして僕たち一家は農場を離れ、国立へ移住する決意を固めたのです(4)。

八〇年七月に、僕たち一家は国立へ引っ越し、山辺［賢蔵］氏をはじめ、古屋［文人・恵子］、永田［まさゆき・温子］一家など国立たまごの会のメンバーに温かく迎えてもらった。哲［明峯哲夫］たちが来たんだから、国立でやろうよ、ということになったが、土地などない。農場を作るといっても、果たしてできるのかなと思っていたところ、農業委員の沢登［清］氏の尽力で谷保の畑が借りられることになった。こうして八一年五月に、ささやかながら共同農園が発足することになったのです。

当時七家族。七aという小さな土地だけれども、いろいろなことができそうで、そんな場所が与えられたことがとても嬉しかった。住まいの近くで自由に心と体を動かせる解放感がいっぱいだった(5)。

街の中で自給農場運動を展開していく。当時我々が考えていた構想はどんなものだったのだろうか。

国立だけではなく、やがて小金井、国分寺……等々に「やぼ」と同じような菜園を作る。そこではそれぞれのグループが、日常的に食べる季節の野菜を中心に作付けする。麦、米、保存のきく野菜、たまご、肉そして堆肥づくりなど、やや大掛かりな仕事をするため、やや離れた郊外に〝親農場〟を作る。この親農場は各地のグループが共同で運営する。この空間は人々の〝集いの場〟として、一種の〝根拠地〟としての役割を果たすことが期待された。この親農場を持たない当時の、そして現在の「やぼ」は、その機能の一部を実際には地主さんやたまごの会の農場、そしてネコの額ほどの我が家の庭先などに負っている。

親農場の建設地を求めて、当時みんなでずいぶんと歩いた。勉強会ももってみたりした(6)。

こうして八一～八三年頃は、日常的に行われる耕作と、運動のさらなる飛躍に向けて、様々な夢を語っていた時代であったといえると思います。

2 耕すことの意味を考えながら……（八三～八六年）

八四年は大きな転機となりました。明峯、古屋は日野に引っ越し、八二年から借りていたひの農園に力を注ぐことになった。一方、永田一家、貝山［佑子］、宮良［摂］、黒沢［利安・由紀子］という第一期の主力メンバーが、新天地を求めて引っ越すことになった。人の変化とともに、場の中心が日野へ移ったのですが、「やぼ」の在りようも少しずつ変わる。その契機になったのは、トヨタ財団の研究コンクールへの参加でした。

自分たちは一体何をやろうとしているのかを、現在の都市の状況と結び付けながら確認しようという作業（研究）を始めることになった。都市住民が自らの力で食べ物を自給していくことは可能か、その試みは都市化の進展のなかで、かろうじて残された農地の保全・活用にいかなる役割を果たすのだろうか。それを我々なりに総括すべく、二年間半の共同研究に着手したのだった。(7)この研究への参加は、それまでやや〝無邪気に〟楽しんできた「やぼ」を、少し意識的に事を運ばせようとさせ始めたのです。

そう考えざるを得なくなった契機はもう一つあった。それは〝時代の趨勢〟とも言っていいでしょうか。

街の中で街の人間が、自分の食べ物をつくっていくということは、人々の間でそれなりの関心を持ち始められている。また、都市内に残っている農地を市民が耕作して保全していくということも、ありうることとして時代が感じはじめている。トヨタ財団が僕たちに研究費を助成したのも、市民が耕作することへの社会的関心のひとつの反映ではないかと思います。またマスコミも、都市の農地の保全や、市民による耕作活動には関心を持ち始めていて、そのことが朝日新聞などの「やぼ」への取材につながってくる(8)。

一方、都市農業サイド、例えば去年［八五年］僕たちの研究会でレクチュアーしてくれた埼玉県農業会議の小野塚氏などは、僕たちの試みに強い関心を持ってくれている。閉塞している都市農業に展望を探しあぐねている行政者や研究者たちは、都市住民という〝新しい主体〟の提示にある種の〝新鮮さ〟を感じているのではないでしょうか。もちろん都市住民が今後の都市農業の中で、オールマイティな働きをするという意味としてではなく、多分ある種の賦活剤としての役割を期待しているのだろうと思いますが。いずれにしても、「やぼ」の人々が生き生きと農業を楽しんでいる様は、きっと専門家たちの想像を超えたことなのかもしれません（〝楽しき農夫〟たち！）。

市街化区域内の農地の活用主体として市民がありうるのではないかと、内田［雄造］氏あたりが言い始め、僕たちも半分その気になり始めた。時代というのはつねに新しい発想、先駆者を求めている。その役を僕たちも、あるいは担わされそうになっているのかもしれません。それがいやなら今のうちに逃げだしたらいいのですが。

それにしても、市民が耕作するなどということは、制度的にはまだまだ不自由なこととして放置されている。そういう時代だからこそ我々が少し頑張れば、外にもいくつかこういう試みが出てきて、ある種のコンセンサスが得られる時がくるかもしれません。つまり「やぼ」みたいな試みが社会的な注目を得て、少しばかり頑張ってやらなければならなくなってしまったのは、半分は身から出た錆だけど、半分は時代の要請でもあるんだといいたいわけです。

街の人間が自分の食べ物ぐらい作ろうとするのは、全うな要求だと思います。庭も満足にない狭い住宅に押し込まれた人間が、「やぼ」のような場をもつことは、したがって大変貴重な事だと思います。様々な幸運に恵まれ、とりあえず出発した「やぼ」でさえ、もし今後やっていけなくなったとしたら夢も希望もない、お先真っ暗ということになるかもしれません。

「やぼ」は市民にとって、自己教育の場だと言えると思います。鉄とコンクリートに閉じ込められ窒息しかかっている都市住民。おしきせの生活をあてがわれ、生きていくために身と心を生き生きと躍動させることのなくなった都市住民。「やぼ」のような空間は、そんな我々都市住民が、土と生き物との交流を取り戻し、自らの心身のたくましさとしなやかさを回復する、自己鍛錬の場になりうるのではないでしょうか。

仮にある日、市民にある広がりの農地が与えられたとします。でも恐らく街人は、このままでは何もできないだろうと思うのです。そのための経験や知恵もない。体力もないし、第一その気になっていない。つまり意志薄弱なのです。街人は耕すための知恵、体力、意志など失ったところで街の生活に安住してきたのですから。それを改めて自己教育する場が絶対に必要になってくるというわけです。

この場の設定は、行政などをアテにすることはできません。やはり当面は、少数の市民による運動として、この場を作っていく外ないと思うのです。「やぼ」はささやかながらもそういう「学校」としての役割を果たしている。現実には学校としてどれだけ有効なのかということがあるが、そういう気持ちで、「やぼ」をみんなでもりたてていかなければならないのではないのか。

3 困難だからこそ〝夢と希望〟を……（「やぼ」のこれから）

共同研究の終わる八六年は、また大きな転機になるのだろうと思います。

これからは、ますます会内外から我々の内実が問われることになるだろう。僕たちが都市内の農地を耕して、結構楽しく暮らしていくということを、やりきれるかどうかということが問われている。一方、農地をめぐる客観的状況はますます深刻化していくだろう。都市化はさらに進み、現象的には街人が耕す空間はますます得難くなるだろう。僕たち自身のことで言っても、谷保の畑を返さなければならない。日野の畑の道路建設もほぼ決まったようで、既にクイ打ちも始まった。水田は区画整理にひっかかり、やがて埋め立てられる運命にある。僕たちの活動は今大きな試練を迎えている。

内実を問われるといっても、別に飾ってちんまりやる必要はないのではないか。僕たちなりにおおらかに楽しんでいけばいい。失敗したっていいのです。それが実力ならば。要するに、失敗を恐れず今までどおりやっていこうということです。

畑の状況が現象的には困難になるだろうと言ったけれども、さっき言ったように時代の趨勢で言えば、時代は我々の味方ではないのか。Time is on my side. ということです。街の人間が荒れていく農地に力を尽くして、楽しく暮らしていくということは、けして間違ったことではないと思う。このスローガンが嘘ではないとすれば、それを真正直にアピールしていくことが大切なことではないかと僕は思う。トヨタ財団の研究はそういう意味ではとても大事なことになる。本当のことを正直に言って、アピールするいい機会となる。困難な時期には逆に〝攻勢〟に出なくてはいけないということです。

ところで「やぼ」は「たまご」と違い、すこぶる日常的な活動です。畑が近いからエプロン姿で畑に出られる。「たまご」なら農場に行く場合、まず足代を貯金して、一週間位前から亭主（ないしは女房殿）の顔色をうかがって言い出すチャンスを探す。四、五時間も乗り物に揺られ、農場の〝豊かさ〟に触れ、〝命の洗濯〟をして帰って来る。農場という空間は会員にとっては非日常であり、夢と希望がそこには托されている。街での日常に不愉快なことがたくさんあっても、農場に行けばさっと流される思いがする。農場からの帰り上野に近づくと、また胃が痛みだす。このように「たまご」は日常と非日常の揺れの中で、運動が展開されていく。非日常的な世界がちらっと現れる空間があることは、運動にとっては実はとても大切なことではないのか（その意味では一〇〇㎞という遠隔の地に農場を作った「たまご」は正解だった）。

一方「やぼ」の農園にある空気は、生活圏の空気だ。畑の回りには自分たちの住んでいるような小さな家が立ち並び、車の排気ガスが充満している。夢や希望はどこにもないように思えるそういうところで、「やぼ」は頑張っている。

都市的生活はそのままズルズルといけば、何でも金で解決しようとする自堕落な生活に落ちこんでしまう。生きるために自分の肉体と精神とを躍動させることを、忘れさせてしまう。生きるために家族や隣人たちと生き生きと交流することを、閉ざしてしまう。僕たちはそんな日常を少しでも立て直そうとして、自らの手で耕そうとしているのではなかったか。

日常を突き崩すために僕たちが用意できた武器は、ささやかな農園とそれを取り巻くこれまたささやかな人と人との輪だけれど、問題はそこにどれだけ僕たちの精神を解放させる〝夢と希望〟が込められているか、だと思う。夢と希望とは、非日常の世界で遊べる〝祭り〟と言ってもいい。〝祭り〟の解放感が、日常に対する闘争にやる気をおこさせる。人は、祭りは日常のしんどさを一瞬忘れさせるカタルシスだと言うが、僕は逆に祭りのエネルギーを、日常を変革する武器として日常に還流させようと願っている。この意味からいうと、人が変革的でありうるためには、日常と非日常の間で常に揺れていることが大切だということになる。

「たまご」の運動の場合、人が農場で何がしかの精神的インパクトを得てきても、日常生活に戻ってきてそれをぶつけるべき場や機会の組み立てに、やや下手くそのところがある。週に一回たまごを世話人の家へ取りにいくことの外に、農場で得たエネルギーを都市で解放する運動の構築に必ずしも成功していない。つまり「たまご」の運動では、日常の局面がやや貧弱だということになる。下手をすると「たまご」は、都市生活からの〝逃げの場〟に陥ってしまう恐れがあるということです。

一方、「やぼ」は日常的に頑張るのはいいのだが、逆にその日常性を打破していく非日常の世界が、相当貧相ではないだろうか。

例えば今度はお金の出しかたについて考えてみる。「やぼ」の会費は年間一万円程度です。そのお金で、年間を通じて季節の野菜をはじめ食べ物が手に入る。経費が少ないということそのものは、「やぼ」の運動の質(自給性)が高いということを意味している。この一万円という額はお小遣いで充分出せる範囲内ではないでしょうか。

一方「たまご」は年間の維持費は一軒当たり一五〜二〇万円程で、「やぼ」の約一〇倍になる。農場にはたくさんの専従者がいるし、畜産をやっているので飼料代が相当かかる。また農場が遠隔の地にあるので生産物の配送費が当然かかる。さらに農場の各施設の建設、維持には当然莫大な費用が必要です。最初に紹介したように、建設初期の会員たちは一人当たり平均一〇万円程の建設資金を準備した。この運動に参加するには一定の〝決意〟が必要だし、また家族同士のお互いの了解も欠かせないものとなる。つまり「たまご」ではお金の出しかたをとってみても、とても非日常的なのだ。この非日常性故に、一〇〇㎞離れた農場にも毎週出掛けて行き米作りをしてしまうような、会員のとてつもないエネルギーを組織化することができる。

「やぼ」の運動はこの点でいくと、結局は小遣い銭のレベルではないのか。夫婦のこと、子供のこと、仕事のこと……、つまり自分の日常をそのまま温存してでもできる。この〝安全さ〟は「やぼ」の真骨頂というべきものです。つまり誰もが格別の〝決意〟なしに〝気軽に〟参加することができる。これは「たまご」にはない、「やぼ」のいいところだと言ってよい。けれども、「やぼ」の活動を一つの運動ととらえた時には、この〝気軽さ〟には同時に一種の〝危うさ〟がつきまとっていることも、否定できないのではないでしょうか。「たまご」のような、会員の底知れぬエネルギーを解放し、組織化する〝迫力〟に欠けるということを、意味していると思えるからです。そうだとすれば、都市的な日常生活を少しずつ変えていく〝決断〟を促すような〝非日常的な迫力〟を、「やぼ」の内部にしつらえていく努力を、この辺りで考えていかなければならないのでは、といいたいのです。

さっき言った根拠地づくりを、皆の力で再着手してみてはどうでしょうか。この夢と希望のはらんだ大きな仕事（祭り）を手掛けることによって、「やぼ」と一人一人のメンバーの関係は、一段と抜き差しならぬものになっていくのではないかと思うからです。

都市部での活動は当面、若干の後退を強いられるかもしれません。だからずるずると後退に任せてしまおうというのではなく、そういう時期だからこそ、僕たちの基本として揺るぎのない場を確保しておきたい。一歩後退しても、そこを根拠地にしてまたじりじりと出ていくというような空間が必要ではないのか。僕たちの子供たちにとっても、「やぼ」が生活のより所になるような、そんな長期的な展望がここでは必要なのだと思います。そんな一つの提案をして今日の話を終えたいと思います。

（1）「ある農場からの報告」『朝日ジャーナル』一九七三年九月七日号。

（2）松川八洲雄監督『不安な質問』たまごの会製作、一九七九年。
（3）「農法と人間」『講座　農を生きる　3　〝土〟に生命《いのち》を』三一書房、一九七五年。たまごの会編『たまご革命』三一書房、一九七九年。『たまごの会の本』たまごの会、一九七九年。
（4）「たまごの会の歩み――僕のたまごの会中間総括」一九八一年。
（5）「やぼ新聞」一号〜二六号、一九八一〜八三年（明峰哲夫『やぼ耕作団』風濤社、一九八五年に所収）。
（6）土地探し（八一〜八四年）。山梨・上野原、奥多摩、秋川、八王子、日の出、山梨・白州、栃木。勉強会（八二年七〜一一月）。テーマ①組織のあり方、②何を食べるか、③動物食について、④山地農業について。
（7）「研究実施計画書」一九八四年、「準備段階研究報告書」一九八四年、「中間報告書」一九八五年。
（8）『朝日新聞』（東京版）一九八五年一二月二六日、『毎日新聞（夕刊）』一九八六年一月二七日。

やぼ耕作団年表

八一年	五月	「やぼ耕作団」発足・七家族 国立市谷保地区に七aの農地を借りる（やぼ農園） 野菜を中心に作付開始（年間約四〇種類） メンバー向け個人誌『やぼ新聞』創刊
	秋	メンバー八家族へ
八二年	三月	やぼ大豆を使ったはじめての味噌仕込み（大豆二〇kg）〜山辺宅で

	四月	日野市新井地区に遊休畑一二a借りる（ひの農園） ワタ・大豆・麦作本格化 メンバー一〇家族へ 日野にもうひとつの共同耕作団「ひなたぼっこ」発足（六家族） ひの農園の一部で野菜作り始める
	夏	多くの客人を迎え収穫祭（ひの農園にて）
八三年	一月	『週刊朝日』一月二四日号で紹介される
	三月	二回目の味噌仕込み、大豆五〇kg（ひの農園にて）
	五月	ひの農園さらに約三〇aの転作田を借りる。イモ類の作付け増える
	八月	会誌『のら便り』創刊。『やぼ新聞』休刊（通巻二六号）
	九月	メンバー一六家族へ
	一〇月	たまごの会一〇周年祭に参加
	一二月	トヨタ財団研究コンクール（「身近な環境をみつめよう」）に応募 テーマは「市街地周辺農地を利用した都市住民による自給農場運営の可能性に関する調査・研究～東京都下国立市・日野市を中心として」
八四年	三月	研究コンクール準備段階入選（五〇万円） 研究会定例化、「事務局通信」創刊
	四月	二家族日野へ移住。四家族転居等で退会（メンバー一五家族へ） 作付面積　やぼ～七a。ひの～二七a（合計三四a）

		味噌仕込み（三回目　ひの農園にて）大豆六〇kg　自家製こうじ使用
	六月	はじめての田植え（八a）
	八月	選考委員現地インタビュー（パンフレット「街を耕す」作成）
	九月	『準備段階研究報告書』作成
	一〇月	研究奨励賞受賞（四〇〇万円）
	一一月	本研究スタート、百草園にてお祝いの集まり
八五年	四月	味噌仕込み（四回目　小金井にて）大豆五五kg、米三八kg（自給米）
		メンバー一六家族、作付面積三四a
	五月	『身近な農地を考える～都市・農業・都市住民』出版（五〇〇部）
	六月	田植え（二回目）
		選考委員現地インタビュー
	八月	やぼ農園返却決まる。土地探し始める
		研究会合宿、秋川渓谷にて（二泊三日）
	一〇月	メンバー一八家族へ
	一一月	『本研究中間報告書』作成
		毎日新聞（多摩版）で紹介
	一二月	『やぼ耕作団』出版（風濤社）
		朝日新聞（東京版）で紹介

八六年		
	一月	ひの農園一部道路建設測量始まる
		NHKテレビ「ニュースワイド」で紹介
		毎日新聞(全国版)で紹介
	三月	新会員多数、メンバー一七家族へ
		やぼ農園返却
		ひの農園一部区画整理事業計画区域に入る
		作付面積二〇a
	四月	味噌仕込み(五回目　小金井にて)大豆六〇kg、米五〇kg

(『のら便り』第二三号、やぼ耕作団、一九八六年八月)

第3章　いま、ここにユートピアを

「やぼ」の働き方

私たちは発足当初から農園にノートを置き、こまめに記録を取り続けてきた。表1は、農園創設以来、どれだけの人間が農園に「通った」のかを、このノートから集計したものである。これらの数字には、農園で絵を画いたり、写真を撮るためにやって来た場合や、夕方やって来て仕事を終えたみんなと酒を飲んだだけで帰る場合(こういうケースは少なくない)も含まれている。だから、厳密な「労働時間」の集計ではない。

これによると年間二〇〇〜二五〇日、誰かが農園に来ている。この三〜四年[一九八九〜九三年]は農園で動物[ニワトリとウサギ]を飼うようになったので、給餌のため誰かが毎日来ている。また、ほんの一〇分間ほどの滞園時間の場合、つい面倒で記録をつけないことが多い。

さて農園に通った人間の数は、最近では一年間におよそのべ一〇〇〇人、それに滞園時間を加味すると、年間合計およそ三〇〇〇人・時間の「労働量」となっている。

一年間の「労働時間」が三〇〇〇人・時間ということは、一人でこの農園を維持するとすれば一日平均八時間弱の労働が必要ということだ。二人で働けば四時間くらい。つまり私たちの農園

表1　農園にどれだけ通ったか（1981年～1992年）

年	81	82	83	84	85	86	87	88	89	90	91	92
面積（a）	7	20	50	37	37	30	20	29	29	29	29	29
世帯	7	10	17	15	16	16	16	13	16	12	19	18
回数（休日）	29	59	74	52	38	65	45	49	55	52	50	64
（比率%）	20	31	35	26	17	39	26	24	27	21	23	20
（平日）	115	134	139	145	180	133	128	151	150	197	164	252
（比率%）	80	69	65	74	83	61	74	76	73	79	77	80
（計）	144	193	213	197	218	198	173	200	205	249	214	316
人数（休日）	120	315	506	299	199	328	327	337	402	431	480	443
（比率%）	33	53	64	49	32	51	58	48	48	44	48	39
（平日）	342	276	283	353	417	319	238	363	432	549	506	682
（比率%）	67	47	36	51	68	49	42	52	52	56	52	61
（計）	462	591	789	652	616	647	565	700	834	980	986	1125
人・時間（休日）				984.5	855.0	1030.0	1183.0	1528.0	1999.0	2180.0	2350.0	1534.5
（比率%）				55	49	65	76	65	69	66	63	57
（平日）				794.5	884.0	534.0	367.0	808.5	895.5	1114.0	1325.0	1162.0
（比率%）				45	51	35	24	35	31	34	37	43
（計）				1779.0	1739.0	1564.0	1550.0	2336.5	2894.5	3294.0	3675.0	2696.5
人・時間／10a				48.1	47.0	52.1	77.5	88.6	99.8	113.6	126.7	93.0

は、労働量からいえば、一組の夫婦が一日四時間程度働いて維持される規模なのである。

その農園を、私たちは一五家族ほどで手分けして維持している。一五家族といっても、実際に日常的に活動しているのは一〇人ほどの大人である。一組の夫婦だけならばほぼ専業でやらなければならないことを、五組の夫婦に相当する人間で助け合っているのだから、一人ひとりの「労働」はたいしたことではないと考えていただいてよいかもしれない。

そして、この一〇人の農園へのかかわり方はまたいろいろである。「やぼ」にはいっさいのノルマがないので、各人はそれぞれのペースにもとづいて「働く」。一週間に一回来るか来ないかのメンバーがいるかと思えば、ほとんど毎日通うメンバーもいる。私自身の場合をいえば、週日に二回それぞれ二〜三時間、日曜日にほぼ終日(八〜一〇時間)、合計週に一四〜一五時間(つまり平均すると一日二時間)程度、農園で仕事をしている。滞園時間で比較すると、メンバーのなかでおそらくナンバー三には入る。

農園に通った人数は、週日と休日でほぼ半々である。人・時間で比較すると休日が六〇%、週日が四〇%になる。農園を維持するためには、休日の労働だけでは無理である。除草、育苗、収穫、水やり、そして動物の餌やりなどの日常的な管理は、できれば毎日行わなければならない。毎日朝から夜遅くまで、職場に縛りつけられているサラリーマンの集団では、だから農園は維持できない。週日を比較的自由に動ける専業主婦、退職した熟年族、あるいは自由業に就く人間などが日常的には大いに活躍しなければならないのである。

そして一方、田植えや稲刈り、脱穀などの大がかりな仕事は、もっぱら休日を充てる。休日には多くのオトコたちが集まってくる。彼らの参加で一気に仕事ははかどる。主婦だけの集団ならば、おそらくこの「瞬発力」は出ないだろう。

　このように農園を維持するためには、集団は多様な人間によって構成されている必要がある。そんな集団ではじめて、人びとの相互扶助が生きてくる。「やぼ」は幸いなことに、さまざまな世代、さまざまな職業の人間が集まっている。私たちの集団は、日本の都市部からいま急速に失われつつある大家族を再現していると考えることもできる。

　メンバーのかかわり方はさまざまだといったが、何年もの長い間農園のメンバーであれば、その人の農園へのかかわり方も年によって変化する。女性メンバーならば、子どもを産み、育てる期間は農園で十分に働くことはできにくい。職場での仕事が忙しくなり、来る頻度が急に少なくなるメンバーもいる。もちろん逆の場合もある。一人ひとりのメンバーにとってみれば、そのような「浮沈」にいちいちあせらず、長期的な視点で悠々と農園とつきあっていくことが大切だ。一方、他のメンバーも、なんらかの理由で急に足が遠のいた仲間がいたとしても、いずれまた状況が変われば戻ってくることを期待して待つことが大切なのである。

　無理をしては長続きしない。お互いの事情を理解し合い、認め合うおおらかさが、集団には不可欠である。そのためには、お互いの「顔の見える」関係を維持することが必要だ。だから、私たちの集団はむやみに大きくするわけにはいかない[1]。

　ときどき農園には、仲間に加えてほしいと人がやって来る。断る理由は格別ないので、どうぞいつでも遊びに来て下さいという。農園でしばらくいっしょに働いたり、お茶やお酒を呑んでいるうちに、お互いのようすが理解できるようになる。私たちが彼（彼女）を気に入らなかったり（そういうことはほとんどない）、彼（彼女）のほうが私たちを気に入らなければ（こういうことはよくあるようだ）、彼（彼女）の足は自然に農園から遠のく。お見合いは残念ながら決裂したのである。幸いにもお互いが気に入れば、お見合いは成功。いつの間にか新しい仲間が増えていることになる。

こんな感じで、年々少しずつの出入りはあるものの、結果としてはこのところ十数家族のメンバーでほぼ一定している。

共同して働き、負担する

私たちは、私たちの農園のやり方を「共同耕作・共同消費」と表現している。そのやり方を具体的に紹介しよう。

春、秋の二回、私たちは全員が集まって会議をもつ。なかでも春先の集まりは重要だ。その年の作付けや、味噌づくり、収穫祭などの行事予定を決める。

ジャガイモにもう少し力を入れよう、小麦の作付けを増やしたい、ハーブを手がけたい、味噌の塩加減をもう少し落とせないかなどなど、各メンバーからさまざまな提案が出される。農園開設一〇周年パーティー[2]をぜひ盛大にやろう、などという提案もこのとき飛び出す。

この集まりでは、各メンバーがその年の抱負を語る。「今年も断固やるぞ」という頼もしいものから「今年は子育てで一休み」というものまで、いろいろだ。この場に出席し、なにがしかの抱負を述べた人が、今年の「やぼ」の正式メンバーなのである。それを全員で確認し合う。

こうしてシーズン初めに年間の大筋の計画を全員で確認しておけば、あとは農園での三々五々のおしゃべりでことは進んでいく。それに、私たちは『のら便り』という会誌を不定期に発行している(年間三〜四号のペース)。これには大きなイベント(たとえば井戸掘りや夏の合宿など)の記録や会員の旅行記などの読み物のほか、そのときどきの農作業の細かいスケジュールが載せられる。一方、農園備えつけのノートには毎日の作業が記録されているので、久しぶりに農園にやって来たメンバーでも、あらかたようすはわかる。

表2　やぼ耕作団の活動経費(1991年実績)

種苗代	58,594円	19.2％
道具・機械代	29,185	9.5
消耗品代	2,040	0.6
ガソリン代	11,401	3.7
肥料代	3,000	1.0
地主さんお礼など	17,680	5.8
事務・通信費	43,382	14.2
味噌づくり費用	9,734	3.2
小麦製粉・うどん加工代	20,040	6.5
その他	110,907	36.3
計	305,963	100.0

(注) 1991年は井戸工事や『のら便り』50号記念特別号出版など、特別の出費があったが(合計15万円ほど)、それを含めてある。

ところで農園を運営していくには、ある程度のお金も必要である。種苗代、機械の燃料代、地主さんへのお礼など、これまでの実績では年間二〇〜三〇万円程度かかる(表2)。春の集まりで作付計画や行事予定を見越して必要経費を算定し、年間予算を決める。この費用はメンバーが家族割りで平等に負担し合う。その額は一年間に、一家族あたり一万五〇〇〇円～二万円程度である。これだけの額のお金をみんなで出し合えば、誰もが年間を通じて野菜などを食いつないでいけるのである。安いか高いかでいえば、断然安い。

　さて私たちはどのように仕事を行っているか。

　メンバーが集中する週末の仕事については、前の週に畑で打ち合わせておく。天候や作物の成育状況などの変化で変更がある場合は、電話で連絡を取り合う。このあたりの判断や情報の発信は、リーダー役ともいうべきメンバーがこなす。参加して二～三年もすると畑仕事のリズム(暦)が自然に身についてくるので、各自の判断で農園に赴くようになる。

　週末は真冬を除きほぼ毎週、農園には多くのメンバーが集まる。必ず毎週来るメンバー、月一～二回というメンバー……。すでに述べたように、農園に通ってくる頻度はメンバーによっていろいろだ。田植えや脱穀などの大仕事のときなどは、「動員」がかけられることもある。だが、通常は各メンバーの自由意志に任されている。夏場の田の草取りなどの場合、早朝五時ごろから始めることがあるが、通常は九時ごろからそれぞれのペースで仕事は始まる。みな弁当持参で来るので、その日の仕事はたいてい夕方遅くまで続く。

　各人には何時間働かなければならないというノルマはない。ただ、今日一日これだけの人数で、これだけの仕事をこなさなければならない、という共通の理解は生まれる。対象としているのは生き物や自然であり、それらは人間の都合どおりには動いてくれない。人間はしばしば多少の「無理」をしなければならない。それでも、用事やからだの不調で、仕事の途中で帰らなければならないこともある。自分の立場を率直に表現しなければ、共同耕作は長続きしない。

消費は義務、労働は権利

つぎは収穫物の分配の方法だ。

通常の市民農園の場合、収穫物の品目や量は個々の家族の「好み」によって決めることができる。けれども「やぼ」の場合、好みや必要度の異なるメンバー全員の話合いで決める。考えようによっては、大変「不自由」なことをあえてやっているのが「やぼ」なのである。

平日三々五々やって来たメンバーは仕事の後、必要量を収穫する。休日は、その日穫れたものを「山分け」するのが普通だ。その配分は形式平等的に人数で割るというよりも、家族数の多いメンバーや、週に一回しか来れないメンバーを優先する。要するに配分の原則は、各メンバーの「必要度」に応じてということだ。

とはいえ、収穫量は必ずしも計画どおりにはならない。穫れすぎたときには、ムダにするわけにはいかない。「必要量」を凌駕する量を各自が負わなければならない。私はこれだけしかいらないという「わがまま」は、原則的には許されない。逆に収穫量が絶対的に不足のときには、わずかばかりのものを大切に分け合う。自分だけがほしいだけもっていくということはできない。収穫物の消費は、「権利」ではなく「義務」なのである。収穫物がムダなく活かされるように、全員が責任をもつということだ。物の配分を通じて、メンバー間の交流は深まる。

配分は「必要に応じて」であり、「働きに応じて」ではない。働くことにノルマがないことや、分配量と労働量は関係がないと私たちが考えるのは、働くことそのもののなかに楽しみや喜びがあると考えたいからだ。

十分に働いた人は、もうそれだけで十分に喜びを得ることができたはずである。働くことそのものの過程に「報酬」は含まれているのだ。逆にあまり働かない人は、残念ながらそれ相応の楽しみや喜びしか得られない。どっちを選ぶかは、各メンバーの自由意志であり、その選択については他のメンバーがあれこれいう問題ではない。つまり、この農園では、消費を「権利」ではなく「義務」と考えるように、逆に働くことは「義務」ではなく、「権利」だと考えたいのである。喜びと楽しみに満ちた労働をこの農園で発見したい、創造したいという私たちの願いが、このようなスタイルを生み出した。

分配は働きではなく必要に応じて、としても、その必要度は結局、畑に通う頻度に表現されることになる。なぜかというと、私たちの農園では「収穫は自分で」というのが原則だからだ。そうはいっても、あまり来られない人が「穫ってきて」と誰かに頼んだり、体調が悪くて来られないとわかっていれば、その人の元に誰かが運ぶということはしばしば起こる。

ところで食の自給を考えるとき問題になるのは、素材の絶対量と利用度である。利用度とは素材を活かし切る度合いだ。自給度はこの素材の絶対量と利用度の積で表される。

「やぼ」の農園の面積は、メンバーの食生活を一〇〇％満たすほど十分には広くない。それでも、当面の目標である野菜の自給はかなり達成されつつある。農園は野菜を中心にして作付けしているし、土の肥沃化とともに収穫量も少しずつ向上しているからだ。

農園の野菜だけで暮らしていくためには、野菜の鮮度からいって、少なくとも週に二回は収穫に行かなければならない。このことができるかによって、各メンバーの野菜の自給度は決まる。

図1　「やぼ」のメンバーの野菜自給度

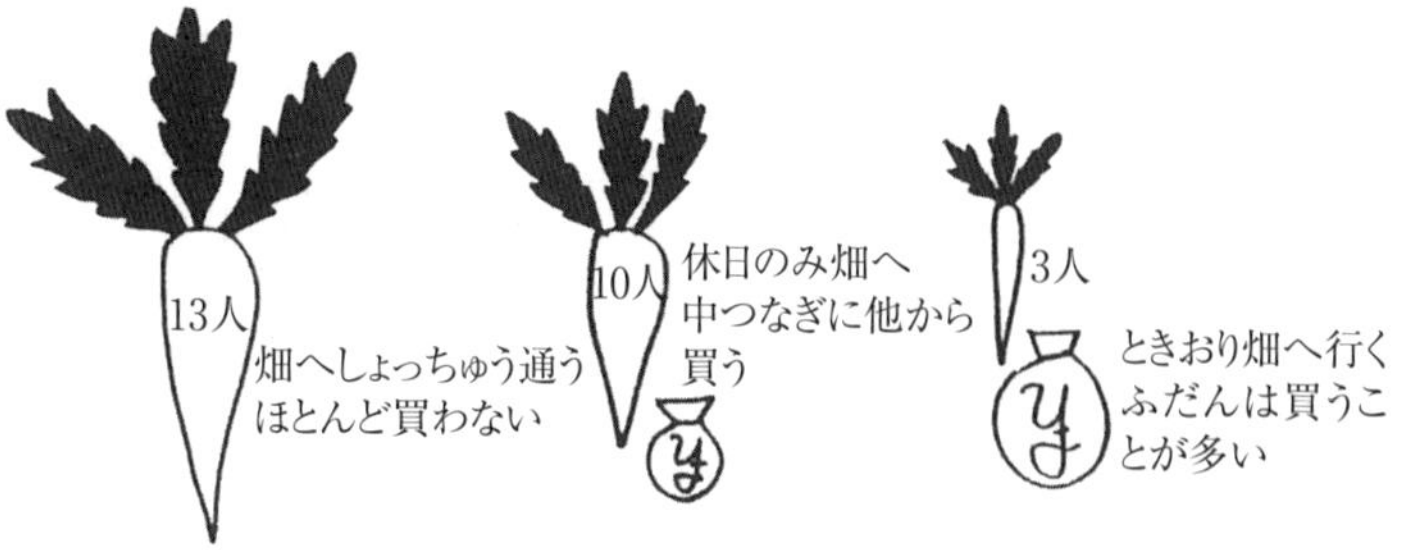

数年前の少し古いデータだが、当時の各メンバーの野菜の自給度を図1に示した。

収穫してすぐ食べられるナス、キュウリ、白菜などのほか、収穫後貯蔵や加工の技術を必要とするものも少なくない。たとえば、ジャガイモ、タマネギ、大豆、小麦など。タマネギは古ストッキングに入れて窓辺に何列も並べる。玄関にイモを入れた段ボール箱が積み重ねられる。かつて家庭で物を貯蔵することがあたり前だった時代とはまたちがった意味で、数々の工夫を強いられる。小麦の粒が大量に手に入っても、それを粉にし、練り、発酵させ、焼き上げる技術がなければ、パンを自給したことにはならない。

こうして各メンバーの貯蔵や加工に関する技術の習得とそのための熱意の有無も、各自の自給度を決めている。

食べ物の自給は、メンバー本人の決意だけでは成就しない。家族の協力が必要だ。この協力が得られるかどうかも、その家庭の食生活の農園への依存度を決める。食をとおして、夫婦や親子の関係が洗われざるをえなくなるのだ。

「やぼ」のリズムの支え手たち

農業が対象にしているのは、自然や生き物である。上手に農業をこなしていこうと思えば、この自然や生き物のもつ独自のリズムに人間も乗らなければならない。一方、現在の都市生活は、この自然のリズム、つまり「暦」とほぼ無関係に営まれている。都市住民による耕作とはだから、「暦」とは隔絶した暮らしを営む人間が、一方で「暦」に忠実に生きようという、基本的な矛盾を抱えることになる。

この矛盾は、簡単には解決できない。耕作活動を自分の生活の「第一義的なもの」と考えている人間は、比較的「暦」にしたがうことが容易である。けれども、そうは考えていない人間にとって、「暦」にしたがうことはかなりの「無理」を生じる。少なくとも現在のところ、耕作活動を生活の「第一義」と考えている「やぼ」のメンバーは多くはない。畑仕事よりも稼ぎ仕事や子育てなどを優先させてしまうことになる。そんな「やぼ」であっても、耕作を四季のリズムのなかでともかくも維持しているのはどうしてなのだろうか。

それは、自分の暮らしのなかで耕作活動をかなり重要なものと考え、仕事の選択や時間の使い方を耕作が容易になるよう工夫している少数のメンバーが存在しているからだ。その意味で、彼らは「やぼ」にとって一種の「リーダー」的存在といってよいかもしれない。

リーダーの役割はいくつかある。

今日みんなでやりきることができなかった仕事を明日終わらせるのは、リーダーの役割だ。そして、地主さんとのやりとり、記録の整理、道具の手入れ、肥料や種子の手当、客との対応……、要するに「やぼ」のさまざまな活動の「段取り」と「片づけ」の役割を果たす。これは「世話人」としてのリーダーといってよい。

「やぼ」の多くのメンバーは、もともと農業に関してはほとんど経験がない。それでも、もう一〇年以上も大きな失敗もなく農園を維持してきたのは、やはり少数の経験者の存在が大きかった。私と私の妻は、たまごの会農場スタッフとして、「やぼ」を始める以前に一〇年近く農業現場の経験があった。また、地方出身のやや年配のメンバーたちは、子どものときの育った環境から農的なノウハウを自然に身につけていた。(3) このような経験者を中心として、メンバーは徐々に栽培技術を身につけていったのである。「技術的指導者」としてのリーダーの存在である。

「やぼ」の中心的なメンバーには、もう一つの重要な役割がある。それは他のメンバーのようすを見ながら、みんなの意気を昂揚させ、消沈しているメンバーを励まし、畑へ誘い、ときには収穫物を運ぶという、よくも悪くも集団全体の按配をする役割である。「組織者」としてのリーダーといってよいだろうか。

ときがたち、メンバーの顔ぶれが変わり、かかわり方が変わっても、常に農園という「場」がそれなりに維持され、誰でもいつでもかかわりたいと思ったときに、その「場」はそこに存在し続ける。そんな「場」を設定し、維持するためには、誰かがその渦のなかにい続けなければならないだろう。リーダーを必要としない集団は、現実にはない。誰もが一定の「限界」をもっているのであり、「完璧」ではありえない。大切なのは、それぞれの立場や限界をとりあえず認め合う関係をつくることであり、そのことによって多様な人びとの集いは成立する。

そのなかで自らの意志によって、より積極的に参加しようと願う人は、自然にリーダー的な役割を果たすことになるだろう。リーダーは限界をもっているという点においては、他のメンバーと同じである。その意味でリーダーは本来、他のメンバーと連続的な存在であることが望ましい。そして、リーダーの果たすべきいくつかの役割も、それぞれべつの人格が受け持つことが望ましい。リーダーのいくつかの役割が一人の人格に集中し、しかもそれが固定されているとすれば、その集団は不健全だ。

幸い「やぼ」の場合、多様な人びとの集まりなので、リーダーの役割がある特定の人間ばかりに集中してしまう弊害からはかろうじて免れている。それに、このところ熱心な若い世代(三〇歳前後)の参加が目立つ。いまや彼らが「やぼ」の新しいリーダーとして育ちつつある。

彼らはなによりもフットワークが軽やかである。耕作活動に参加しやすいように、比較的自由に時間のとれる職種に転職したり、農園の近くに引っ越してきたりする。わが家も三年ほど前[一九九〇年]、現在の農園の近くに借家を見つけ、電車で二駅離れた所から引っ越してきた。いまは家から農園まで歩いて数分。まるで農園が庭のようだ。そのわが家と同じように、農園からの至近距離に借家やアパートを見つけて引っ越してきたのは、四家族ある。

若い彼らに共通しているのは、アジアや中南米などの第三世界に関心をもっていることだ。彼らは実際にそこに出かけ、貧しいながらも豊かな人間の暮らしにふれてくる。そしてそこで、豊かだけれども貧しい日本の暮らしを批判的に見る目を養ってくる。そんな彼らが「やぼ」にたどりついたのは、ごく自然のなりゆきであったのかもしれない。

水田の管理を担当し、『のら便り』の編集を行い、夏の合宿の企画を行うのも彼らだ。そして、上総掘りによる井戸掘りを提案し、作業の中心になったのも彼らだった。

農園開設当初からの生え抜きのメンバーは、もう三家族だけになってしまった。発足して一〇年以上の年月を経たいま、「やぼ」は明らかに世代交代期を迎えつつある。

農園の豊かな空間

農家には必ず広い「庭先」がある。そこには納屋があり、家畜小屋がある。ここで苗づくりをし、味噌づくりなどの大がかりな手仕事も行う。南向きの広場は、物を広げて乾すのに絶好の空間だ。庭先に長く延びた廊下は、野良仕事の一服や、客人を接待する場でもある。

「畑」だけでは農業はできない。「畑」に「庭先」が組み合わされてはじめて、一人立ちした農業を営むことができる。幸いにも「畑」を借り受けることになった「やぼ」も、長い間それに所属する「庭」と「施設」に恵まれず、思わぬ苦労や不便をしいられてきた。私たちの行う農業もどこか半人前だったのだ(4)。けれども、現在の場所に移転して以来、地主さんの好意でさまざまな施設を併置させられるようになった。私たちはようやくにして「畑」ではなく、「農園」を手に入れることができたのである。現在は農園のもつ豊かな空間を存分に享受させてもらっている。

現在の私たちの農園の「庭先」のようすを図2に示した。この庭先が私たちに与えてくれる機能を列挙してみよう。

（1）道具・機械を保管する

図２　たくさんの機能をもつ農園の庭先

（2）収穫物を貯蔵する
（3）物を乾す
（4）堆肥をつくる
（5）苗を育てる
（6）動物を飼う
（7）シイタケを栽培する
（8）水を得る
（9）火を起こす（料理をする）
（10）加工する
（11）食べ、呑む
（12）排泄する
（13）着替える
（14）休息する
（15）語らう
（16）情報を交換し、蓄積する
（17）遊ぶ

施設はすべて古材を利用して自分たちでつくった。大工仕事や手仕事の得意なメンバーがこのときのリーダーだ。

小屋のなかは半分が物置、半分は人が上がりこめる部屋になっている。この部屋で着替えをし、小さな子どもたちは昼寝をする。突然雨が降ってきたとき駆けこむのもここだ。雨が降り止まぬ場合は、当然ながらそのままここで酒盛りとなる。部屋の食器棚には、二〇～三〇人程度が集まっても賄える食器類が納められている。そして黒板。この黒板にさまざまなメッセージが書かれ、貼られる。作業の日程はもちろん、日用品のリサイクルの情報、集会やイベント、新刊本の案内など……。

小屋の前には大きなテーブルとイス。ここは食事をし、お茶や酒を呑みながら休息、歓談する場。あまり快適なので、休息ばかりしているメンバーもなかにはいる。お客さんと対応するのもここだ。仕事が終わりノートに一日の記録をつけるのも、このテーブルの上。頭上はブドウ棚で、夏は日陰となる。

井戸の脇には大きなカマド。ここで煮炊きできる。井戸ができたので、私たちの味噌づくりは一二回目にして初めてわれらが農園で行った。[6] このとき、このカマドには大鍋がセットされた。年末の餅つきも農園でできるようになった。このカマドにその年収穫された餅米を入れたせいろが置かれた。

カマドは、各家庭から出るごみを燃すためにも活躍している。われらがウサギ小屋の庭先では、満足に焚火もできない。だが、ここではなんの遠慮もいらない。自分の暮らしから出たごみを自分の手で処分するのは、精神衛生上このうえなくよい。焚火を見ながら、ホッと一息。もちろん灰はすべて菜園に施される。

図3　やってよかったという理由

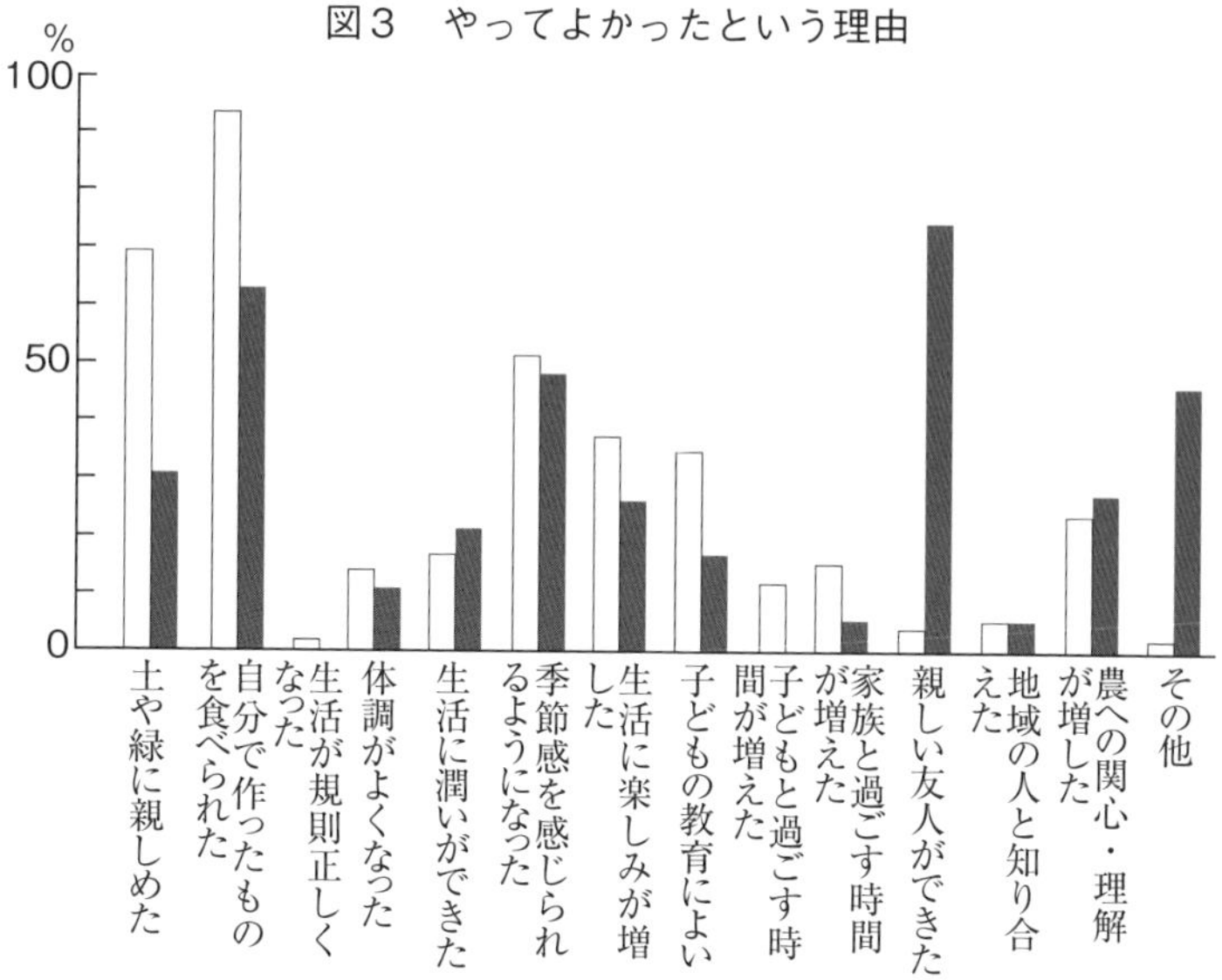

（注）□日野市消費者農園、■やぼ耕作団。
（出典）やぼ耕作団調べ（1986年）。

「畑」では、人はただ耕すことだけが強制される。働きたくない者、働けない者には、息の詰まる空間だ。居場所がない。けれども「農園」では、当面働く意志がない人間にもなんとなく居場所ができる。農園は単なる生産の場ではなく、交流と遊びと休息の場にもなる。

一九八六年の私たちの調査で、「日野市消費者農園」の利用者と「やぼ耕作団」のメンバーに「やってよかった理由」を尋ねた。「やぼ」のメンバーでもっとも多かったのは、「親しい友人ができた」であった。「やぼ」が長い間こだわってきた共同耕作と、それを可能にする農園づくりの努力が、「やぼ」をユニークな地域コミュニティとして定着させつつあるようだ。

No-WhereからNow-Hereへ

私たちの農園は、最寄りの私鉄の駅から歩いてわずか二～三分の距離にある。私たちの農園はなんと「駅前」にあるのだ。南側は私鉄の線路、西側は都営団地、北側は個人住宅、そして東側は大きな駐車場にぐるりと囲まれた袋小路になっている。駐車場を含めて全部で二haほどのここは多くの地権者がいて、区画整理の足並みがこれまでなかなかそろわなかったらしい。そこで、駅前という至便な場所でありながら、農地の残る「奇跡」の空間としてこれまで維持されてきた。

興味深いことに、この空間ではいろいろな耕作のスタイルを見ることができる。熱心な農家がいまなお米をつくっている水田がある。その一方で、水田を埋め立ててしまい、栗畑や梅畑に転換している畑も多い。その栗畑の縁で、近所の主婦たちが菜園をつくっている。彼女たちはもう一〇年も前に地主さんにかけあい、土地を借り受けたという。いくらでも広く耕してよいですよということで、彼女たちはめいめい自分の力量に応じて耕している。なにしろすぐそばが家だから、彼女たちの菜園はいわば庭の延長。毎日足繁く通い、野菜のできもなかなか見事だ。

西側の都営団地のそばには、かつて子どもたちが遊び興じる原っぱがあった。三～四年前その原っぱがつぶされて、地元の農協が管理する市民農園ができた。全部で三〇区画ほど。市民農園にしては比較的広い区画をもつこの農園は、週末にはたくさんの市民たちで賑わう。

私たちの農園の西隣は、水田を転作した畑だ。ここを耕すのはA氏。彼はこの畑を近所の兄さんから借り受けている。A氏は企業に勤める技術者だったが、いまは停年退職して悠々自適の暮らし。毎日夕方になると二〜三時間、畑で汗を流す。彼は各種の野菜はもちろん、梅、ミカン、桃、ブドウ、ブルーベリーなどの果樹、そしてなによりもバラの栽培の権威である。畑はいつもバラの花で一杯。私たちの農園にブドウやバラを導入したのも彼だった。いまなお少年のようにシャイな彼は、私たちのメンバーのなかにもたくさんのファンをもつ。

農園の東隣では、中年の男性が一人で黙々と耕している。彼は都心に毎日通うバリバリのサラリーマン。けれども、必ず休日には早朝から畑にやって来る。彼は自分が耕す菜園だけでなく、地主さんから周辺の栗畑の草刈りも請け負っている。

農協の管理する市民農園の南側は、近所の子ども会が耕作を請け負っている。小さな区画をいくつかつくり、親子で野菜づくりを体験している。

この一広がりの空間はまるで、市民による耕作の見本園だ。ゲリラ的な市民菜園、農協が管理する市民農園、子ども農園、A氏の農園のような専門の農家風農園。そして私たちの共同農園。これらにかかわる市民はおそらく数十家族は越えるだろう。これだけの数の市民たちが一広がりの土地を耕し、農的景観を演出しているのである。

この空間の縁に細い農道が一筋ある。そこを毎日多くの人が駅に向かい、そして家路をたどる。

その道沿いに春、梅の花が、そして桃の花が咲く。そのころになると、この道をきまって散歩する老夫婦がいる。彼らはゆっくりと歩き、ときどき立ち止まっては花に顔を寄せる。私たちの農園と農道との境には、夏にはヒマワリ、そして秋にはコスモスの花が咲き乱れる。そばを歩く少女がそっとコスモスの花を摘んでいった。耕作ゲリラたちのつくる見事な野菜。それを見つけて買い物帰りの主婦が思わず足を止めた。私たちが積み上げる堆肥の山を見て、生まれ故郷の田舎のことを思い出すと、語りかけてくれた中年のサラリーマン氏がいた。

この空間を楽しむ人びとは私たちだけではないようだ。多くの人たちが一瞬足を止め、そして通り過ぎて行く。ここは街の片隅のささやかなユートピアだ。

ユートピア。それはNo-Where、つまりどこにもない、ということ。人はいつか、どこかでユートピアに巡り会えると、未来に、そして異郷に夢を馳せる。だが、その人びとのユートピア幻想は、人びとが暮らす「いま」というとき、「ここ」という空間で「夢」を見ることを諦めさせているのではないか。

そうであってはならない。どれだけときが流れようとも、そして地の果てまで旅をしようとも、人はユートピアを見つけることはできないのだ。だとすれば、どうしたらよいのか。「いま」「ここで」、夢を見るほかない。「いま」「ここで」、最善を尽くすのである。「いま」「ここに」、ユートピアをつくるべく生きるのだ。

東京で農業などできっこない。東京で農的暮らしなんて無理だ。そう考える人は多い。しかし、それは、いま生きている東京でなにもしないことの言い訳にすぎないのではないだろうか。どこでも、いつでも、最善を尽くせば、それなりに与えられるものだ。私たち「やぼ」はそう信じ、そう実践してきたつもりである。その私たちのモットー。「いま、ここにユートピアを。

No-Where から Now-Here へ」。

脱東京への巣立ち

「やぼ」の仲間で「東京脱出」を試みるメンバーは少なくない。

都心に通うサラリーマンで、いずれ脱サラし地方で家具づくりに挑戦したいと考えていたY氏一家は、二年間「やぼ」の農園に通った後、数年前山村に移住した[7]。

また、S夫妻は三年ほど私たちの農園で活躍した後、日本でも有数の過疎の村に移り住んだ。いまはそこで米や野菜をつくりながら自給的な暮らしを続けている。村でつくる食べ物がおいしいせいか、あるいはテレビがないせいなのか、彼らは相次いで三人の子宝に恵まれた。

ミセスSはもう東北地方のとある村に、ささやかだが土地を確保している。清浄な空気と水の恵みのなかで食べ物をつくるという彼女の長年の夢が、まもなくかなえられそうだ。

一方、O氏は停年まであと数年。かねてから退職後は田舎暮らしをと決めていた彼も、最近ついにその田舎に土地を買った。手に入れたのは住宅を建てるだけの土地だが、周囲には空いた農地がたくさんあっていくらでも借りられそうだと、目をキラキラさせながら語ってくれた。農業を志望する娘さんを交えて一家で移住する計画に、これで一段と拍車がかかった。

これらの動きにあおられたか、かの「やぼ」ニューウェーブの一人、三〇歳を越えたばかりのT君。愛妻と愛娘を連れて生まれ故郷に帰省した折、ついでに近郷の村に出かけ、移住の可能性を探ってきたらしい。どうやら彼も脱東京を真剣に考え始めたようだ。

こうして私たちが巨大都市の片隅でつくり上げたささやかな空間から、大いなる未知の空間をめざして一人、また一人と巣立っていく。より確かな「ユートピア」をめざして。

都市という怪物との対決

一九九二年春のこと。私たちの農園の周囲に、人びとの悲鳴が走った。ここを耕す市民たちに突然思いがけないニュースがもたらされたからである。それは、この地に区画整理事業がまもなく始まるという知らせであった。

土地所有者たちの区画整理事業への足並みが、ようやくそろったということらしい。なぜいまになってと考えれば、やはり生産緑地法の改正がきっかけになったのだろう。最近公開された日野市の生産緑地地区の一覧図を見ても、わが「ユートピア」内で生産緑地に指定された農地はない。高額の税負担の導入という深刻な事態に対して、所有者たちはついに開発への決断をしたのであろうか。

区画整理への動きが始まったといっても、実際に事業が開始されるのは少し先になるだろう。その具体的スケジュールは、まだ私たちは知らされていない。けれども、一年後かあるいは二年後か、それほど遠くない時期に私たちが退去しなければならないのは確実だろう。

私たち市民は土地所有者の好意によって農地を借り受けている。その所有者たちが開発を決意したのである。彼らが私たちに農地の返却を求めてくるのならば、私たちはそれに応ずるほかない。

やぼ耕作団の現在の農園は三カ所目だ。以前の二カ所も地主さんの都合で返却を迫られた。私たちはもちろん、その要請にすみやかに応えた。市民が農地を借り受けた場合、その農地を十分に活用しなければならないのは当然である。そして、それだけではなく、もし所有者から返却の要請があった場合は、十分に礼を尽くしてそれに応えることも市民の「実績」につながるのだと私たちは考えてきた。もしこのとき、市民と土地所有者との間に「返せ、返さない」のトラブルが発生すれば、それまで両者の間にかろうじて成立してきた信頼関係はまたたくうちに崩れ、それ以降市民が農地を借りることはいよいよ困難になるだろうからだ。

私たちの農園が存在する場所は、確かに「遊び」の空間ではある。ここを「整備」すれば、より多くの人たちに住宅を提供できるかもしれない。あるいは、ちょっとした商店街ができるのかもしれない。すべての空間を機能的に利用し尽くそうとし、あらゆる「遊び」と「ムダ」を追放していくのが都市というものだ。けれども、そんな都市のありようから、もう人びとの支持は失せている。いま、人びとが望んでいるのは、暮らしの場に「遊びとムダ」の空間を取り戻すことなのだから。

都市という怪物は、私たちから私たちのささやかな「ユートピア」をすら奪っていく。それはなぜ、どんな根拠でなのか。私たちはこう問わねばならない。長い間街を転々と耕し続けてきたやぼ耕作団も、こうしてどうやらその真価が試される大きな正念場に立たされることになったようだ。

（1）集団を大きくすると、個々のメンバーの自給度も落ちる。私たちの集団が大きくなるのではなく、私たちのような小さな集団がたくさんできることが私たちの願いだ。
（2）農園開設後まる一一年たった一九九二年春、記念パーティーは行われた。
（3）年配のメンバーからは耕作の技術だけではなく、保存食やモンペのつくり方といった農的な暮らし方全般について学ぶことができる。
（4）このような苦労をどんな工夫でしのいだかは、やぼ耕作団編『街を耕す―やぼ耕作団の試み―』（トヨタ財団研究コンクール報告書、一九八七年）を参照。
（5）着替えが必要なのは、電車で通ってくるメンバーである。泥だらけで牛糞の香りのする野良着で帰りの電車に乗るには、彼らは少々奥ゆかしすぎるらしい。もっとも、彼らの背中のザックの口からは、ネギやらゴボウやらがしっかりとあからさまに顔をのぞかせているのであるが。
（6）味噌づくりには水だけでなく、ある程度広い空間が必要である。それまでは近くの大学の農場の一隅を借りて、学生との共催というかたちで行っていた。
（7）その後、彼らは再び東京に戻ってきた。彼らの思いどおりにことが運ばなかったようだ。もう一度仕切り直しである。

（『都市の再生と農の力――大きな街の小さな農園から』学陽書房、一九九三年）

第4章　ハイレベルな市民農園と市民耕作

市民の負担で市民農園

大都市周辺の農家の営農のゆきづまりがいよいよ深刻であることは、新生産緑地法の施行（一九九一年）によってあらためて露呈された。三大都市圏の七〇％近くの農地が「宅地化する農地」を選択したのである。この事態は、水田の減反政策に続いて、再び市民たちに耕作活動に参加する大きなきっかけを与えることになるはずであった。けれども、事態は逆に進んだ。各地で市民農園の閉鎖が相次いでいるのだ。

横浜市では、市が開設している市民農園に農地を提供している農家の多くが農地の返還を求め、九二年二月に利用期限の切れる約七〇〇〇区画（約一五ha）の新規募集を打ち切らざるをえなくなったという（『日本経済新聞』による）。東京都武蔵野市でも、これまで五カ所あった市民農園のうち三カ所が、九二年三月いっぱいで閉鎖されることになった（『毎日新聞』による）。東京都練馬区でも、農協の運営する市民農園四〇〇区画分の農地の提供が停止されてしまった（『朝日新聞』による）。

いずれの場合も、新生産緑地法の導入にともない、「宅地化する農地」を選択した農地の所有者からの契約解消が主な原因となっている。「宅地化する農地」に対しては高額の税が課せられることになった。そのため、所有者は市民農園よりも、効率的な土地活用を求めざるをえなくなったというのである。

日野市の消費者農園も、その存続に赤信号が灯った。九一年度まで土地を提供してきた全農家が返還を要求し、五農園のうち市の土地供給公社所有の二農園を除いた個人所有の三農園が閉鎖されてしまったからだ。日野市では、借り入れた農地に対してこれまで一㎡あたり年額五〇円（一〇ａで五万円になる）の「管理謝礼金」を支払っていた。だが、「宅地化する農地」を選択した農地の税負担は重く、所有者は市民農園では引き合わなくなってしまったというのだ。

固定資産税や都市計画税は、農地と宅地でどれくらいの差があるのだろうか。税額は土地の評価額によって算定されるので、一概にはいえないが、東京都多摩地域の一般的な農地では、農地課税ならば一〇ａあたり年額二〇〇〇円から三〇〇〇円程度である。それが宅地課税になると、年額四〇万円から五〇万円ほどにハネ上がる。日野市の一〇ａにつき五万円という「管理謝礼金」は、農地並み課税の場合は十分としても、「宅地化する農地」のように宅地並み課税となれば、税額のせいぜい一〇分の一程度にしかならないのだ。

これまでの市民農園の多くは、宅地並み課税が猶予された長期営農継続農地制度を利用してきた。そのため農園を維持する税のコストはわずかで、それが市民農園の利用料を低く抑えてきた。たとえば日野市の消費者農園の場合、使用料は一区画（二〇㎡）につき年額二〇〇〇円である。他の自治体開設型市民農園のなかには、無償のものも少なくない。しかし、今後は税のコストが高い農園を市民たちは支えていかざるをえない。なぜなら、これからの市民農園は、宅地並みに課税される「宅地化する農地」にこそ定着しなければならないからだ。

かりに「宅地化する農地」一〇aの固定資産税などが年額五〇万円としよう。そこに五〇区画の市民農園を開設する場合、一区画あたりの税は年額一万円となる。これを利用料で充当するとすれば、これまでの市民農園の使用料に比べてかなり高額になる。けれども、農地を保全するためのコストは市民も負担する覚悟が必要なのである。

直接利用する市民がすべてを負担するのが無理ならば、それを市民全体が、つまり自治体の財政が負担することも考えなければならない。「宅地化する農地」に対する宅地並み課税の減免を各自治体が独自に工夫するということである。東京都八王子市の場合、日野市とは対称的に、市民農園に提供を望む農家が増加しているという。市民農園用の農地を所有者から無償で借り受ける代わりに、固定資産税を減免しているからだ（『読売新聞』による）。この方式が他の自治体でも積極的に試みられていい[1]。

ハイレベルな市民農園としてのクラインガルテン

これからの市民農園の利用料は高くなることが避けられないならば、これをきっかけとして、既成の市民農園の限界を突破した「ハイレベル」の市民農園を創り出すことができるのではないだろうか。

ハイレベルの市民農園とは、つぎのようなイメージだ。

①区画面積が広い。
②利用期間が長い。
③有機農法で栽培されている。
④施設が充実している。
⑤林や生け垣などをしつらえ、全体として都市緑地の機能を果たしている。
⑥土地所有者（農家）を含めた利用者間相互のコミュニティ形成がめざされている。

このような市民農園の姿は、ドイツの「クラインガルテン」に近い。「小さな庭」を意味するクラインガルテンは、ドイツで普及している市民農園である。私がはじめてクラインガルテンに接することができたのは、九〇年六月、旧西ドイツのケルン市を訪ねたときだった。一区画は、平均三〇〇㎡ほどである。これらがおおむね一〇〇区画集合して、一つのクラインガルテンを形成している。利用期間は長く三〇年。旧西ドイツには、現在、合計六〇万区画があるといわれている。

区画を野菜・果樹・花と三分して作付けするのが一般的のようだ。各区画には「ラウベ」とよぶ小屋が建てられ、利用者はそこで食事や家族のだんらんを楽しむ。一角には「クラブハウス」も設置され、利用者相互の交流の場となっている。また、クラインガルテンは市街地にあり、全体として都市公園システムの一環として、周囲の都市空間と景観的にマッチするよう配慮がめぐらされている。

私がケルン市内のクラインガルテンで出会った何人かの「ガルテナー」たちを紹介しよう。

上の写真の男性は元炭鉱労働者で、いまは退職して年金生活。すぐ近くのアパートに住んでいる。クラインガルテンには毎日やってきて終日過ごすという彼の肌は、真っ黒に陽に焼けていた。「精農」の彼の農園には草一つない。

ケルン市政府の職員で、毎朝出勤前にここで一仕事するという男性もいる。〔中略〕

ケルン市には、随所に合計五〇〇haのクラインガルテンが整備されている。東京都に設置されている市民農園と市民一人あたりの面積で比較してみると、実に一〇〇倍にもなる。市政府のクラインガルテン担当官の話によると、市内の未利用になった農地を市が買い取り、面積は少しずつ増えているという。最終的には、さらに五〇〇haを整備する計画なのだという。

そのための資金の四〇%は州政府から補助され、残りの六〇%を市が負担するという。それにしても、一㎡あたり五〜一〇マルク（一マルクは約六五円）という買い上げ価格を聞かされてみると、一坪何十万円、何百万円という現在の東京都内の農地の価格の異常さがあらためて思い知らされる。

頓挫した日本型クラインガルテン

クラインガルテンを日本に導入しようとした先駆的なモデル農園が、名古屋市天白区にある「天白信用農協市民小菜園」である。この「日本型クラインガルテン」の概要は、つぎのとおりだ(2)。

この農園は「市街化区域内の農地を活用し、農家高齢者の農業技術を活かして、都市生活者に野菜や草花などの栽培を楽しんでもらうとともに、農業・食糧問題に対する理解を深める」目的で、八二年に発足した。愛知県市民小菜園モデル事業農協事業主体型の第一号であり、地元の天白信用農協が運営していた。

総面積は五〇a、八八区画に分かれ、一区画五〇㎡と広い。契約期間は一年で、更新利用も可能である。利用者は天白区内七五%、農園周辺住宅五〇%、サラリーマン家庭がほとんどで、週末を中心に利用している。クラブハウス、堆肥置き場などの共同利用施設があり、また植林・植栽によって周囲の都市景観と調和のとれた景観を形成していた。

ところが、土地提供者との最初の契約期間(五年)が切れる八六年八月の時点で閉鎖されてしまった。農園そのものは近隣の土地所有者の農地に「移転」され、利用者の耕作はそのまま継続されている。だが、区画面積は縮小され、現在のところ付帯施設もなく、従来の市民農園とほぼ同じ体裁である。クラインガルテン用地は他の目的(高層アパート用地)に転用されることになったという。

建設省が行ったこの農園発足初期の調査[3]では、利用者間の交流、共同活動の気運がまだ未成熟で、各種共同利用施設が十分に活用されていない、と指摘している。もし利用者間のコミュニティが十分に形成され、確かなリーダーシップが存在していたならば、このように短期のうちに「閉鎖」されることはなかったかもしれない。この農園は、空間的には従来の市民農園の水準を大きく越えるものであった。しかし、ハード(空間・施設)が先行し、そのハードを十分に「活用」しうる市民層が未成熟のままであったことが、その「頓挫」の背景になっていたのではないか。

市民農園は、市民による自主運営が望ましい。とくに種々の共同利用施設をもつハイレベルの市民農園では、それが不可欠であろう。自主運営を支える人びとが育つためには、農園建設のプランニングの段階から市民が主体的に参加する必要がある。市民農園の建設・運営を通じて、人びとがさまざまに育っていくことこそ大切なのだ。

いずれにしても、市街地の農地を耕作する都市住民に求められる主体的条件を考える際に、この事例は貴重な素材を与えているように思える。

農地と宅地の混在を活かすまちづくり

このようなハイレベルな市民農園には、土地所有者が直接経営する入園方式と、自治体や農協が借り上げ整備する方式の二つがありうる。その際、利用者の主体的な運営を可能にするためには、組織づくりが不可欠だ。開設者は個々の利用者と契約するのではなく、あらかじめ設定された利用者グループと契約するという方法が望ましいかもしれない。農家が開設する農園ではむずかしいだろうが、行政が開設する農園では建設のプランニング段階から市民の参加を呼びかけることができるはずである(4)。

行政がハイレベルな市民農園を開設する場合、土地区画整理事業の一環として、あらかじめ公園緑地・農業公園などとして計画的に配置することが望ましい。

土地区画整理事業は、都市基盤未整備地域を計画的に宅地化する手法だといわれる。そのため、比較的農地が多く残っている地区が対象とされ、その結果、農地のほとんどを消滅させてしまう機能を果たす。要するに農地破壊の手法でもある(5)。しかし、新生産緑地法が施行され、市街地に農地が長期間保全されることになった。状況は明らかに変わったのである。土地区画整理事業もこれまでのあり方を脱皮して、農地と共存するまちづくりの手法へと大きく生まれ変わらなければならないはずだ。

これからの市街地は、宅地と農地の混在が避けられない。それをすっきりと分けようというこれまでの都市計画上の種々のアイディアは、実質的に破産している。新生産緑地もタテマエは、自治体がまず優良な集団緑地を面的に確保するべく原案を作成し、それに土地所有者の同意を求めるという手順で決定されるはずであった。だが、実際に行われたのはその逆で、土地所有者からの自己申告により原案を作成する自治体がほとんどであった。自治体の都市計画サイドからのイニシアティブは、ほとんど発揮されていないのである。その結果、優良な集団農地のところど

図1　「混在」を活かしたまちづくり

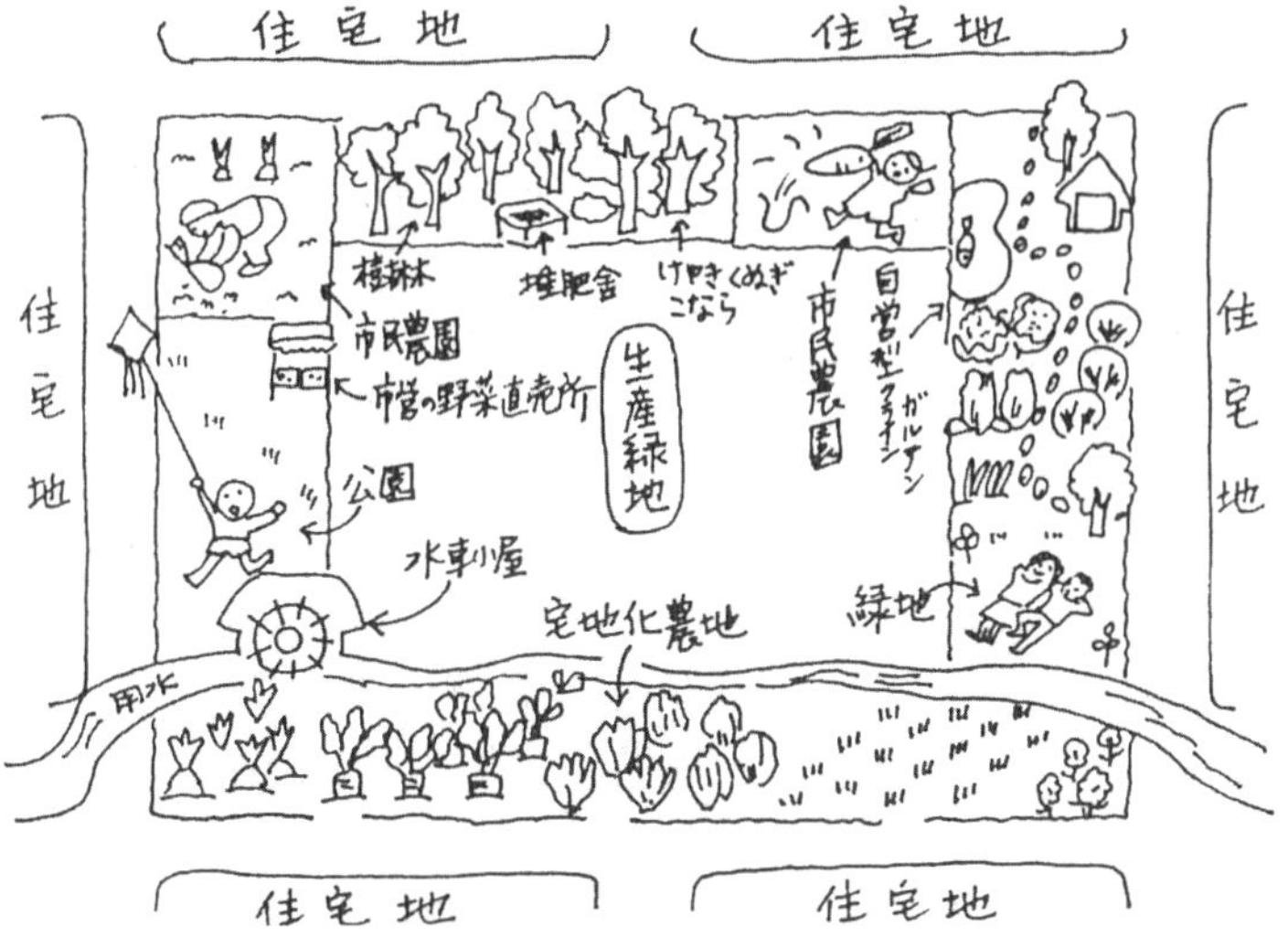

（出典）『日野・まちづくりマスタープランを創る会・中間報告』1993年。

ころに虫食い的に「宅地化する農地」が出現したり、逆に「宅地化する農地」に囲まれるようにして「生産緑地」が生まれたりした。

私の考えは、「混在」のメリットを活かすまちづくり［図1］をこそめざすべきではないかということだ。農のなかに街があり、街のなかに農があるというイメージである。そうかといって、これまでのスプロールのように、都市と農業とが互いに邪魔し合う関係は避けなくてはならない。従来の「混在」は、住宅地と農地とが空間的に直接対峙し合うものであった。それが、互いに互いの存在を「異物視」することを助長したのではなかったか。

もちろん、農地は都市という怪物に対しては「異物」であるべきだ。見境もなく増殖していくばかりの都市に冷や水を浴びせるのは、「農地」という空間の役割だ。ところが、その農地も現実には、都市の異物排除の力によって一方的に押し切られてしまうのがこれまでだった。

土地区画整理事業区域では、区域内の生産緑地を集合させることが望ましい[6]。これが地域の農業ゾーンとなる。そして、その周囲にぐるりと市民農園、それもできればハイレベルの市民農園を配置したらどうか。つまり市民農園が農地を包囲するのである。市民農園は農業ゾーンと住宅ゾーンとを空間的に緩衝する役割を果たす。それは、農家の人と市民との出会いの場としての役割も果たす。もちろん、住宅ゾーン内にも市民農園、公園、緑地、林地、空き地などを点々と配することが必要だ。これらの空間は「宅地化する農地」が利用できる。

つまり私のいう「混在」は、図1のような街全体としては農地と住宅地が混在していても、小さな区域でみれば一定のゾーニングと緩衝帯が存在する状態だ。人びとの暮らしの場に農地が存在しながらも、なおかつ農地と市街地が邪魔し合わない工夫が必要なのである。

相続税の猶予制度を

ところで、ハイレベルの市民農園を建設するとき、その用地が「農地」の場合は農地法上の種々の制約を受ける。たとえば、クラブハウスのような建造物を建てたり、沿道を舗装したりすることは、その部分を農地転用(農転)しないかぎり不可能である。農転すれば当然、その部分は宅地並み課税になる。一方、「宅地化する農地」の場合は、税は最初から宅地並みである。そこで、全体を「宅地」として転用してしまえば、建造物の建設など農地法上の制約はなくなる。この意味では、ハイレベルの市民農園を創設するときは、「宅地化する農地」を利用するほうが大胆な発想ができる。

さてこれまで、農地の保全に費やされる税のコストは、市民もなんらかのかたちで負担する仕組みが必要であることを強調してきた。それに加えて、農地に課せられる相続税について、ここで述べておかなければならない。相続税は固定資産税などの場合と事情がまったく異なる。

農地に対する相続税の猶予制度も今回、新生産緑地法の施行とともに改正された。生産緑地についてはこれまでどおり相続税は猶予されるが、「宅地化する農地」に対しては猶予制度は適用されないことになったのである。

「宅地化する農地」に対する相続税は、おおむね一〇aあたり一億五〇〇〇万～二億円といわれている。とにかく、べらぼうに高いのだ。これでは、市民が負担するどころか、所有者である農家もまともには支払えない。ではどうするか。農家は相続が発生すると、農地の一部を切り売りして、税を負担しようとするのである。その分だけ確実に農地は失われていくことになる。

猶予制度がひきつづき適用されることになった生産緑地にも、やっかいな問題がある。猶予を受けるためには、相続人、つまり農地の新しい所有者自身が耕作を続けなければならない。それも今回、「終身営農」が義務づけられた(従来は「二〇年営農」が条件であった)。健康を害したり高齢になっても、あくまで自分自身で耕さなければならないのだ。この条件は市民農園の存続にも影を落とす。生産緑地を市民農園として借りても、相続が発生すればその時点で返却しなければならないことになるからだ。現実に、相続が発生したために所有者から返却を求められる市民農園は、これまでも少なくなかった。

このように農地に対する高額の相続税は、農家いじめ、農地潰しの機能を果たし、農地保全に大きな障害になっている。少なくとも生産緑地については、所有者自身が耕作しているか否かにかかわらず、農地として保全されているかぎり相続税が猶予されるような制度改正が不可欠である。

市民農園をこえて

市民による耕作は、市民農園の利用にとどまらない。市民農園を飛び出して、もっと広い農地を本格的に耕すことも、市民はできる。

東京都八王子市由木地区。多摩ニュータウン(7)が迫る多摩丘陵の一角のこのあたりは、古くから酪農と養蚕の盛んなところだ。そこに、酪農農家とニュータウン在住の市民たちによって「ユギ・ファーマーズ・クラブ」(由木の農業と自然を育てる会)が結成された。このグループの事務局長的存在である井原満明さんの文章を引用して、活動のようすをのぞいてみよう。

「この会は、市民農園のような狭い区画で農作業をしてはいない。農家の広々とした農地で四季折々の農作業を行っている。作付けする品目は、農家と話し合いながら決める。農家が季節ごとにつくる野菜のほか、クラブのメンバーがつくってみたい野菜もつくる。毎年行う収穫祭に使う餅米、夏にビールとともに食べてみたい枝豆。そばも食べたいし、地粉を使ってうどんやパンもつくりたい。子どもが『ゴマはどうやってできるの』というと、さっそくゴマづくりの構想が打ち出される。そんな話し合いで年間の大まかな作付け計画が決められるから、子どもたちも喜んで農作業に関わる。嫌いなニンジンや大根も、このクラブの会食ではきれいに食べてしまう。こうした援農は体験する喜びや間接的な効果(嫌いなものが食べられることなど)を期待するものであるから、これらの農作業でできる農産物は農家に帰属させて、たまにわけてもらったりするが、原則として購入することにしている。少しでも農家経営への効果を期待するからである[(8)]」

このグループの試みは「援農」方式と名づけていいだろうか。農業経験のあまりない市民の「援農」は当面、農家への有効な「労働力供給」にはならないだろう。むしろ、かえって「邪魔」することになりかねない。けれども、この「援農」は、市場制度により分断されている農家と市民の間に直接的交流を再生させるきっかけになりうる。農家にとっては、市民たちに農業の意義を理解してもらう絶好の機会になるし、市民にとってみれば、農業を体験することによってその実態を学び、農に裏づけられたエコロジカルな暮らしに目を向ける重要な機会になるはずである。

市民農園や「援農」で自信をつけた市民たちには、自分たちが独自に本格的な耕作をする機会が待っている。市民が自給を目的として行うこのような農園を、私は「消費者自給農園」と名づけている。この方式はいわば究極の市民農園である。

市民が自分たちの食べる食べ物の自給を目的として、自ら農場を創設した先駆的な試みに、「たまごの会」の活動がある〔第I部参照〕。

私は、たまごの会が編み出した「消費者自給農場」は都市空間内にこそ設定されなければならないと考えている。都市住民自身が直接くわを握り、文字どおり「自らつくり・運び・食べる」

べく、自らの生活空間内に農園をひらくのである。それが究極の市民農園＝消費者自給農園である。

市民が農地を借りることは、農地法上できない。そこで、消費者自給農園を開設する場合は、市民が農地所有者から耕作を「請け負う」というかたちをとればよい。つまり、市民が「農業労働者」として雇われるのである（「請け負い耕作方式」）。

「請け負う」のは、個人でも複数の人間（つまりグループ）でもかまわない。消費者自給農園も、規模が大きくなれば、個人で維持するのはむずかしい。ほかに職業をもち、その合間に耕す「兼業農民（兼業農業労働者）」は、一日のすべてを「営農（農業労働）」には費やせない。ではどうするか。仲間と事を謀るのである。お互いに助け合うことのできる「共同耕作グループ」をつくり出すのだ。私が参加する「やぼ耕作団」はその一つの実践例である。

都市住民による四つの耕し方

これまで述べてきた、いくつかの都市住民による耕作の方式を、耕作規模の大小によって配列してみると、以下のようになる。

市民農園——日本型クラインガルテン——消費者自給農園（やぼ耕作団方式）——消費者自給農場（たまごの会方式）。

これらの方式について、農園の立地条件によって整理してみよう。

面積が小規模である市民農園は、農地の残存がきわめて限られた既成市街地においても立地可能である。現実に東京都の調査によると、東京の市民農園の六〇％近くが二三区内に存在している。市民農園は、高度に都市化された都心周辺部において、都市景観あるいはそこに生活する都市住民に対して、貴重な「緑の空間」を提供できる。このような既成市街地では、広い区画面積と充実した共有施設を付帯したクラインガルテンは困難であろう。

天白信用農協市民小菜園は、市街地周辺のかつての水田地帯を区画整理した区域内に開設された。日本型クラインガルテンは、農地が市街地として転換されていく新興市街地などで、都市緑地の一環として計画的に立地されていくものであろう。

一方、ある広がりをもつ面での耕作を試みる消費者自給農園の方式は、まだ相当量の農地が集団として残存している市街地周辺の区域ではじめて可能となる。これらの区域では、このまま都市化が進めば、多くの農地が（とくに「宅地化する農地」の場合）早晩、住宅用地などへ転用されてしまう。したがって、これらの農地の保全を考えるとき、この都市住民による面的な耕作の試みは一つの有効な方法となりうるはずだ。

都市住民が、畜産をも含めたさらに完成度の高い農業を実践するためには、市街化区域内では困難である。家畜を飼育したり、各種の農場施設を設けるには、相当広い空間が必要だし、利用期間も一〇年単位になるだろうからだ。だから、たまごの会の場合、その農場を市街化区域外に設けるほかなかった。それだけに、農村部に開設される消費者自給農場には、都市と農村をつなぐ「接点」としての貴重な役割を果たすことが期待されるのである。

なお「援農」方式は、市街地内あるいはその周辺部で農業基盤がいまなお濃密に残されてい

表1　市民による耕作の各方式の比較

	市民農園	日本型クラインガルテン	消費者自給農園	消費者自給農場
耕作面積の広さ	−	＋	＋＋	＋＋
利用可能期間の長さ	−	＋	＋	＋＋
利用者と農園との距離	＋＋	＋＋	＋	−
施設の拡充度	−	＋	＋	＋＋
景観	−	＋	＋	＋
耕作参加への度合い	＋	＋	＋	±
耕作に費やす時間の長さ	±	±	＋＋	−
耕作に費やす経費	＋	＋	＋	−
食の自給の程度	−	±	＋＋	＋＋＋
自主運営の程度	−	±	＋	＋
コミュニティとしての質	−	＋	＋＋	＋＋
社会的状況への関心度	−	−	＋	＋
社会的運動への参加度	±	−	＋	±
生活変革への衝撃度	±	±	＋	±
都市内農地保全への有効性	±	＋	＋	(＋)

（注）＋、−は優劣を表すものではない。各要素についてのそれぞれの方式の相体的位置（特徴）を表している。

て、熱心な専業農家が営農を続けている地域で可能だ。この場合、市民は都市にいながらにして完成度の高い農業へ参加できる。

これらの四つの方式には、それぞれ特徴がある。それらをいくつかの尺度で比較してみたのが表1である。当然ながら、それぞれに有効性と限界性がある。

市民農園は食の自給などの目的には必ずしも有効ではないが、日常的な生活にあまり負担をかけることなく、土や作物そして家族や友人との交流を楽しめる。

日本型クラインガルテンは、

その市民農園の効用をさらに成熟させるため、耕作面積や付帯施設を一層充実させた方式といえる。面積が広がった分だけ、野菜などの自給度も増加するであろう。

かたや消費者自給農園方式は、飛躍的に耕作面積が増大するために、野菜の自給だけではなく、穀物も手がけることができ、食生活の自給には相当有効な方式である。それだけに日常生活への「負担」が大きくなるが、それを「負担」と考えるのではなく、むしろメンバーとの共同耕作をバネに、家族や友人などとの人間関係、あるいは自分の仕事などを見直すきっかけとなりうる。「市民生活を充実させる」という方向よりも、「市民生活そのものを見つめ直す」という方向である。

また、消費者自給農場方式は、農場としての完成度を都市住民のできる一定の限界まで追求したものである。その結果、畜産物も含めた食の自給度は、相当高度になる。農場を遠隔の農村部に開設するほかないとすれば、都市住民自身が直接耕作する方式としては、不十分なものにならざるをえない。だが、たまごの会の農場は、空間的にあるいは景観のうえからも他の方式の農園とは比べようもなく豊かである。その空間を活かしたコミュニティ志向が、この方式の特徴といってよい。

それぞれの方式は、現在の都市住民のそれぞれの「ニーズ」に対応しているといってよい。大切なのは、今後の都市住民による耕作のありようを考えたとき、どの方式が優先するかではなく、それぞれがそれぞれの立地条件と都市住民の「ニーズ」に対応して、共存していくことであろう。都市住民の多様な試みが総体として、都市内の農地、緑の保全に一定の役割を果たすことを期待したい。

都市住民が自立する日

市民によって行われる耕作が、食の自給、都市的暮らしの変革、農地の保全などをめざすものであるためには、おのずと一定の条件が必要とされるだろう。それは以下のように集約できる。

①点的耕作から面的耕作へ。
②個人耕作から共同耕作へ（「マイホーム型」から「コミュニティ型」へ）。
③短期利用型から長期利用型へ。
④無施設型から施設拡充型へ。
⑤慣行農法から自然・有機農法へ。
⑥官製型から自主運営型へ。

とりあえずいくつかの方式が設定されたとしても、それをしたたかに活用し、より確かな新しい方法を編み出していけるだけの力量が都市住民の側になければ、ことは動かない。都市住民の多く、とくに都市で生まれ、都市で育った若い世代は、耕す経験をもちあわせていない。耕すために必要な知恵や技術、そしてなによりも体力が、人びとからすっかり奪われている。

都市住民にはいま、耕作活動を体験的に学習する場が必要だ。すべてをポケットのなかのカネで解決しようとしてきたこれまでの暮らしを清算し、人びとと協力しながら自らの知恵と体力によって生きていくことのできるノウハウをあらためて身につける場、つまり都市人間が自立した人間として蘇生するための「リハビリ」の場である。

その意味で、都市内で一定の「市民権」を獲得したかにみえる市民農園の存在は貴重だ。市民農園に参加する多くの市民たちが、一定期間の体験のあとで、市民農園のワクにとらわれない多様な耕作の方式を編み出す可能性を期待したい。

もうひとつの可能性は、やぼ耕作団のような都市住民の自発的な運動体の存在だ。経験と熱意のあるリーダーを中心とした、多様な市民たちによる自助互助の運動体そのものが、都市住民にとっては「学校」としての機能を果たすにちがいない。

いま巨大都市に必要なのは、人びとに「カルチャー(耕作)」を教える本当の「カルチャーセンター」である。その「学校」を「ジャンピングボード」にすれば、人びとはより充実した農的暮らしを求めて、勇躍巨大都市をあとにすることだってできるはずなのである。

(1) 多摩地域で市民農園を設定している自治体は一五市ある(一九九〇年現在)。そのうち一二市が八王子市と同じ形態をとっている。

(2)『大都市地域における市街化区域内農地の都市的利用に関する調査——市民農園の役割を中心として』(建設省都市局、一九八三年)による。

(3) 前掲(2)参照。

(4) ドイツのクラインガルテンの場合、建設そのものは行政の仕事である。しかし、その建設には市民の強い要望が背景にある。たとえば一九九二年秋、私が訪れたミュンヘン市郊外ゲアマリング

(Germering)地区のクラインガルテンの場合、まず多くの市民がクラインガルテンの必要性を市長や議会に要求することから始まった。その結果、行政は建設を決めたが、そのための土地の確保や州政府への建設資金補助のかけあいには、市民も参加した。市民たちはこの段階で、すでに利用者組織を結成していたのである。利用者たちは、クラインガルテンの企画・設計の過程にも参加した。さらに、彼らは建設にあたって、一人あたり一五〇時間の労働奉仕と、三〇〇〇マルクの負担金を拠出したという。

(5) 土地区画整理事業は、農地を破壊するだけではなく、人びとの暮らしのなかで自然発生的に生じた「ムダの多いたたずまい」(曲がりくねった、袋小路、空き地など)をも破壊し、画一的で生活臭のない空間をつくりあげる手法でもある。

(6) 農地には一枚一枚に個性がある。その個性は、個々の耕作者が長い時間をかけて培ってきたものだ。その意味では、農地は代替不可能な存在である。したがって、農地の集合・換地をすすめる場合には、個々の農地に対するていねいな対応が必要である。

(7) 東京都多摩市から八王子市にかけて広がる約三〇〇〇haのニュータウン。かつてこの地域は、二四〇〇haの山林と、四五〇haの農業集落からなっていた。住宅・都市整備公団[現・都市再生機構]と東京都などが中心となってそこを開発し、七一年より入居開始。最終的には三一万の人口を擁する計画となっている。

(8) 井原満明「今こそ、都市住民と農業のかけ橋を提案したい」『建築ジャーナル』一九九二年一〇月号。

＊収録に当たり、他と重複する部分を削り、タイトルを新たに付した。

(『都市の再生と農の力——大きな街の小さな農園から』学陽書房、一九九三年)

第III部

有機農業の科学と思想

【解題】明峯「農業生物学」の展開
――科学的視点と歴史的視点

中島　紀一

第Ⅲ部の前半には、明峯さんが最後に取り組んだ「農業生物学」の展開に関する論考を三編と、若いころの作物誌的小品を三編収録した。第1章〜第3章は日本有機農業学会の学会誌に寄稿されたもので、第4章と第5章は『やぼ耕作団』（風涛社、一九八五年）、第6章は『ぼく達は、なぜ街で耕すか』（風涛社、一九九〇年）に掲載されたものだ。

明峯さんは、ほれぼれするような健筆家で、「たまごの会」創設以降、近代農業批判の鋭い論考を次々と公表してきたが、『街人たちの楽農宣言』（編著、コモンズ、一九九六年）以降、その論考に接することはあまりなくなっていた。それが二〇〇六年に有機農業推進法が制定される少し前頃から、農業技術論についての本格的な論文が主として日本有機農業学会の学会誌に掲載されるようになった。学生時代からの盟友の三浦和彦さんや編集者の大江正章さんらの熱心な勧めに応えてのことだったと聞いている。

明峯さんは、在野の自由人という立場を大切に考え、公的団体の役職に就くことを嫌ってきたが、強く請われてＮＰＯ法人有機農業技術会議の理事となり、二〇一一年からはその理事長に就任された。その関係もあって、有機農業技術会議が企画編集した著書等にも中心的執筆者として加わるようになり、遺著となった『有機農業・自然農法の技術——農業生物学者からの提言』(コモンズ、二〇一五年)も同会議の集団的活動のなかから紡ぎ出されたものだった。

二〇〇六年以降の明峯さんのこの関係の論考は、次のとおりである。

「鳥インフルエンザといのちの循環」日本有機農業学会編『有機農業研究年報6いのち育む有機農業』コモンズ、二〇〇六年、二五〜四三ページ。

「低投入・安定型の栽培へ」日本有機農業学会編『有機農業研究年報7有機農業の技術開発の課題』コモンズ、二〇〇七年、三六〜五一ページ。

「健康な作物を育てる―植物栽培の原理―」中島紀一・金子美登・西村和雄編著『有機農業の技術と考え方』コモンズ、二〇一〇年、八六〜一一八ページ。

「農学論の革新―有機農業推進の立場から―」『有機農業研究』第二巻第一号、日本有機農業学会、二〇一〇年、三〜一〇ページ。

〈書評〉デイビッド・モントゴメリー著・片岡夏実訳『土の文明史』(築地書館、二〇一〇年)『有機農業研究第二巻第二号』日本有機農業学会、二〇一〇年、五二〜五三ページ。

「大規模・集中型畜産の破局―鳥インフルエンザ再考―」『有機農業研究』第三巻第二号、日本有機農業学会、二〇一一年、六〜一一ページ。

小出裕章・明峯哲夫・中島紀一・菅野正寿『原発事故と農の復興——避難すれば、それですむのか?!』コモンズ、二〇一三年。

『有機農業・自然農法の技術——農業生物学者からの提言』コモンズ、二〇一五年。

二〇〇六年頃以降の明峯さんの理論活動の最後の集大成は遺著の『有機農業・自然農法の技術』であり、そこで明峯さんの農業技術論は大飛躍を遂げている。その点については同書の三浦さんと私の解説、そして明峯さんへの私の追悼論文「農業生物学から農学へ―時代を駆け抜けた明峯哲夫さんを追悼して―」（『有機農業研究』第六巻第二号、二〇一四年、一一～八ページ）に詳しく述べてあるので、それらを参照いただきたい。

『有機農業・自然農法の技術』で展開された新理論について、明峯さんは逝去の直前に次のように口述されている。

「肥料を与えなくても作物は育つということは、旧来の農学、旧来の農業のイメージからすれば、ありえないということになるわけです。しかし、彼ら（秀明自然農法の生産者たち、引用者注）の実際の姿を見ていると、もちろんそれがすべてうまくいっているわけではなし、肥料を入れないということが土の力や作物の力を損なっていくということは多々あるわけですが、時と場合によっては、植物は栄養をやらなくても育つという現実を目の当たりにすることができました。

これは、大げさに言えば、ある種のカルチャーショックだったと、ぼくは思っています。つまり、植物というのは、施肥が必要だということに凝り固まっている立場から言えば、必ずしもそうでもない、施肥しなくとも植物は育つという現実は、大きなカルチャーショックだと思います。

とはいえ、施肥をしないということは、やはり地力を損ねていく、地力の維持を困難にするということは、ぼくたちが想像するように問題になるわけですけれども、しかし、ある条件が満たされれば、施肥をしなくてもけっこう植物は育つ可能性がどうもあるという感触を得たことになるわけですね。

果たして植物は、肥料を与えなくても育つんだろうかということですね。育つとすれば、それはどういう理屈なのか。おそらく、旧来の植物生理、あるいは、作物学、農学の既成概念を大きく壊すことになると思うんです。どういうことが起きているのかということの解明が、なされなければなりません。

これまでの農学、生物学、あるいは植物学は、植物に肥料を与えるということを前提にして、さまざまなことが行われてきましたので、肥料を与えないということは考えられなかったわけです。肥料を与えなくても育つかどうかなどという発想は、そもそも出てこなかった。そういう実験も満足に行われてこなかった。データもなかったと考えられます。まさに目からウロコの状態に、ぼくたちはいま直面しているということだと思います」（『有機農業・自然農法の技術』一一～一二ページ）

第Ⅲ部前半に収録した三論文には、明峯さんの最後の大飛躍のための前提となった、実に彼らしい科学論、農学論、農業技術論の骨格が示されている。

第一論文の「鳥インフルエンザといのちの循環」は、畜産界を突然の恐慌状態に陥れた鳥インフルエンザ問題への見事な、胸のすくような解明である。二〇一二年にはこの問題についての追加の考察を『有機農業研究』誌に寄稿している。おそらく明峯さんしかなしえなかった解明だろう。次に彼の見解を端的に示していると考えられるフレーズを三つ抜き出してみた。

「(宿主の)生物の〝健康〟を考えると、それは自らの体に備わる抵抗力を駆使しながら、侵入してきた寄生者との間に一定の生理的平衡を維持させた状態と言える。もっとも、この生理的平衡は寄生者の病原性と宿主の抵抗性の微妙なせめぎ合いで生み出されるのだから、結果としてうまく成立しないときもありうる。その場合、宿主は〝負ける〟(つまり病気が深刻化し、ときによっては死ぬ)ことになる。ただし、現実には両種はともどもに生き残っていく場合が多いのだから、両種のこの〝勝負〟は全体としては、どちらが〝勝った〟ということではなく〝引き分け〟で終わる。このような両種の関係は、〝敵対的共存〟あるいは〝共存的敵対〟とでも呼ぶべきだろう」(本書二三六ページ)

「ここで強調したいのは、ある病気の発生条件と、それがパンデミックになる条件とは異なるということだ。インフルエンザの問題でいえば、病気そのものが成立する条件はたしかに農的世界にあったとしても、それがパンデミックとして爆発する条件は、農的世界にあるのではなく、その〝崩壊〟にあるということである」(本書二三八ページ)

「人間はもうニワトリを殺し続けることをやめるべきだ。人間はこの小さな動物を閉じ込めることもやめるべきだ。ニワトリに宿る内なる自然を信頼し、ニワトリを彼らが求める外なる自然に解放することこそが、ニワトリという小さな生命体を未来につなぐ恐らく唯一の方法だろう。そして、その自由に生きるニワトリと交わることを通じて、ようやくわれわれ人間自身の自由と健やかな未来が展望できるのだ」(本書二五五ページ)

第二論文の「低投入・安定型の栽培へ」には、明峯さんの農業技術論の基礎的骨格が示されている。明峯さんには、有機農業技術論は特殊農法論としてではなく、一般農業論として究明されなければならないとの持論があり、この論文ではその持論の全体像が示されている。これについても、彼の持論が端的に示されているフレーズを三つ抜き出しておこう。

「長い間慣行農法を実践してきた農地を有機農業に転換する場合、初期にはそれ相応の量の有機物を投入しなければならない。地力が絶対的に失われているからだ。しかし、五年、一〇年と堆肥投入を続け、適切な輪作を実施し続ければ、農地は熟畑化するはずだ。一定量の腐植が土壌中に蓄積し、それが地力となる。土壌の団粒化が促進され、通気性のよい、そして水はけがよく、しかも水もちのよい土壌となる。しかも、土壌微生物相は多様化し、各種微生物の相互規制の網は複雑化する。特定の病原微生物だけが増殖する事態は抑制される。熟畑とは土壌が緩衝作用をもつようになった状態だ。緩衝作用とは、土壌自身の力で土壌の状態を一定の状態に維持できることである」(本書二七五ページ)

「植物に与える物量は、可能なかぎり少ないほうがよい。植物はそのような環境下では、自らの環境応答能力を最大限喚起し、手持ちのカードをフルに活用して、生き抜いていく。植物の成育の高い自立性こそ、健全な植物生産を保障する」(本書二七五ページ)

「植物の生き方には手数(カード)がたくさん準備されている。そして、与えられた環境にふさわしい生き方を、つまりその手数のなかから最良のものを選び取っていく。植物の形態や生理は与えられた環境に対応し、融通無碍に変化していく。与えられた環境に応じて、自らの姿をそれにふさわしいものへとしなやかに変身させていく能力。これを『環境応答能力』と呼ぶことにする。この能力こそ、植物の生きる基本原理だ」（本書二七〇ページ）

第三論文の「農学論の革新――有機農業推進の立場から」は、これからの農学のあり方への明峯さんの提言である。明峯さんはこの論文で有機農業の技術的特性についての端的な性格付けをし、そのうえで新しい農学を主導していく役割を担うべき有機農業研究に「進化農学」というあり方の付与を提言している。これも実に明峯さんらしい提言であり、また、これから取り組もうとされていた自らの研究の方向性が示されていた。ここでも特徴的と思われるフレーズを三つ抜き書きしておこう。

「六〇年代以降の高度経済成長の中で（中略）石油資源に依存した工業的農業が促進された。この農業の原理は、作物を単純化した、再現可能な系に閉じ込めれば高い生産性が得られると考えることにあり、それ以降の技術研究は環境制御技術の高度化と制御された環境に最適化した作物の作出を目指した。工業的農業は資源・エネルギー高投入型で持続性は低い。一方有機農業は、作物を物質循環の中に位置付け、周囲の多様な生き物との相互関係の中で彼らの生命力を喚起しようとするのがその原理である。この技術は作物の周囲の環境制御を低く抑え、作物が植物として持つ環境応答能力を最大限引き出そうとする。高投入から低投入というパラダイムシフトに対応し、新しい農学論が必要である」（本書二八〇ページ）

「農業のあり方を考える時、〝進化農学〟とも言うべき立場がもっと考慮されて良いのではないか。作物や家畜を歴史的存在として捉え、それらが持つ諸性質を進化適応的なものとして理解する。この理解は栽培・飼育技術を評価する時の、一つの重要な手かがりを提供するはずだ。

人間の手で〝改良〟された作物や家畜も、本質的には植物であり、動物である。そこでまず動植物がこの地球上でどのように生き長らえてきたかを理解することが必要になる。例えば陸上植物の進化の歴史を調べれば、生産者としての植物が動物（消費者）、微生物（分解者）と共に相互依存（共生）的関係を形成し、それを複雑化する方向に進化してきたことが理解される。また植物と病原微生物との関係を知れば、それは敵対から共存へと進化してきたことが理解される。これらの理解から、植物が健全に生きていくには、動物や微生物（病原微生物も含め）との不断の交流が不可欠であり、それが植物栽培や農業の基本原理であるべきことが教えられる」（本書二九〇、二九一ページ）

「農民と専門家との協働体制がうまく運べば、有機農業の技術体系が一つの『市民知』として確立することになるに違いない」（本書二九七ページ）

第Ⅲ部の前半に収録したこれらの論考に触発され共鳴された方は、なによりもぜひ、遺著『有機農業・自然農法の技術』をお読みいただきたい。そこには明峯さんの鋭く温かい知性の達成が示されている。

解説者もここで改めて明峯さんの二〇〇六年以降の論考を読み直し、実に教えられるところが多かった。全体としてみれば、明峯さんのこれらの論考は、農業生物学的明晰さ、農業と社会への広く鋭い批判的視野において秀でていることは、何より明らかなのだが、単にそれだけでなく、彼の歴史的視角の鋭さと確かさにも驚かされる。彼の歴史観は、進化論的自然史認識と現場での農民の営為の蓄積としての農業史への認識の二点において際立っていて、そこに彼の知性の優れた特質が示されている。

明峯さんは自らの農学を「農業生物学」と称したが、その全体像をはっきりと示す前に急逝されてしまった。なんとも残念なことである。いま彼の農学についての論考を読み直してみると、本書第Ⅲ部の前半に収録した三編のような原理論構築とともに、第Ⅲ部の後段に収録した作物誌的各論の二つの領域があったようである。

彼が想定していたと推測される大構想の全体像からすれば、いずれも未完だったのだが、原理論編については遺著『有機農業と自然農法の技術』でその最後の到達点がまとめて示されていた。しかし、もう一つの個別的な「作物誌」についてはそのまとめを提示するには時間が足りなかった。これについての公表された作品は多くはないが、小さなセミナーで語ったノートや彼らしいスケッチは多く遺されている。それらは、おそらく明峯さんにしかなしえなかったと思われる素晴らしい作品群である。分量も多く、とても本書には収録しきれないので、できれば『哲ちゃんの作物誌』とでも題した遺稿集を別に出版したいと願っている。

明峯さんの大学院生時代は分子生物学の大開花の直前で、彼は新しく開発されつつあった組織培養の手法を使った植物生理学的研究に没頭されていた。そこでの科学方法論は、研究室での実験的原理主義だったと推察される。だが、本書の前半に記されているような思いと経過のなかで、彼はそうした実験的農学を捨て農業実践への道に進んだ。とはいえ、彼はそれで農学、科学の道を捨てたわけではない。大学院時代の自らの農学への痛切な反省を踏まえて、農業実践のなかで、併せて新しい彼らしい農学の道を模索し、拓こうとしていた。その模索の若いころの一端が、第Ⅲ部後半に収録した「作物誌」的小品の数々だった。

そこで明峯さんが採用した方法は、多面的で継続的な観察と、それについての多面的な考察の積み重ねだった。こうした手法の選択は実験的科学の場を捨てたという条件によるものではあったが、単にそれだけでなく、かなり意図した方法論の転換への思いがこめられていたように思われる。それは、実験的原理主義への反省に基づいた、観察を踏まえた経験重視の農業生物学構築というあり方だった。観察は、作物の生育と環境との相互関係に集中されるのだが、明峯さんの場合には、作物と環境の能動的な応答関係、進化論的な歴史的視点が重視され、さらには農業という社会的営みの視点が鋭く加わっている。そこには、とても追随できないほどの独自の豊かで鋭い世界が作られていった。

第Ⅲ部後段の三つの章は、そんな明峯さんの「農業生物学」構築の初期の作品である。そういうものとしてお読みいただければ幸いである。

第1章　鳥インフルエンザといのちの循環

1　茨城の長い一年

二〇〇五年六月二六日。茨城県南部水海道市《みつかいどう》［現・常総市《じょうそう》］のある養鶏場で、死亡したニワトリからトリインフルエンザウイルスが検出された。その前年の春には、山口県・大分県・京都府で鳥インフルエンザが発生し、合計二七万五〇〇〇羽のニワトリが処分されていた。〇三年からアジア各地に拡大していた強毒型鳥インフルエンザが、日本列島にも飛び火したのだ。ただし、新たに茨城で検出されたウイルスは、奇妙なことにこの強毒性のH5N1型ではなく、弱毒性のH5N2型だった。にもかかわらず、この弱毒型ウイルスが強毒型へ変異することを恐れた農林水産省・茨城県は、この養鶏場のニワトリ全群（二万五三〇〇羽）の処分を決定する。この日から〝茨城の長い一年〟が始まった。

H5N2型ウイルスはその後、茨城県内の養鶏場で次々と検出されていく。しかし、ウイルス感染が疑われ、処分の対象となるニワトリの総数が、鶏卵生産量全国一位の茨城県で飼育されるニワトリの半数に及ぶことになるとは、誰も想像できなかったにちがいない。

翌〇六年四月二一日、茨城県はようやく感染が疑われるニワトリ全群の処分終了を発表する。処分されたニワトリの総数は実に四〇養鶏場の約五六八万羽。処分費は総額約五〇億円。だが、この時点でも、感染源や感染ルートは不明のままだった。再発を恐れる県が、抗体陽性の出た四〇養鶏場すべてでウイルス・フリーを確認し、事態の〝終息〟を宣言したのは、あと三日で発生から一年になる六月二三日。それも「風評被害を避けるために」という養鶏業者からの要望の末だった。

ニワトリの〝処分〟は、箱に詰め込んだニワトリの群れに二酸化炭素ガスを注入し、窒息したニワトリを焼却場に運び込むことで行われる。これらの作業の中心となったのは、畜産職や獣医師などの県職員である。

厚生労働省は、〇五年六月から〇六年三月にかけて、H５N２型が発生した養鶏場の従業員と作業に従事した県職員ら計三九九人から採血し、血液中の抗体を調べた。その結果、養鶏場関係者八八人、作業担当者五人が陽性と判定された。ニワトリのウイルスがヒトにも感染したのだ。それでも、幸いにも発症者はいなかった。一方、〇五年秋、応援のため県外から派遣されていた家畜防疫員の男性が、作業後の休憩中突然意識不明となり、搬送先の病院で死亡が確認される。急性心不全だった。本来家畜を「生かす」仕事に携わる彼らが、「殺す」ことに長時間携わることの心身の疲労は、想像を絶するものであったろう。

アジアを中心に猛威を振るっていた鳥インフルエンザはユーラシア大陸を西進し、ヨーロッパ、そしてアフリカへと拡大する勢いを示している。この事態が世界中で恐れられているのは、何よりもそれがヒトの新型インフルエンザの世界的流行（パンデミック）につながるのではないかと懸念されるからだ。二〇世紀の一〇〇年間に、新型インフルエンザウイルス（A型）は六回出現し、そのたびに人類はインフルエンザのパンデミックに襲われた[1]。一九一〇年代末のスペイン風邪（H1N1型）、五〇年代のアジア風邪（H2N2型）、六〇年代のホンコン風邪（H3N2型）、七〇年代のソ連風邪（H1N1型）などは、いまもなお人びとの記憶に残っている。

これから述べるように、鳥インフルエンザを人の新型インフルエンザ流行の先駆けととらえることは重要だが、だからこそ、より本質的な視点からこの問題は理解されなければならない。本質的な視点とは、養鶏（畜産）のあり方の問題だ。現在のような養鶏のあり方を続けているかぎり、新型インフルエンザの〝悪夢〟が再現する危険性は非常に高い。他方で、そのあり方を変えることができれば、〝悪夢〟到来の可能性はずっと低くなるのではないか。このように事態をとらえることが必要だと思う。

〝茨城の長い一年〟はとりあえず終息したかのようである。しかし、殺された数百万羽のニワトリは、世界的にみれば氷山の一角にすぎない。〝世界中からウイルスを根絶せよ。感染したニワトリを見つけ出し、すべて殺せ〟。これが新型インフルエンザ出現を恐れる人びとの合言葉だ[2]。こうして〇三年以来、アジアを中心としてすでに世界で二億羽近いニワトリが〝処分〟されている。だが、ニワトリを殺しさえすればいいのか。すべての責任をこの小さな生命体に押し付ければすむのか。

本稿では、鳥インフルエンザの問題を、畜産のあり方の問題として論じることにより、この問いに答えていきたい。問われているのは、動物にかかわろうとする人間の側の論理と倫理である。

2　インフルエンザウイルスという〝強敵〟と農的世界の崩壊

インフルエンザウイルスの特徴

人や動物にインフルエンザを引き起こす病原体は、インフルエンザウイルスと呼ばれるウイルスである。(3) このウイルスの特徴として、以下の二つがあげられる。

①宿主域が広い
②変異が素早い

インフルエンザウイルス(A型)には多くの亜型がある。それらはウイルス粒子の表面に存在する二つのタンパク質(HA、NA)の種類により分類されたもので、HAタンパク質は一六種類(H1〜16)、NAタンパク質は九種類(N1〜9)存在する。したがって、全部で一四四種類の亜型が存在することになる。それらはすべて、カモや白鳥などの野生の水鳥の体内に、宿主にはまったく害を及ぼすことなく受け継がれている。一方これらの亜型の一部はアヒル、七面鳥、ニワトリなどの家禽類のほか、ヒト、ウマ、ブタなどの哺乳類にも感染し、ニワトリやヒトの場合のように宿主に深刻な症状を引き起こすことがある。このようにインフルエンザは人畜共通の感染症だ。

このウイルスの遺伝子はＲＮＡである。ＲＮＡ遺伝子は人間などがもつ通常のＤＮＡ遺伝子に比べ、そもそも変異しやすい。さらに、このウイルスのもつＲＮＡ遺伝子はまるで染色体のように分節化し(八つある)、変異の幅をより大きくする仕組みとなっている。つまり、ある細胞に複数の亜型のウイルスが同時感染した場合、互いの遺伝子分節が交じり合い(再集合という)、新しい遺伝子の組み合わせをもつウイルスが出現しうるのである(この変異を大変異といい、一つひとつの遺伝子に起こる変異を小変異という)。

インフルエンザウイルス遺伝子の変異速度は、人間のような真核生物の遺伝子の一〇〇万倍といわれている。このウイルスの一年は、真核生物の一〇〇万年の歴史に相当するというわけだ。こうしてインフルエンザウイルスは日々小変異を繰り返しながら、時として大変身しつつ、新たな宿主を虎視眈々と狙っている。

農的世界への適応

一九八〇年代から九〇年代にかけての研究で、このウイルスの生態がかなりわかってきた(4)。それによると、カモの営巣地であるシベリアがこのウイルスの〝貯蔵庫〟になっている。ウイルスは水中で凍結した状態で越冬し、暖かくなると南の国から帰ってきたカモに経口感染する。体内に侵入したウイルスは大腸で増殖するが、先に述べたように宿主であるカモには何の症状も出ない。カモとウイルスは共生している。これは両者の関係が進化史的に古いことを意味する。増殖したウイルスは糞便といっしょに排泄され、他の水鳥にふたたび経口的に取り入れられる。

やがて寒くなると、カモは中国南部を中心としたアジアの農業地帯に渡り、そこで越冬する。ここには、水鳥の絶好の生活の場となる水田、湿地、川辺が多く存在する。農民たちは稲を栽培しながら、アヒル、ニワトリ、ブタなどの中小家畜を飼育している。水辺で遊ぶカモから排泄されたウイルスは、周辺を逍遥するこれらの動物たちに次々と取り込まれていく。アヒルは中国でマガモから家禽化され、ニワトリは東南アジア原産、またブタの原産地の一つは中国だ。人とこれらの動物が長い時間にわたって濃密な共同生活を繰り広げてきたこのアジア的な農的世界が、こうしてインフルエンザウイルスの〝温床〟とみなされているのである。

六八年のホンコン風邪の原因はH3N2型インフルエンザウイルスだった。そのウイルスのHAタンパク質合成を支配する遺伝子の導入経路が九〇年ごろ、日本の研究者により明らかにされた(5)。それによると、ブタの呼吸器の上皮細胞にヒト由来のウイルスと、カモ由来(アヒルを介して)のウイルスが同時感染すると、遺伝子の再集合によりヒトへの感染力をもった悪性の新型ウイルスが誕生するというのだ。ブタの体内はインフルエンザウイルスの〝撹拌器〟だった。こうして人、水鳥、ブタが濃密に暮らすアジア的農業世界が、インフルエンザウイルスの〝温床〟であることが〝証明〟されたのである。

病気と健康

地球上の生物はすべて、食う―食われる関係のなかで生きている。ある生物はある生物を食べ、同時に他の生物に食べられる。食う―食われる関係の一つの変形が、宿主―寄生者の関係である。この場合、寄生者（通常、体が小さい）は宿主（通常、体が大きい）の体の内部（あるいは外部）に取り付き、そこで栄養を摂取し、繁殖する。その結果、宿主の体は大なり小なり損なわれる。それが病気（感染症）だ。周囲にはさまざまな寄生者がたえず存在しているのだから、生物にとって病気は避けられない。

しかし、それだけに宿主には寄生者に対する抵抗の備えがさまざまに存在する。寄生者の侵入や繁殖を阻止しようとする仕組みだ。人間のような動物で言えば、免疫力がその代表である。一方、寄生者にとっては、宿主を一方的に攻め立て、あげくに殺してしまっては、自分自身の生活基盤を失う。そこで、病原性の強さはほどほどのものにしておく工夫が必要になる。

以上のことから、（宿主の）生物の〝健康〟を考えると、それは自らの体に備わる抵抗力を駆使しながら、侵入してきた寄生者との間に一定の生理的平衡を維持させた状態と言える。もっとも、この生理的平衡は寄生者の病原性と宿主の抵抗性の微妙なせめぎ合いで生み出されるのだから、結果としてうまく成立しないときもありうる。その場合、宿主は〝負ける〟（つまり病気が深刻化し、ときによっては死ぬ）ことになる。ただし、現実には両種はともどもに生き残っていく場合が多いのだから、両種のこの〝勝負〟は全体としては、どちらが〝勝った〟ということではなく〝引き分け〟で終わる。このような両種の関係は〝敵対的共存〟あるいは〝共存的敵対〟とでも呼ぶべきだろう。

ところが、生物はときどき遺伝的に変異し、突如新しい型の生物に変身する。この変異が寄生者に起これば、ときとして新しい型の寄生者はこれまでの〝敵対的共存〟を打破し、一方的に宿主を殺戮することもありうる。宿主にとっては新型の病気の発生であり、事態は一気に深刻化する。けれども、宿主が死ねば、新型の寄生者も死ぬ。また、宿主の側もしばらくすれば、この新型の寄生者に対する抵抗力を身につけるよう自らを変化させることができる。そこで、やがては新しい〝敵対的共存〟の段階を迎える。この繰り返しで、宿主―寄生者はともに進化してきた。

この〝敵対的共存〟の関係は個々の生物間に成立するから、多くの生物のまとまりである生態系全体にも成立する。つまり、生態系のなかで個々の生物は〝敵対的共存〟という相互規制の網目に繰り込まれる。その結果、どの生物種も生態系のなかでは〝一人勝ち〟は許されず、それぞれが〝ほどほどに〟その生を謳歌する。この事実は、ある生物の健康を考えるとき重要な意味をもつ。宿主に侵入する寄生者も、この相互寄生の網目に組み込まれているからだ。

この網目が健全であるかぎり、特定の寄生者だけの大量発生は強く規制される。つまり、ある生物の個体が寄生者との間に生理的平衡を完成させ、健康を維持するには、両種個体群間の生態的平衡が不可欠であることがわかる。生態系のなかで暮らす生物種が多様であればあるほど、個々の生物の健やかな生存が保証されるということだ。

農業は別々に生きていた生物のネットワーク化である。人の手により、多様な生物が一つの農業生態系として統合される。このとき、人間の目には見えない微生物もその一員としてネットワーク化される。その微生物のなかには、人間にとって〝有用〟なものも〝有害〟なものもあるだろう。たとえば、アジアの農業地帯では、納豆、味噌、醤油、酒などの発酵食品が特徴的だが、これは納豆菌や麹菌などの微生物が農業生態系の一員としてネットワーク化されたからだ。一方、有害な微生物といえば、病原菌、つまり寄生者がそうだ。その結果、その地域の動植物に特有な病が成立し、定着する。

アジアの伝統的な農的世界がインフルエンザという人畜共通の〝風土病〟を抱え込むことになるのは、だから特別奇異な現象ではない。人間や動(植)物の密度が一定以下なら、それらは小規模で局地的なものに終わる。ところが、何らかの原因によって、人や家畜の密度が上昇し、農的な生態系のバランス(つまり生物の多様性)が損なわれると、その風土病は多くの人や家畜に危害を与える疫病と化す。

ここで強調したいのは、ある病気の発生条件と、それがパンデミックになる条件とは異なるということだ。インフルエンザの問題でいえば、病気そのものが成立する条件はたしかに農的世界にあったとしても、それがパンデミックとして爆発する条件は、農的世界にあるのではなく、その〝崩壊〟にあるということである。

3　種の壁の突破

アジアでの蔓延と背景としての〝畜産革命〟

昔から〝家禽ペスト〟として恐れられているニワトリの病気がある。現在ではこの病気は高病原性鳥インフルエンザ(Highly Pathogenic Avian Influenza＝ＨＰＡＩ)と呼ばれ、インフルエンザウイルスA型が原因とわかっている。症状は激烈で、発症したニワトリはいずれも全身の内臓出血により致死する。ニワトリだけでなく、七面鳥、ホロホロ鳥、ウズラなどの家禽も同様な症状を起こすといわれている。これらの家禽類は、カモなどの水鳥と異なり、高度に進化したウイルスの攻撃に耐えうるほど進化していないのだ。進化史的には、両者の関係は新しいことが推察される。

高病原性トリインフルエンザウイルスは、低病原性ウイルスの小変異（HAタンパク質のたった一つのアミノ酸置換を引き起こす）により生じる。低病原性ウイルスがニワトリに感染した場合、呼吸器症状と産卵低下が起きるだけで、致死的ではない。けれども、このような症状を引き起こすニワトリの体内でウイルスに変異が起これば、たちまち高病原性ウイルスが出現するというわけだ。〝弱毒性〟だからといって油断は禁物で、ただちに感染した個体を淘汰するなどの処置を取らなければならないと恐れられるのは、以上のことが理由になっている。

高病原性鳥インフルエンザは二〇世紀に世界各地で十数件発生したという記録がある。すべて、H5もしくはH7型ウイルスが原因だった。ヒトに感染するのはいまのところH1〜3型だけと言われているから、家畜に致死的な症状をもたらすインフルエンザウイルスがただちにヒトに感染するということは、この点からも言えない。

二〇世紀末の一九九七年、香港でこの高病原性鳥インフルエンザが大発生した[(6)]。原因となったのはH5N1型ウイルスである。この場合も、ウイルスはカモからアヒルを経由してニワトリに感染したと考えられた。しかし、このとき大変なことが起こる。人間にもこのウイルスが感染したのだ。感染者は一八人、そのうち六人が深刻なインフルエンザの症状で死亡し、この死者から

H5N1型ウイルスが分離された。

「すわ新型インフルエンザウイルス出現」とあわてた時の香港政庁は、香港島すべてのニワトリ、実に一五〇万羽を処分する。この大量処分は最初は放血法で行われ、全島ニワトリの悲鳴と溢れ出た血液で修羅場と化す。しかし、ニワトリの血液中には生きているウイルスが存在する可能性があり、放血殺はその作業にかかわる人間にとってきわめて危険だった。そこで、途中から二酸化炭素による窒息殺が採用される。

いずれにしても、このニワトリの大量処分は、ヒトの新型インフルエンザウイルス出現の可能性を未然に阻止した〝英断〟と世界的に評価された。しかし、この〝英断〟は、ニワトリの側からみれば、世界的大虐殺のほんの序章にすぎなかった。事態はそれだけで終わらなかったからだ。

二一世紀が明けてまもない二〇〇三年、H5N1型ウイルスによる高病原性鳥インフルエンザはアジア全域に広がる。韓国、中国、タイ、ベトナム、カンボジア……。このときタイでは三〇〇〇万羽のニワトリが死亡もしくは処分され、八人の人間が死亡した。ベトナムでは、四三〇〇万羽のニワトリが死亡・処分され、一五人が死亡したと言われている。翌〇四年五月、ようやく事態は沈静化に向かったように思われた。

八〇年代以降、これらの国々では経済成長が本格化し、国内の畜産物の需要増大と輸出拡大のニーズから、大資本による畜産の大規模化が進行していた。国内資本だけでなく、多国籍企業も参入する。その結果FAO（国連食糧農業機関）の調べによると、現在のアジア地域の養鶏の世界に占める割合は、飼養羽数では約四〇%、鶏卵生産量では五七%、鶏肉生産量では二七%を占めるまでに急成長した。鳥インフルエンザの被害が拡大したタイは、なかでも養鶏産業の大規模化がもっとも著しい。飼育羽数は、八〇年代初めには五〇〇〇万羽余だったが、九〇年には一億羽、〇二年には二億三五〇〇万羽を数えている。

このようにアジアの農村部では、伝統的な農的世界の只中で、それを侵食しながら家畜の高密度化が進行している。アジアにおける高病原性鳥インフルエンザの蔓延は、彼の地におけるこのような〝畜産革命〟が社会的背景にあることを強調しなければならない。

世界への拡大

以下、その後の鳥インフルエンザ拡大の経過を新聞報道(7)、関連機関のホームページ(8)などを参考に述べよう。

すでに述べたが、ベトナムでは複数の患者、つまり人間からH5N1型ウイルスが検出されている。この人たちはいずれも闘鶏を見学したり、死亡鶏を処理したりと、アヒルやニワトリと密接な接触をしている。また、〇三年に中国でブタからH5N1型が検出されたことが、〇四年に報告された。

そして、最近のオランダでの研究によると、ネコにベトナムの患者から分離したウイルスを接種、あるいは感染鶏を摂食させたところ、ウイルス(H5N1型)が感染し、発症したという。ブタはウイルス遺伝子の〝攪拌器〟の役割をしているが、農村型動物のブタより都市型動物のネコのほうが人間との関係は近いといえる。幸いにもこの実験によれば、ネコにはヒト型ウイルス(H3N2型)は移行せず、ネコが〝攪拌器〟の役割を果たす可能性は当面否定された。さらに〇四年九月、タイでH5N1型インフルエンザで死亡した娘を看病していた母親がインフルエンザの症状で死亡した。つまり、この型のウイルスがヒトからヒトへ移行する可能性が懸念されたのである。

以上の状況は、H5N1型ウイルスが感染する種の壁を越えつつあることを思わせる。ヒト新型ウイルス出現への〝ニアミス〟状態が続いているのは事実と考えてよさそうだ。

ベトナムでは〇四年一二月に鳥インフルエンザが再発し、〇五年一月には三〇人、三一人目の死亡者が出た。カンボジアでも〇五年一月、ニワトリとアヒルで新たな感染が確認され、三〇日にはこの国で初めての死亡者が出た。東南アジアでの鳥インフルエンザ蔓延は終息していなかったのだ。

〇五年五月。中国・青海省の湖(青海湖)で渡り鳥が大量に死んでいるのが発見された。モンゴルでは、渡り鳥の死体からインフルエンザウイルスが検出された。本来症状を発現させない渡り鳥が死んだのだ。シベリアでは七月、養鶏場で約一二万羽のニワトリが病死もしくは処分され、同じころカザフスタンでは九〇〇〇羽のニワトリに発症が確認された。

こうしてユーラシア大陸を西進した鳥インフルエンザは、秋にはヨーロッパに到達する。一〇月、モスクワ近郊の農村で飼育されている三〇〇〇羽のニワトリのうち、二二〇〇羽が鳥インフルエンザにより死亡したことが確認された。ロシアでは、七月からこの時点までに六〇万羽のニワトリが処分されている。同じころ、トルコ、ルーマニア、そしてギリシャで、いずれも七面鳥へのH5N1型ウイルス感染が確認された。一〇月末には、クロアチアで死んだ白鳥からH5型ウイルスが検出されている。

〇六年一月。トルコで二人にトリインフルエンザウイルス感染が確認され、一四歳の少年が死亡した。中国・東南アジア以外で初めての死者である。トルコではその後、死者の数が増え、うち一人から分離されたウイルスに変異が発見された。このウイルスはニワトリより人間の細胞に結合しやすくなっている。同様の変異は、〇三年に香港、〇五年にベトナムで発見されたウイルスでもみられた。同じ一月、イラクでも鳥インフルエンザによる初めての死者が出る。

二月には、イタリア、ドイツ、フランス、オーストリア、ハンガリーなどで、白鳥やカモなどの渡り鳥からH5N1型ウイルスが相次いで検出された。いよいよEU諸国にも拡大したのである。月末には、フランスで飼育された七面鳥が大量死し、死体からH5N1型ウイルスが検出された。EU諸国で家禽への感染が初めて確認されたのだ。七面鳥の敷きワラに、ウイルスに感染した野生のカモの糞が紛れていたことが原因ではないかと推測されている。

三月には、ドイツとオーストリアでネコへの感染が確認される。そして四月。感染の波はついにドーバー海峡を渡った。イギリスで白鳥からH5型ウイルスが検出されたのである。このような事態のなか、EU各国の政府は相次いで、ニワトリやネコの屋外飼育禁止を農民や地域住民に指示した。

一方、〇六年一月、西アフリカのナイジェリアで、ニワトリの大量死が起きた。異変は前年の一二月ごろから起きていたという。二月に入って、その原因がH５N１型の感染であることが明らかにされた。三月には、一二六の農場で合計約四五万羽のニワトリが処分もしくは死亡したことが確認される。ナイジェリアも目下、畜産革命が進行している国のひとつだ。同時期に、ニジェール、カメルーン、エジプト、スーダンで、相次いで家禽からH５N１型ウイルスが検出される。エジプトでは、死亡した女性にウイルス感染が確認された。こうして、感染はアフリカ大陸奥深くにも及んだ。

アジアでの被害も拡大しつつあった。〇五年一〇月、中国で初めて鳥インフルエンザの感染が確認される。内モンゴル自治区で二六〇〇羽のニワトリが死亡したというのだ。中国政府は一一月一六日、病気のニワトリと接触した女性が鳥インフルエンザにより死亡したと発表した。鳥インフルエンザによる人の死亡は、疑いを含めて二人目だという。中国での感染者・死亡者はその後も増え続け、〇六年三月末には、感染者一六人、死亡者一一人に達した。インドでは二月、大量死したニワトリからH５型ウイルスが検出された。東南アジアでは〇六年に入ってインドネシアでの被害が拡大し、六月現在、死者は三七人を数えている。

こうして、鳥インフルエンザによる死者は世界全体で一〇〇人を超え、感染者は二〇〇人を超えるに至った。

WHO（国連保健機関）は、ナイジェリア、イラク、トルコ、カザフスタン、モンゴルで確認されたウイルスは、〇五年五月に中国・青海湖で大量死した渡り鳥から発見されたものと同一と発表している。それは、東南アジアで蔓延しているものとは若干違いがあるという。青海湖のウイルスが渡り鳥によってユーラシア大陸を西進し、アフリカにまで至ったのであろうか。

日本列島への波及

そして、二〇〇四年春。二三〇ページで述べたように三府県でH5N1型ウイルスによる鳥インフルエンザが発生した。ついに日本列島にも飛び火したのだ。このとき処分に携わった農場従業員五人から、この型のウイルスに対する抗体が検出される。農水省は〇五年一月、鶏舎に直接二酸化炭素を注入するなどして、ニワトリの処理を無人化するよう指導した。

〇四年六月に農水省により発表された「感染経路究明チーム」の報告書によれば、これらの原因になったウイルスは、韓国から高病原性ウイルスとして移行したとされている。すなわち、韓国からウイルスに感染したカモが飛来し、その排泄した糞に含まれるウイルスがスズメあるいはネズミを介して鶏舎に侵入したのだろう、というのだ。なお、遺伝子分析の結果から、三府県の侵入ルートはそれぞれ独立としている。

発生直後、農水省が発表した「鳥インフルエンザ緊急総合対策」では、ウインドウレス（無窓式）鶏舎の新設に対し半額助成、セミウインドウレス鶏舎新設に対し低利融資を打ち出し、養鶏のより高度な施設化を推進しようとしている。しかし、実際にそれに応募する農場はほとんどなかったようだ。

4 発生を防ぐ開放型の自然養鶏

蔓延のメカニズム

ここで高病原性鳥インフルエンザの発生・蔓延の条件を考えたい。それは三つある。

①ニワトリの抵抗性の弱体化

現在の大量飼育技術下のニワトリは健康さを失い、感染症などに対する抵抗力が極端に低い。とくにインフルエンザに対しては、細菌性の慢性呼吸器病がその呼び水になるといわれていて、換気の悪い閉鎖式の鶏舎に閉じ込められたニワトリの多くは、この慢性病に冒されている。たとえば一九九四年の岡山県津山家畜保健衛生所の調査では、サルモネラ菌が分離されたウインドウレス鶏舎のニワトリ群の病理所見により、開放型鶏舎の鶏群からはふつう見られない咽頭の炎症が全例に認められている(9)。

②密飼い

ニワトリの密飼いは、相互感染によるウイルスの濃縮化を促す。その結果、発症が相次ぎ、症状の悪化が加速され、回復の可能性が失われる。ある空間でのウイルス個体数の増加は、それに比例して変異体出現頻度を増加させ、弱毒性ウイルスの強毒化を加速する。

③閉じ込め

閉鎖式鶏舎はウイルスの拡散を阻害し、ウイルスの濃縮化をさらに促進する。

以上三つの条件がそろうと、以下のような事態が進行すると考えられる。

一瞬の破綻（スキ）をついて、（弱毒性）ウイルスが侵入する。閉鎖式鶏舎内で増殖・濃縮したウイルスは変異体出現頻度を上昇させ、相次いで強毒化する。抵抗力を失っているニワトリは次々と発症し、大量死に至る。

「たまごの会」の飼育方法に学ぶ

高病原性鳥インフルエンザの発生・蔓延をこのようなメカニズムとして考えると、これへの対策は、農水省が〝指導〟する高度な施設化による〝弱毒性ウイルス侵入阻止〟よりも、侵入を前提とした〝強毒化への変異阻止〟がより本質的と考えられる。具体的には以下のようだ。

何よりも、ニワトリの抵抗性を喚起し、侵入したウイルスの拡散を促進することが大切である。そのためには、ニワトリに対して、充分な日光、換気、運動、食性に合った飼料、適正な密度、自然な〝性生活〟、そして病原体に対する微弱な感染などを保証しなければならない。つまり、開放型の自然養鶏を実践し、本来の農業生態系に近いニワトリの飼育に戻すのである。かつて私が農場スタッフを務めていた「たまごの会」（茨城県）の鶏飼育法を紹介しよう[10]。なお、たまごの会の農場は、健康な農畜産物を自らの手で作り、運び、食べることを目的に、東京周辺在住の約三〇〇家族の会員たちによって一九七四年に建設され、現在に至っている。

初生雛は、細かく裁断された稲ワラを充分敷き詰めた広い土間の上に放し飼いされる（成鶏段階の飼育密度は一㎡あたり三羽程度）。そこは充分な日光と新鮮な空気・水が保証されている。砂浴びも運動も自由にできる。ストレスがほとんどないので、群れ飼いにしても〝尻つつき〟などの悪癖は出ず、デビーク（嘴を切ること）は必要ない。

ニワトリはワラの上に糞を排泄する。その糞は徐々に発酵し、最終的にはワラや土と混じって、ほとんど無臭の乾燥した粉末状になり、オールアウト（全群を食肉用として淘汰すること）時まで鶏舎内でそのままにされる。ニワトリは自らが排出した糞の上で暮らすのである。そして、発酵熱で弱毒化した病原微生物を鶏糞とともについばみ、日常的に微弱な感染を受け、それへの免疫力を徐々に獲得するようになる。また、鶏糞中に存在する有用な微生物も体内に取り込まれ、それらは共生微生物として消化管などに定着する。外界の暑さ寒さに対して特別に「保護」することはしない。

育成期には疎剛な（消化の悪い）牧草や籾殻などをたっぷりと食べさせ、消化管を鍛える。成鶏になっても青草を中心とした粗食で、美食、飽食を避ける。市販の配合飼料は使わず、飼育者自身が集めた穀物・糠類・魚粉などをニワトリの年齢や健康状態、産卵状態を見極めながら、配合して与える。必要最低限のワクチン接種を除き、防疫薬剤やビタミン剤などは投与しない。さらに、雌群に一定の比率で雄を配する。自然な〝性生活〟は雌の生理を安定させ、産卵能力を長期間持続させる。

鳥インフルエンザが蔓延しつつあるタイでは、それを契機に養鶏産業の再編が強行されている。大規模な隔離型養鶏がさらに推進され、小規模な農家養鶏はいよいよ縮小を余儀なくされているという。しかし、その一方で、地鶏を開放的に飼育し、健康な体質と抵抗力をもった生産に取り組み、これまで鳥インフルエンザに罹病しなかった養鶏場の事例が社会的注目を集めている(11)。

この養鶏場はタイ東北部コラートにある「コン・フジ・ファーム」。日本人が経営し、一㎡あたり二羽程度の低密度で、地鶏を土の上で飼育している。地元産のトウモロコシを中心に、米糠、桑の葉などを飼料として自家配合する。有用菌配合のサプリメントを米糠に混ぜて飼料に添加し、これをニワトリが生活する土に鋤き込んだり、空気にスプレーし、ニワトリの身体の内外を清浄化しているという。

“悪夢”の再来

一九一八年のスペイン風邪では、全世界で四〇〇〇万人、あるいは一億人の人間が死んだという(12)(日本での死亡者は二五万人という記録がある)。この原因になったのはH1N1型ウイルスだった。このスペイン風邪には三つの謎がある。

①強毒のH1N1型ウイルスはいつ、どこで、どのように生じたのか?

②死亡者に、若く健康な人間が多かったのは、なぜか?

③そして、それは再来するのか。再来するとすれば、いつか?

①については、一つの仮説があった。それによると、一八七〇年ごろに中国のニワトリで出現し、それが人間にたどり着いたのが一九〇五年ごろ。そして、一九一八年のパンデミックに至るというのだ。新型ウイルス発生からパンデミックまでおよそ五〇年を要している。なお、二〇世

紀以前の状況については、いまのところ知る手がかりがないという。

二〇〇五年一〇月、アメリカのＣＤＣ(Centers for Disease Control and Prevention: 疾病予防管理センター)は、スペイン風邪ウイルスの遺伝子の解読をすべて完了し、実験室でウイルス再現に成功したと発表した。スペイン風邪で死亡し、アラスカの永久凍土に埋葬されていた人の肺組織からウイルス遺伝子が取り出され、その解読が進められていたのだ。

発表によると、このウイルスはブタの体内などでの遺伝子再集合を経ず、トリ型インフルエンザが直接ヒト型に変異したという。強い毒性は、ウイルス遺伝子を宿主細胞内で複製するＲＮＡポリメラーゼを合成する遺伝子に秘密があることがわかった。それは、トリ型遺伝子が、酵素タンパク質の一〇個のアミノ酸置換を引き起こすほどにわずかに変異することでもたらされる。その変異は現在蔓延するＨ５Ｎ１型ウイルスと共通していて、Ｈ５Ｎ１型ウイルスはすでに七〜八個のアミノ酸置換が完了しているというのだ。これが事実とすれば、新型インフルエンザ勃発に至る導火線はわずかしか残されていないということになる。

一〇〇年前には〝大規模畜産〟はなかった。それにもかかわらず、パンデミックが起きた。これをどのように解釈すればいいのだろう。

かつてのパンデミックの社会的条件は、第一次世界大戦であったと思う。スペイン風邪はまずアメリカの若い兵士たちの間に蔓延し、それが瞬く間にヨーロッパ、アジアへと広がっていく。兵舎に閉じ込められていた兵士たちは輸送船に積み込まれ、ヨーロッパの戦場に向かう。その様子は、無窓式鶏舎にぎっしりと閉じ込められたニワトリを彷彿させるものだっただろうか。

そして一〇〇年後のいま、大量の若者を戦地に赴かせる世界大の戦争はないにしても、強毒型ウイルスを増殖させる大規模畜産場は世界を席巻し、世界各地を結ぶ人と物の流れは、一〇〇年前とは比べようもないほど迅速化・広域化した。こうして〝悪夢〟再来の条件はすでに整いつつある。

農水省の論理矛盾

二〇〇五年初夏に茨城県の養鶏場で検出されたのは、H5N2型の弱毒性ウイルスだった。死亡するニワトリは少なく、その分発見が遅れたという。この事態に農水省は、ウイルスに対する抗体陽性が判明した農場については全群処分の方針を打ち出した。

抗体を保持していることは、かつてその個体がウイルスの感染を受けたという証拠だ。しかし、同時に、ニワトリが自らの免疫力でウイルスの増殖を阻止したという証拠でもある。そのような〝健康な〟ニワトリをなぜ農水省は〝恐れ〟、殺そうとするのだろう。それは、抗体陽性の個体を含む群れのなかには、生きたウイルスをもつ個体がいるかもしれないと考えるからである。その事実の証明は不可能だ。何万羽というニワトリを一時に全部調べることは実際上できない。そこで〝安全・安心〟のために、全群のニワトリを殺そうと考える。彼らが恐れているのは、抗体ではもちろんなく、生きたウイルスである。

なぜ、農水省は生きたウイルスを恐れるのだろう。それも明らかだ。つまり、ニワトリと〝共生〟している弱毒型ウイルスがニワトリの体内で強毒型に変異し、ニワトリをバタバタと殺し、やがてその強毒型のウイルスが人間にも感染し、パンデミックの再来へと大変異することを恐れるからだ。この恐れは当たっているとしても、ここで問題なのは、現在の大規模養鶏が彼らがもっとも恐れている変異の温床になっている事実に目をつぶっていることである。

たまごの会のような自然養鶏を志す立場から言うと、この農水省の方針は真っ向から対立するものだ。自然養鶏はニワトリの免疫力を最大限尊重しようとする。病原体の侵入阻止にすべてをかけるのではなく、病原体の感染と増殖を最小限に抑えようとする。これが功を奏するかどうかは、最終的にはニワトリのもつ免疫を主体とする抵抗力にかかっている。抗体が発見されたからといって、淘汰の対象となるならば、自然養鶏の存在はありえない。

Ｈ５Ｎ２型ウイルスによる鳥インフルエンザはその後、さらに茨城県内の養鶏場に拡大した。この事態で特記すべきは、これらの養鶏場のなかにはウインドウレス鶏舎も含まれていたということだ。無窓式鶏舎も病原体の侵入を完全には阻止できないことが、これで証明された。ところが、農水省はこの事態に〝ダブル・スタンダード〟を持ち込む。無窓式鶏舎の場合は抗体陽性でも処分しない、と方針変更したのだ。ウイルスは外界に漏れ出す恐れがないというのがその理由だった。

これは明らかに論理矛盾である。抗体陽性とは、ウイルスが少なくとも一度は〝侵入〟したということであり（その経路は不明だとしても）、侵入した以上〝漏れ出す〟可能性もあるからだ。農水省がここに及んで、このような〝ダブル・スタンダード〟を持ち出したのは、はっきりいって〝大量処分〟が作業的にも財政的にも大変と考えたからだろう。たしかに、大量処分は大変だった。その後一年近くの間、連日何百人もの人間が数百万羽というニワトリを殺し続けることになったのだから。

5 人間とニワトリの解放

生物の身体は小さな自然である。それを〝内なる自然〟と呼ぼう。その生物の身体を取り囲む大いなる自然。それを〝外なる自然〟と呼ぶことにする。この内なる自然と外なる自然はつながっている。内なる自然は外なる自然の一部であり、内なる自然の延長に外なる自然がある。なぜ、両者はそのような不即不離の関係にあるのか。それは、外なる自然（環境）と内なる自然（生物）は悠久の昔からこの地上でともども進化してきたからだ。環境が変化すれば、生物はそれに適応すべく変化する。変化した生物が周囲に働きかければ、また環境は変化する。内なる自然を外なる自然から切り離しては考えられないし、また実際そうはできない。

生物の内なる自然は常に、自らを育ててくれた外なる自然を要求している。内なる自然の健やかさは、自らを喚起してくれた外なる自然のなかで初めて発揮されるからだ。ニワトリの原種は東南アジアの熱帯雨林に生息する赤色野鶏である。家禽の身体には、いまもなおジャングルで闊達に生きる祖先の血が流れている。だから、そのニワトリを身動きもままならぬカゴに詰め込み、昼夜を分かつことのない光の下でひたすら産卵を強いる現代の飼育技術は、ニワトリの内なる自然を抑圧し続けるほかない。儚《はかな》く揺らぐ内なる自然に新来のウイルスが取り付けば、たちまちその灯火は消える。

農の営みは食べ物をつくるのが目的だ。しかし、人は食べ物をつくることはできない。食べ物をつくるのは生き物である。人ができるのは、作物や家畜を取り巻く環境をよきものへと整えることだけである。人は米をつくれない。人は田をつくるのである。このように考えると、ニワトリを閉じ込めるしかない現代人の知恵は、知恵の名に値しない。

人もニワトリも農的生態系の一員として生きているかぎり、互いに生かし合う関係にあった。人はニワトリを育て、そのニワトリにより人は育てられる。しかし、閉じ込められた大群のニワトリは、人にパンデミックを引き起こす元凶となる。人によるニワトリの生命の蹂躙《じゅうりん》は、彼らによる人の生命に対する蹂躙として戻ってくる。人とニワトリとは互いに敵対している。

自然（農的生態系）の一員として生きることを忘却した現代人には、さまざまな難題が降りかかる。パンデミックという非日常的な恐怖だけでなく、日常的には〝生活習慣病〟という難病が取り付く。この現代人の内なる自然の危機は、明らかに過食と運動不足が原因だ。忙しく立ち働く現代人は、自らの内なる自然を外なる自然とつなげようにも、そのための空間と時間が奪われている。暮らしの場から緑が、生き物が、土が、徹底的に切り詰められていく。一方でそこには、世界中からかき集められた食べ物があふれ返っている。人の食欲は、自ら自然に働きかけ、耕さなくとも、満たされる。しかも、必要以上に。

カゴに取り込まれ、与えられた餌をもとに絶え間のない産卵を強いられるニワトリは、萎縮していく。それと同様に、都市的社会に囲い込まれ、大量の輸入食料をあてがわれ、ひたすら競争を強いられる人間もまた、病むほかない。現代人が病むのは〝悪い生活習慣〟のためではない。それは社会の悪弊による。その意味で生活習慣病は、〝社会習慣病〟と呼ぶべきである。生活習慣病の真の解決は、人間を取り囲む社会的・生態的環境を改善し、ふたたび人間が自然（農的生態系）の一員として蘇るほかない。

人間はもうニワトリを殺し続けることをやめるべきだ。人間はこの小さな動物を閉じ込めることもやめるべきだ。ニワトリに宿る内なる自然を信頼し、ニワトリを彼らが求める外なる自然に解放することこそが、ニワトリという小さな生命体を未来につなぐ恐らく唯一の方法だろう。そして、その自由に生きるニワトリと交わることを通じて、ようやくわれわれ人間自身の自由と健やかな未来が展望できるのだ。これがこの小論の結論である。

（二〇〇六年七月二〇日）

（1）喜田宏「新型インフルエンザウイルスの出現予測と流行防止」『科学』一九九八年九月号。
（2）Tim Appenzeller, "Tracking the next killer flu", *NATIONAL GEOGRAPHIC*, Oct., 2005.
（3）ジーナ・コラータ著、脇淵耕一他訳『インフルエンザウイルスを追う』ニュートンプレス、二〇〇〇年。スティーヴン・モース編、佐藤雅彦訳『突発出現ウイルス――続々と出現している新たな病原ウイルスの発生メカニズムと防疫対策を探る』海鳴社、一九九九年。
（4）前掲（1）。
（5）河岡義裕『インフルエンザ危機』集英社、二〇〇五年。
（6）根路銘国昭『出番を待つ怪物ウイルス』光文社、二〇〇四年。
（7）『朝日新聞』『毎日新聞』の各記事。

（8）ＷＨＯ・ＣＤＣ・厚生労働省・農林水産省・国立感染症研究所・茨城県・日本養鶏協会などのホームページ。
（9）北川久「鶏卵のサルモネラ汚染対策は今スタート」『岡山畜産便り』一九九六年三月号。
（10）明峯哲夫『ぼく達は、なぜ街で耕すか』風涛社、一九九〇年。
（11）山本博史「タイのブロイラー産業—ＦＴＡ交渉と鳥インフルエンザ問題のなかで—」『農林金融』二〇〇四年七月号。
（12）アルフレッド・Ｗ・クロスビー著、西村秀一訳『史上最悪のインフルエンザ——忘れられたパンデミック』みすず書房、二〇〇四年。

（日本有機農業学会編『有機農業研究年報6　いのち育む有機農業』コモンズ、二〇〇六年）

第2章　低投入・安定型の栽培へ

1　植物栽培の原理

植物栽培と人間

今から七〇〇万年ほど前、東アフリカの草原地帯でヒトが誕生した。それ以来ヒトは長い間、採集・狩猟の暮らしを繰り広げてきた。その人間が植物の栽培を始めたのは、せいぜい一万年前。長い歴史から考えれば、つい最近のことである。

人が播いた最初の穀物の種子は何だったか。それは、古代メソポタミア、チグリス・ユーフラテス川流域で播かれたムギ類（オオムギ・コムギ）だった。そのころ、すでにユーラシア大陸の東端、中国・長江流域の山間の谷筋では、イネの栽培が始まっていたかもしれない。だが、当時のイネは多年生であり、その栽培は種播きではなく株分けで行われたとも考えられる。やはり、人が播いた最初の穀物種子はムギだったのだろうか。

イネの栽培が始まるに先立ち、東南アジアの熱帯雨林では、バナナやタロイモ（サトイモの仲間）などの栽培が始まっていた。これらの植物も宿根性だから、栽培は株分けで行われた。

そして、一万二〇〇〇年以上も前、長く続いた氷期がようやく弱まってくる。そのころ、ユーラシア大陸から一群の人びとが北米大陸に渡る。当時、ユーラシア大陸と北米大陸北部とは地続きだった。北米から中米、南米へと南下し、定着した人びとも、やがて植物の栽培を始めた。それは旧大陸より少し遅れ、数千年ほど前のことだったといわれる。こうして、南米アンデス高地ではジャガイモ、中米熱帯低地ではトウモロコシやサツマイモなどの栽培が始まる。

植物の栽培を開始したといっても、人はただちにその暮らしを栽培植物に依存したわけではない。長い間それは、採集・狩猟生活の〝副業〟にすぎなかった。人の暮らしに植物の栽培が定着するには、長い時間が必要だったのである。その理由は何よりも、初期の栽培技術は未熟で、生産力が低く、人の暮らしを全面的に支えられなかったからだ。しかし、もう一つ理由がある。それは長い間採集・狩猟になじんできた人にとって、植物の栽培はたいへん〝煩わしい〟ものだったということだ。

採集・狩猟の時代。人びとは空腹になると山野に出かけ、食べ物を集め、腹を満たした。食べ物を得ようとする動機、そのための労働、食べるという報酬。これらが直接的に明快に結びついていた。彼らは〝今〟のみを考え、〝先〟のことはあまり頓着せずに生きていた。〝その日暮らし〟である。ところが、人は栽培の時代を迎え、初めて〝育てる〟ことを知った。その結果、人びとはその日暮らしでは味わえない歓びを得たにちがいない。同時に、大きな〝苦難〟を背負い込むことにもなる。

〝食べる〟には、まず〝育て〟なければならない。しかし、育てる行為そのものはいっこうに空腹を満たしてくれない。それどころか、〝鍬〟をふるえば空腹はいよいよ募るばかり。空腹が満たされるのは、はるか数カ月先の収穫期である。このように栽培の世界は、労働とその動機、労働とその報酬との関係が間接的で不明瞭だ。この不明瞭さに〝その日暮らし〟の人びとは大いにとまどったにちがいない。

栽培は「投資」の世界である。数カ月先のよき収穫が目標だ。そのために人は、鋭い先見性と周到な計画性を身につけなければならなくなった。「先」のために「今」は存在する。よき収穫をめざして、今はすべての努力をつぎ込まなければならない。その一つひとつの努力に報酬は与えられない。無報酬に耐えられる強い忍耐と禁欲が必要だ。労働を積み重ね、将来もたらされるであろう価値を充分に認識しなければ、とても働く気にはならない。栽培を〝楽しむ〟には、その価値を納得できる成熟した「知性」が必要である。ひたすら〝その日暮らし〟を決め込む採集・狩猟の民には所詮、無縁な世界だった。

人の生み出す歴史や文化には慣性力がある。一夜にして歴史は変わらない。数百万年以上続いた採集・狩猟文化の慣性力は実際に大きかった。地球に暮らす大半の人間がその食料確保を栽培植物に依存するようになるのは、はるか時が流れ、二〇世紀後半になってのことだ。

人はこの時代、地下から莫大な量の石油を汲み上げた。その石油で大型機械を稼動させ、森林を切り拓き、草原や砂漠に灌漑水路を張りめぐらす。そこは大規模な穀物栽培地帯と化した。石油はさらに化学肥料や農薬の大量生産を可能にし、それらの化学物質は世界中の農地で大量消費されていく。このような植物栽培の近代化・工業化は植物の爆発的な生産を可能にし、人の暮らしは一気に栽培植物に依存するようになったのである。

地球上の大半の人間は結局、植物栽培の道を選ぶ。植物栽培は人口を増やし、その増加した人口を養うにはまた植物を栽培するしかなかったからだ。栽培に一度手を染めた人間はもう後戻りできず、ズルズルとその深みにはまっていった。おそらくは後ろ髪を引かれる思いで。

こうして人間という生物は現在、地球の全陸地の三分の一を自らの食料確保（植物栽培や動物飼育）の空間として一人占めしている。人間による食料生産地の設定とは、もともとそこに生きていた莫大な種類の野生動植物を追い出し、その代わりに人間好みのごく少数の種類の動植物を増殖させることだ。人の栽培（飼育）という営みは、地球の生物種の多様性を著しく損ねてきたのである。

二一世紀初頭の今、植物の栽培技術をあらためて検討しようとする際、人による栽培の歴史を検証し、その功罪を確認することが必要だ。人による栽培は少なくとも二つの〝罪〟を犯した。まず、栽培という営みは、栽培以外の人の多様な営み、栽培以外で生きている人間を駆逐した。勝者は栽培民で、敗者は採集・狩猟民などだ。そして、人による栽培は、地球の生物多様性を破壊した。この場合の勝者は人間で、敗者は人間以外の大多数の動植物たちだった。

栽培の永続性

人は世界中で、さまざまな栽培方式を考案してきた。だが、一〇〇〇年、二〇〇〇年という長い時間にわたって永続的に営まれてきたものは、そう多くない。永続性が高いと考えられる栽培方式をいくつかあげてみよう。

①焼畑耕作

雨季・乾季が明瞭な熱帯・亜熱帯地域で、古くから行われてきた。乾季の終わりに一定面積の森林を伐採し、火入れをする。雨季の初め、そこに種子を播く。生育する植物への栄養は、樹木の灰だ。二〜三年栽培した後、そこは放棄される。放棄地は二次遷移が進行し、二〇〜三〇年後には森林が再生する。適正な休閑期間が維持されているかぎり、この方式は永続する。永続性を保障するのは森林に存在する有機物のストックである。何らかの要因で休閑期間が短縮され、森林の再生が妨げられると、ストックが減少し、耕作は行き詰まる。

②水田耕作

山間の谷筋に畦《あぜ》を築き、水を貯める。その水田で、サトイモやイネなどの湿生植物を栽培する。この方式はアジアの熱帯から温帯にかけて古くから行われてきた。

水田で生育する植物の栄養は、流れ込む水の中に溶け込んでいる。この栄養分は上流の森林からもたらされる。森林土壌には落葉・落枝に由来する大量の有機物がストックされている。それらは土壌中の分解者(カビや細菌類など)により、徐々に植物の栄養となる無機物に分解される。無機栄養分は雨水とともに地下へ浸透し、地下水は下流域の谷筋に湧き出す。その湧き水が水田に貯えられる。水田耕作の永続性を保障するのは、上流域の森林に存在する有機物のストックである。それらの森林が破壊されれば、水田耕作は行き詰まる。

③ヨーロッパの有畜・輪作型耕作

西欧で古くから行われてきた。この方式の永続性を保障するのは草資源だ。草にストックされる有機物は、森林のそれに比べて著しく少ない。そこで、この方式はその脆弱さを補強するため、動物の飼育と複雑な輪作を導入している。まず、植物（草）を動物に食べさせる。消化された無機物と未消化の有機物は濃縮され、動物から排泄される。その排泄物を厩肥として栽培地に還元する。一方さまざまな生理・生態特性をもつ植物を時間的・空間的に組み合わせて栽培し、地力の保持・増進を図る。

この方式は、一八世紀末から一九世紀なかばにかけての農業革命で完成する。それまでの春播きムギと秋播きムギの輪作の間に、クローバーやエンドウなどのマメ科の植物（根に根粒菌が共生し、窒素固定により地力を増進させる）、あるいはカブ、テンサイ、ジャガイモなどの根菜類（土の深いところまで耕してくれる）を作付けするようになった。たとえばオオムギ→カブ→クローバー→コムギといった四年一サイクルの輪作が行われる。

この結果、ムギ作後の地力回復はずっと顕著になり、またムギ作の間に作付けされる植物はタンパク質含量や熱量が高く、動物の上質の飼料となった。動物の飼育頭数は増え、放牧主体から舎飼いへ移行する。厩肥の量が増え、それを回収して栽培地に還元することも、より容易に適切に行われるようになる。農地はいっそう肥沃になり、穀物自身の生産性も高まった。

この方式の永続性は、動物飼育頭数と農地面積の絶妙なバランスにより決まる。したがって、穀物の生産量を高めようとする圧力は、この方式を悪循環に陥れ、永続性を奪う。穀物栽培地の拡大は飼料用植物の栽培を減少させ、動物飼育頭数と厩肥量の減少をもたらす。その結果、穀物への厩肥還元量は減少し、穀物の生産性は減退する。動物飼育頭数拡大への圧力も、同様の悪循環をもたらす。

世界最古といわれるチグリス・ユーフラテス川氾濫原でのムギ栽培は、永続しなかった。それは、上流域でのレバノンスギの森林破壊が原因である。下流域での都市国家建設には大量の木材が必要だった。しかし、森林破壊により、上流から大量の土砂と塩分が流失し、三角州に堆積していく。一方で、森林破壊は気候の変動をもたらした。旱魃が追い討ちをかける。こうして、〝肥沃な三角州〟はまもなく不毛の砂漠と化したのである。

畑作の困難性

畑地は水系から切り離されているため、水系からの栄養分の補給はない。逆に、雨水により土壌中の栄養分は流亡、溶脱する。さらに、風は表土を運び去る。土壌へは空気が浸透しやすく、土壌有機物は速やかに酸化分解する。台地上や丘陵斜面などに広がる畑地は、このように地力保持の点で大きな困難をかかえている。ヨーロッパの伝統的な畑作は、有畜化と輪作化でその困難さを克服しようとした。

日本列島にも、その困難さを克服しようとしたモデルがある。江戸期、武蔵野台地の新田開発もその一つだ。その典型を現在の埼玉県所沢市から川越市にまたがる広大な三富《さんとめ》新田に見ることができる。

武蔵野台地では、富士山や浅間山の噴火に伴う火山灰が堆積した関東ローム層が表層を覆う。

この〃赤土〃はリン酸分が不溶化し、地味が低い。また、台地上であるため地下水位が低い。さらに、内陸のため落雷が多く、野火が絶えない。したがって、シイやカシなどの照葉樹林は発達せず、茫々たる萱(ススキ)の原が広がっていたという。この不毛の大地に新田の開発を計画したのは、時の川越藩主・柳沢吉保。一六九四年のことだった。

開拓は二年後に終わる。新田の総面積は九〇〇町歩(約九〇〇ha)。それを一八〇戸の農家に割譲した。一戸あたり五町歩である。開拓して約五〇年後の検地帳によると、オオムギ、コムギ、アワ、ヒエ、ソバ、ダイコンなどを中心に作付けされていたとある。

三富新田のユニークさは、農地整備のデザインにある。まず六間(約一一m)幅の広い道路をつくり、その両側に区画を整然と並べる(列状集落)。一区画は長さ三七五間(六七五m)、幅四〇間(七二m)の短冊形。それが一軒の農家の取り分となる。各区画内では道路側に屋敷を建て、道路に面して屋敷林を造成する。その背後に長い耕地が展開し、一番奥に雑木林を造成する。耕地は四畝(約四a)の小区画に細分する。一人の人間が一日で耕せる面積が四畝という計算をしている。

屋敷林にはケヤキ、スギ、ヒノキ、マツなどを植樹する。ケヤキ以外は常緑樹で、冬の強い季節風を避け、火災時の延焼を防止する効果がある。雑木林にはクヌギ、コナラ、エゴノキなどの落葉樹を植樹し、落ち葉を堆肥にする一方、薪炭林として利用する。

最大のポイントは、耕地と雑木林の面積をほぼ等しくしたことだ。当時の農民たちは〃山一反・畑一反〃と言った。〃山がないとムギはできない〃とも言った。水系から切り離された台地上の農業は、〝山〟つまり森林との結合が不可欠と彼らは考えていたのだ。その農民の知恵を最大限に活かす土地利用のデザインを実践したところに、三富新田の真骨頂がある。多くの農地開発は森林を伐採して行われる。しかし、三富の開拓は森林を新たにつくったのである。

三富新田での畑作が軌道に乗っていた時代、その景観は美しかっただろう。畑地、林地、屋敷の庭。そこにはさまざまな生き物が生を謳歌していたにちがいない。この景観は本来の〝自然(生物的自然)〟ではない。人間がつくり上げた二次的な自然、つまり人間的自然である。昼なお暗い照葉樹林を訪れる昆虫や鳥は少ない。だが、冬から早春にかけての落葉樹林は明るく、多くの林床植物が花開く。夏は蝶が舞い降りる。秋、屋敷の庭には木の実を求め、鳥が盛んに訪れる。人間的自然にもそれなりの生物多様性が恵まれるのである。その新しい型の生物多様性は、栽培という営みがもたらしたものだ。栽培にまつわる〝原罪〟の一つが、ここではささやかに償われている。

そして時が流れ、二〇世紀後半。三富新田にも化学肥料が導入される。燃料革命も進行する。こうして彼の地の農業の生命線であった雑木林は、その価値がすっかり失われたとみなされるようになる。高度成長期以降、広大な林地は宅地、工業、流通産業などの用地として開発のターゲットとされた。ムギ、オカボ、サツマイモなどを中心にした畑作はほぼ崩壊し、隣接する首都東京に向けた野菜専作地へと変貌していく。生き物たちの賑わいも消えた。

複合型農業体系の再構築を

畑作の壊滅は武蔵野台地だけではない。日本列島全体で進行している。小麦、大豆の国内自給率一三%、五%（二〇〇六年度概算値）という数字が、それを象徴している。合理的な農地活用、自給的な食料生産を確立するには、畑作技術の再構築が愁眉の課題である。

湛水田による水稲作と、乾田による普通作物の栽培を数年単位で繰り返す田畑輪換は、優れた技術である[1]。畑作を水系に直接結合させ、その永続性を保障しようとするものだからだ。水田での二毛作（裏作）の復活も、同様の脈絡で考えられなければならない。

永続的な畑作は、ヨーロッパの有畜・輪作方式、三富新田などでの森林との結合など、いくつかのモデルがある。森林―水田―畑地―家畜を有機的に結合させ、そのシステムに組み込むことにより、畑作もようやく永続性を得られる。

畑作には輪作が不可欠だ。ただし、輪作は単に栽培する植物の順序を意味するものではない。それぞれの植物の生理的・生態的特性を充分に把握し、地力の維持・増進、そして各植物の生産性の向上を図るシステム論として理解されなければならない。

幸いにも、戦後まもなくから昭和三〇年代（一九五〇年代後半から六〇年代にかけて）の食料増産期（この時代は、化学肥料と化学合成農薬はまだ広くは普及していない）に、輪作に関して多くの優れた研究がなされ、さまざまな実践が生まれた[2]。これらの成果はその後の農業の近代化・工業化路線のなかで半分忘れ去られてしまったが、解答はすでにほぼそろっているのである。畑作技術を再構築するためには、これらをあらためて学び直すことが何よりも大切だ。また、七〇年代以降に国内各地で試行されてきた有機農家の実践も、貴重なテキストとなる。

畑作は、イネ科―根菜類―マメ科の輪作が基本型だ。とはいえ、その体系は一義的には決められない。河川流域、台地上、中山間地などの地域性、また野菜中心、普通作物中心、水稲中心、畜産中心など経営内容によっても、さまざまなヴァリエーションがありうる。先駆者たちの研究・実践を参考に、いくつかの輪作モデルをまとめる作業が必要だ。

〝有機農業〟とは、いうまでもなく単なる施肥技術ではない。環境―植物―動物を有機的につなぎ、その物質循環に依拠した植物／動物生産。それこそ有機農業の名にふさわしい。とすれば、上述した複合的農業再構築の提案は、まさに有機農業の技術的課題そのものである。

❷ 植物の生の原理

動物と植物の環境との付き合い方

生物は周囲の環境と相互に作用し合いながら生きている。しかし、動物と植物とでは、環境との付き合い方が異なる。たとえば、周囲の環境が好ましくない（暑すぎる、寒すぎる……）と判断した場合の対処の仕方がまったく違う。まず、動物を考えてみよう。

動物は環境が好ましくないと判断すれば、より好ましい環境を探し出して「移動」しようとする。より涼しい場所へ、より暖かい場所へ、より餌が多く存在する場所へ。

たとえば、渡りは壮大な移動である。シベリアに生息する鳥たちは、極寒の冬、暖かさを求めて南の地域に移動する。春が来れば、再び北をめざす。サバンナの動物たちも渡りを行う。乾季に入ると、草が枯れ上がる。草食動物たちはサバンナに点在する水場（オアシス）をめざして移動を始める。それを肉食動物の群れが追う。こうして、草と水が豊富な水場周辺にサバンナ中の動物たちが集合する。やがて雨が降り始める。待望の雨季の到来。草は再び緑になり、サバンナを覆い尽くす。その草を追って再び動物たちは、広大なサバンナに散っていく。これら渡りをする動物たちの移動距離は何百キロ、何千キロにも及ぶ。

好ましくない環境にとどまった動物たちも、自らの〝不遇〟をかこつばかりではない。彼らは、環境をより好ましいものへと変えるべく力を尽くす。「環境改善（リフォーム）」である。動物たちは器用に巣をつくる。外は寒くても、巣の中はヌクヌクと暖かい。

移動、環境改善という二つの戦略は、一言で言えば「行動」だ。動物は行動することで環境と折り合いをつける。動物はまさに〝動く物〟。動物は〝動く〟ことで、自らの生を燃焼させている。

人間が動物を飼育しようとする場合、この動物たちの生の原理を尊重することが大切だ。動物たちの自由な行動をどこまで保障できるか。そう考えると、身動きできないほど狭いケージに閉じ込められたニワトリの姿がいかに残酷かが理解できる。動く自由は完全に封殺されている。

広い土間にたっぷりと稲わらを切り込む。そこにニワトリたちを放つ。寒ければ陽だまりに移動する。暑ければ直射日光を避け、風通しのよい場所で涼む。産卵は暗い産卵箱。夜は止まり木に乗って眠る。このように鶏舎の内部に〝自然〟を再現し、ニワトリたちに自発的な行動を保障する。ケージへの監禁ではなく、こうした技術のあり方が、ニワトリを健康に育てる基本となる。

つぎに、植物を考えてみよう。植物は移動できない。いったん根付けば、生涯そこから離れない。植物は〝不動〟の生き物だ。その植物も、環境を改善することはできる。

固い土を穿《うが》つように伸びる根。根が伸びた後の土は軟らかい。植物は自ら土を耕している。秋遅く、木々は葉を落とす。落ち葉は根元に堆積し、その下は暖かい。木々は自らの根元を暖めている。一種の巣づくりだ。やがて落ち葉は分解され、木々の栄養分と化す。木々は自らの力で土を肥沃にしている。環境をリフォームする植物の姿は素朴で、どこか不器用だ。彼らは〝考える〟ための中枢神経系を持ち合わせず、何よりも体を器用に動かす筋肉系が欠如している。

動物と植物との間には、さらに決定的な違いがある。体の成り立ちの基本が違う。

動物の体内は体液で満たされている。細胞や組織が接する環境は、この体液だ。体液は内部環境と呼ばれる。つまり、動物の細胞や組織は体の外の環境(外部環境)とは直接接していない。しかも、人間のような進化した動物の場合、体液の状態(温度、浸透圧、pH、化学的組成など)を一定に保つ高度な仕組みが存在する。細胞や組織は体液という〝最適〟環境のなかで生きている。体の外は寒くても、体の内部、つまり細胞の生きる場は暖かい。動物はこの意味からも、外界の環境から相対的に独立した存在なのである。

植物には体液はない。動物のような内部環境の特別な設《しつら》えはない。植物の細胞や組織は、直接外部環境と接して生きている。体の外が寒ければ、体の中、つまり細胞の生きる場もしっかりと寒い。植物は環境を選ぶことができない。環境は与えられるものだ。その環境を改善する力も特別上手ではない。しかも、植物は外部環境と直接接している。植物は結局、裸の身を生の環境にさらして生きていくほかかない。

植物の環境応答能力

ところが、ここからが植物の真骨頂である。植物とて、与えられた環境にただ黙って耐え忍んでいるわけではない。ただし、環境に対する対応は動物とまったく逆だ。動物は環境を変えようとする。一方、植物は環境に我が身を摺り寄せていく。環境を変えるのではなく、その環境に合うよう自らを変身させていくのである。

植物の生き方には手数（カード）がたくさん準備されている。そして、与えられた環境にふさわしい生き方を、つまりその手数のなかから最良のものを選び取っていく。植物の形態や生理は与えられた環境に対応し、融通無碍に変化していく。与えられた環境に応じて、自らの姿をそれにふさわしいものへとしなやかに変身させていく能力。これを「環境応答能力」と呼ぶことにする。この能力こそ、植物の生きる基本原理だ（動物の場合、生き方の手数はそう多くは準備されていない。動物は特定の生き方にこだわり、しかもそれを成就する力が備わっているからだ）。植物の環境応答能力の例をいくつかあげよう(3)。

根は地球の中心に向かって伸びる。これは重力がシグナル（刺激）になった環境応答（正の重力屈性）である。一方で、根は水分が多い方向に伸びる性質もある（正の水分屈性）。重力屈性によりまっすぐ下に向け伸びていた根が、水分の多い場所の近くにくると、重力屈性は弱まり、水分屈性が強まる。根は水分の多い方向をめざして伸びていく。栄養分に対しても同様に応答する。主根は痩せた土地を探査するように伸びる。栄養分のある場所の近くにくると、それに反応し、主根の伸びは止まり、側根の数が増え、それらは横方向へ伸張し、栄養分のある場所に至る。植物の根は環境によりその伸び方、姿を変えていくのだ。植物体全体は移動できないが、根は〝移動〟できる。

植物が強い風にあおられる。そのたびに葉と葉が強く接触し合う。この接触がシグナルとなり、植物体からエチレンというホルモンが分泌される。このホルモンは細胞の成長の方向を縦方向(重力の方向)から横方向へと変換させる作用をもつ。その結果、植物体全体の縦方向への成長は抑制され、ずんぐりした体形に変化する。絶えず強風にさらされる場所では、背が高いことは好ましくない。体が折れたり、倒れたりしやすいからだ。体をコンパクトにすることは、風に対する適切な応答である。植物は環境に応じて、体のサイズ、形を自由に変えられる。

植物の葉が昆虫、草食動物などに食べられる。その食害に応答し、傷害部位やその周辺でジャスモン酸というホルモンが合成される。このジャスモン酸は全身に移行し、それがシグナルとなって全身に食害に対する抵抗物質が誘導される。この応答は、動物の免疫反応によく似ている。ジャスモン酸は揮発性の物質に変化し、空気中に拡散する。とすると、周囲の植物個体にも〝免疫〟は伝播されることになる。

〝多投入型〟技術の陥穽

現代の工業的栽培技術は、植物を物量で攻め立てる。栄養分が必要なら、大量の化学肥料を投与する。水が必要なら、地下水が枯れるまで水を与え続ける。土を軟らかくすることがよいとなれば、大型機械を駆使し、徹底して耕起する。病虫害や雑草害を防ぐとなれば、膨大な量の毒物を環境にばら撒き、クリーニングする。過剰な物量を駆使して整備された〝最適環境〟では、そこで育つ植物は数ある生き方のうちの特定の（とにかく生産性をあげるという）カードしか使用できない。

窒素分を過剰に投入すると、植物体ではジベレリンやサイトカイニンなどの成長促進ホルモンの作用が強まる。その結果、植物は茎を伸ばし、葉を繁らせ、全体として軟弱化する。窒素分が少なければ、成長抑制ホルモンであるエチレンの作用が強まり、体はコンパクトで、がっしりとする。一方、窒素分は体内の糖代謝に影響を及ぼす。光合成で合成されたブドウ糖をめぐり、植物体内には二つの代謝系が存在する。

一つは、ブドウ糖を多数結合させ、デンプンやセルロースなどの多糖類を合成する系。成長中の若い植物では細胞壁の主成分であるセルロース合成が優先され、生殖成長に入った植物では種実などに蓄積されるデンプンの合成が盛んになる。

もう一つは、タンパク質合成系である。ブドウ糖はいったん有機酸に分解され、有機酸は根から取り込んだ窒素（アンモニア）を取り込み、アミノ酸となる。アミノ酸が多数結合すると、タンパク質が合成される。窒素分が過剰だと、ブドウ糖の代謝はタンパク質合成系に傾く。その結果、成長中の植物ではセルロースの合成が滞り、細胞壁の発達が抑制され、細胞の、ひいては植物体全体の頑丈さが失われる。過剰な窒素分の投与は植物を軟弱にさせ、結果として病虫害への抵抗性が低下する。それは以上のような理由による。

土の固さと根の活力には密接な関係がある。土が軟らかいと、根の成長は抑制される。適度の固さを保持した土壌中では、根の活力は増進する。根に加えられる適度な刺激に応答し、エチレンが合成され、その作用により根の肥大、分岐が促進されるからだ。厳冬期の麦踏みの効用は根の充実にある。根に加えられた機械的刺激がエチレンの分泌を高めている。

現代の栽培技術は、植物を単なる物質系とみなしている。しかも、植物に与える物量を増やせば、それが高い収穫量として戻ってくるという、素朴な機械論である。イネの多収技術も結局は、窒素肥料で植物を締め上げ、物質生産を極限まで高めようという発想である。この〝乾物(物質)生産至上主義〟は機械論の典型だ。

植物は単なる〝物質系〟ではない。植物は同時に〝情報系〟でもある。植物が外界から取り入れるのは物量、つまり物質だけではない。植物は環境から〝情報〟も取り入れている。たとえば、根が栄養分を取り込む場合、栄養分という物質とともに、環境に存在する栄養分の量・質に関する情報も取り込んでいる。その情報を〝シグナル〟として読み込み、植物は適切な環境応答をしようとしているのである。

遺伝子は細胞の情報因子だから、遺伝子組み換え技術は一見、植物を〝情報系〟とみなしていると思える。だが、それは違う。この技術は機械論の域を出ていない。この発想は従来の物量作戦に〝遺伝子〟を加えただけのものだ。〝遺伝子で締め上げろ！〟。

植物は膨大な数の遺伝子をもつ。それらの遺伝子は、相互に規制し合う複雑なネットワークを形成している。たった一つの遺伝子でも、それが付加されたり失われたりすれば、ネットワーク全体に思わぬ影響が及ぶ。植物は単純な機械ではなく、〝複雑系〟なのだ。その植物にある特定の遺伝子を導入すれば、ある特定の物質が合成されると考え、それを実行するのは、恐ろしく素朴な機械論である。仮に目的とする物質が合成されたとしても、ことはそれだけではすまない。導入された遺伝子が遺伝子ネットワーク全体にどれほどの影響を与え、その結果どのような事態が起こるかを人間が正確に予知できるほど、自然のからくりは単純ではない。

遺伝子は植物の成育に応じて活性化したり不活性化したり、たえず点滅を繰り返している。だから、遺伝子ネットワーク全体としてある固有の点滅のパターンができあがる。この無数あるとおぼしき点滅のパターンこそ、植物がもつ手数（カード）に相当する。植物の環境応答能力とは、植物が環境からのシグナルに応答し、遺伝子ネットワークの点滅パターンをあるものからあるものへと変化させることだ（ここでカードが切られる）。どのように変化させていくかは、むろん植物の自発性による。人為は介入できない。人間ができることは、その植物の自発性を尊重する手立てを工夫するだけである。

低投入・安定型栽培技術の構築を

動物を健康に育てるためには、動物の生の原理、つまり自由な行動を尊重することが必要だった。それと同様に、植物を健康に育てるには、植物の生の原理、つまり環境応答能力の尊重が不可欠だ。その点で、近代化・工業化した栽培技術には大きな落とし穴があった。現代技術が植物に用意する物量は、植物の生の原理を蹂躙するものだった。

植物に与える物量は、可能なかぎり少ないほうがよい。植物はそのような環境下では、自らの環境応答能力を最大限喚起し、手持ちのカードをフルに活用して、生き抜いていく。植物の成育の高い自立性こそ、健全な植物生産を保障する。

長い間慣行農法を実践してきた農地を有機農業に転換する場合、初期にはそれ相応の量の有機物を投入しなければならない。地力が絶対的に失われているからだ。しかし、五年、一〇年と堆肥投入を続け、適切な輪作を実施し続ければ、農地は熟畑化するはずだ。一定量の腐植が土壌中に蓄積し、それが地力となる。土壌の団粒化が促進され、通気性のよい、そして水はけがよく、しかも水もちのよい土壌となる。しかも、土壌微生物相は多様化し、各種微生物の相互規制の網は複雑化する。特定の病原微生物だけが増殖する事態は抑制される。熟畑とは土壌が緩衝作用をもつようになった状態だ。緩衝作用とは、土壌自身の力で土壌の状態を一定の状態に維持できることである。

農地が熟畑化すれば、そこで育つ植物は、旱魃、低温、病虫害、風害などへの抵抗性が高まる。投入する堆肥の量や、耕起や抑草など栽培管理に必要なエネルギー量を下げても、一定の生産性を安定して示すようになるはずだ。

長年の化学物質大量投与で疲弊した畑地が、どのような方法で、どのようなプロセスを経て、熟畑に至るのか。そして、熟畑に達した段階では、投入される資材、エネルギー（人手も含め）はどこまで下げられるのか。現場での実地に即した詳細な調査、研究が必要である。

❸ パラダイムの転換は可能か

技術は社会的産物である。その時々の社会のニーズが技術の内容を具体的に決める。問題は、社会のニーズが、その社会に暮らす多くの人びとのニーズとは必ずしも一致しないことにある。社会のニーズは多くの場合、その時々の社会の支配者のニーズに一致する。

現代で言えば、この社会を支配する者は、ネオリベラリズム（新自由主義）を推進する資本家であり、その代弁者たる政府官僚である。彼らの思想は、すべてのものを市場化し、利潤追求の手段にするというものだ。支配者の思想は社会全体を規制するパラダイム（社会的規範・枠組み）と化す。このパラダイムからすれば、植物の栽培も結局は利潤を生む手段にすぎなくなる。

現在主流の多投入・単作型栽培の廃止は、したがって困難な課題である。多投入路線は、肥料、農薬、資材、機械などを生産・流通する資本の利潤追求の具となっている。それに対して低投入路線は、これらの資本にとってみれば、売り上げの大幅減少につながり、彼らの利害に真っ向から対立する。とうてい、彼らはその普及を許せない。一方、海外からの安価な農産物輸入で人びとの食糧を確保しようという基本路線により、小麦や大豆の価格は政策的に低く抑制されている。畑作の振興は、農家には大きな経済的リスクとなるばかりである。

二〇〇六年に有機農業推進法が成立した。有機農業の推進を願う立場から言えば、本来この立法は喜ぶべき事態であろう。だが、事態はまったく楽観的ではない。この法律とは裏腹に、国家の農業政策は規模拡大、つまりますますの多投入路線をひた走るばかりなのだから。

今必要なのは、〝有機農業〟推進法ではなく、〝農業〟推進法である。ここでいう〝農業〟推進法とは、日本列島で行われる農業全体を工業化路線から決別させ、自給性豊かな〝農業的農業〟へと総転換させることを宣言する法である。しかし、このような形で社会のパラダイムが転換されることは、少なくとも当面は期待できない。とすると、〝有機農業〟は依然として主流にはなりえず、オルタナティブ（もう一つの）なものであり続けるほかなくなる。

パラダイムの転換は、人びとの側がやりとげなければならない。そして、それはすでに多くの人びとが実行に移している、農産物の市場外流通である。生産者と消費者が直接提携し、自前の生産・流通・消費のシステムをつくりあげる。小さな〝自給区〟を無数につくりあげる。その自給区のなかでは、ここで提案した多投入・単作型から低投入・複合型への技術転換は、充分に可能なのである。収穫されたムギやダイズも、自給区のなかで加工・調理され、人びとの暮らしを支える糧となる。

かつて栽培民は採集・狩猟民を駆逐した。その〝原罪〟にあらためて思いを馳せる。栽培という営みにまつわる排他性は、大規模生産者による栽培の独占という形で、現代社会にも強く生きている。第三世界では、多国籍企業による農地の囲い込みや農民の蹴落としが続いてきた。日本列島でも、大規模生産者への土地集積を企む政府の政策は、いよいよ先鋭化している。

人類が植物の栽培を発見して、一万年。植物を栽培し、そこから糧を得ることは、人間のもっとも基本的な営みの一つとなった。その植物栽培を少数の人間が独占し、多くの人びとを排除することは許されない。さまざまな地域、職種、立場の人びとが、それぞれに植物の栽培に参加する。そのような緩やかな農の営みを日本列島中に、世界中に広めなければならない。

植物の栽培は、樹から始まる。樹のあるところでは、誰でも植物の栽培に参加できる。小さな庭。そこに佇む一本の樹。落ち葉を堆肥にし、小さな菜園をつくる。その楽しみからすべてが始まる。ある地域の農の力量とは、そこに暮らすさまざまな主体によるさまざまな農の実践の総量と考えたい。

背負わされた重荷から植物を解放しよう。植物に自由を与えよう。植物が自らの力で軽々と生きていけるように。こうして植物を愛でようとする人は、必ずや植物からも愛でられることになるのは間違いない。

《参考文献》

(1) 斎藤光夫『田畑輪換の実際』家の光協会、一九六四年。

(2) 伊藤建次『傾斜地農業』地球出版社、一九五八年。久宗壮『立体農業』出版社不詳、一九五八年(復刻版　久門太郎兵衛私家本、二〇〇一年)。田中稔『畑作農法の原理』農山漁村文化協会、一九七六年。

(3) A. H. Fitter・R. K. M. Hay 著、太田安定・森下豊秋ほか訳『植物の環境と生理——自立生育のしくみ』学会出版センター、一九八五年。菅洋『作物の生理活性』農山漁村文化協会、一九八六年。小柴共一・神谷勇治ほか『植物ホルモンの分子細胞生物学――成長・分化・環境応答の制御機構』講談社、二〇〇六年。

（日本有機農業学会編『有機農業研究年報7　有機農業の技術開発の課題』コモンズ、二〇〇七年）

第3章　農学論の革新——有機農業推進の立場から

摘　要

敗戦直後、日本の農業は〝百花繚乱〟の時代を迎え、多くの農業論が提案、実践された。それらは自然や生物の諸力を最大限発揮させようとするもので、七〇年代以降の有機農業の一つの源流として見直す必要がある。しかし六〇年代以降の高度経済成長の中でこれらは政治的に圧殺され、石油資源に依存した工業的農業が促進された。この農業の原理は、作物を単純化した、再現可能な系に閉じ込めれば高い生産性が得られると考えることにあり、それ以降の技術研究は環境制御技術の高度化と制御された環境に最適化した作物の作出を目指した。工業的農業は資源・エネルギー高投入型で持続性は低い。

一方有機農業は、作物を物質循環の中に位置付け、周囲の多様な生き物との相互作用の中で彼らの生命力を喚起しようとするのがその原理である。この技術は作物の周囲の環境制御を低く抑え、作物が植物として持つ環境応答能力を最大限引き出そうとする。高投入から低投入というパラダイムシフトに対応し、新しい農学論が必要である。この時〝進化農学〟ともいうべき視点が欠かせない。作物を歴史的存在として捉え、その諸性質を進化適応的なものと理解する。この理解は栽培技術の開発・評価に重要な手がかりを提供するだろう。職業的研究者は有機農業技術の開発にあたり、「結果の解析と説明」「物語化」という二つの役割を果たし得る。農民と研究者との協働により、有機農業の技術体系を「市民知」として確立したい。

1　戦後の農学のパラダイム

一九四五年夏の敗戦。混乱した日本社会で特に深刻なのは食糧の絶対的不足だった。長期の臨戦体制で疲弊し切った農村・農業を再建し、食糧を増産することは誰の目からみても急務の課題だった。この時からしばらく、日本の農業は〝百花繚乱〟の時代を迎える。

技術や農法についても様々な提案がなされ、実践された。夥しい数の専門書、普及書が出版される。これらは農業研究者・技術者だけでなく、現場の農民たちにも広く読まれた。「彷彿として村々に興ってきた農事研究会」の数は全国で一万八〇〇〇にも及んだという《農林省農業改良局 一九五一》。「農民の、農民の手による、農民のための自主的な農事研究会」は、新しい作目、品種、農法などについて農民自身が試験研究する組織だった。新しい農業、新しい農村のあり方を求めるこの時代の農民たちの、堰を切ったような意欲が伺われる。

この時代に出版された農書は、大きく二つに分けられる。一つはイネ・ムギ・ダイズ・サツマイモ・バレイショなど特定の作物の増収技術書である。この時代の作物栽培はまだ堆肥投与が基本だったから、これらの書物は有機農業技術論の立場からも少なからず参考になる。もう一つは栽培体系や経営体系を論じるものだ。例えば『傾斜地農業』《伊藤 一九五八》や『田畑輪換の実際』《斉藤 一九六四》などは、悪条件の土地、あるいは零細な農地での、多様で持続的な作物の作付体系を探っている。これらの著者たちは国や地方自治体の農業試験場の研究者である。

一方在野の篤農家による新しい農法の提案もこの時代の際立った特徴だ。例えば「立体農業」《久宗 一九五〇》は有畜農業・樹木農業・庭園農業を有機的に繋ぎ、自給性豊かな複合農業、農民的生活を提案している。また「山岸農業養鶏法」(1)は、一haの米作と一〇〇〇羽のニワトリ飼育との相互扶助的結合により肥料と飼料の自給が可能としている。これらの提案・実践は自然や生物に潜在する諸力を発見し、それを最大限発揮させることで農業生産力を解放しようとするものだ。この思想は現代の有機農業(運動)に通じている《中島 一九九五、明峯 二〇〇九》。

この時代誰もが貧困から脱出することを願っていた。しかしこの〝貧困からの脱出〟を巡っては、農民については二つのパラダイムが存在していた。一つは以上で紹介した農業生産力の解放による貧困からの脱出である。それは〝自給〟というパラダイムである。農民の豊かさは自給性豊かな農法、暮らしにあると考える。もう一つは農民の豊かさを経済的豊かさと考える立場、つまり〝金《かね》〟というパラダイムである。この立場からは、換金作物の大量生産、つまり〝稼げる農業〟への転換が期待され、農民が〝稼ぐ〟ためには場合によっては農業を辞め、都市労働者化することも厭わぬと考える。これらのパラダイムの対立はそれらを主張する二つの陣営の対立だけに留まらず、一人ひとりの農民の中にもこの相矛盾する二つの考えが錯綜していた、というのが実際であったろうか。

しかしいずれにしろこの〝対立〟はまもなく〝政治的に〟決着する。「農業基本法」の成立（一九六一年）である。この法律により、高度経済成長論を背景にした農業政策、つまり近代化農政がスタートする。国家が選択したパラダイムは〝稼ぐ農業〟だった。その結果、もう一つの自給パラダイムは急速に衰退していく。アナーキーな〝百花繚乱〟は、一瞬の後に強権的に圧殺されたのである。

〝稼ぐ農業〟を確立するため、農業技術に機械論的な技術思想が導入される。それは予測可能・制御可能な系でこそ最大限の生産効率が挙げられるという工業的技術思想である。高度経済成長路線とは産業構造を重工業化することで社会を経済的に繁栄させていこうとするものだった。すべてを工業化しようとするこの路線が、農業をも工業化しようと考えたのは当然のことだった。高度経済成長という政治的選択と、農業の工業化という技術的選択は思想的には共通している。

近代農学の祖と呼ばれるテーア（A.D. Thaer　一七五二～一八二八）以来、農業のあり方を巡っては〝二律背反〟ともいえる対立軸がある。〝増収〟か〝持続性〟かの生産を巡る二律背反。〝産業〟か〝生業〟かの経営を巡る二律背反。因みにテーアは農業の〝持続性〟と〝産業化〟を主張した。東大農学部作物学教授であった野口弥吉《一九五〇》は著書『農学概論』の中で、農学の任務として「収穫量をできるだけ多く……」、「金銭収入をより多く……」と述べている。この立場は近代化農政を待望する時代の気分をよく表現したものであったろう。

2 〝organic〟ということ

英語圏でいう〝organic agriculture〟を〝有機農業〟と訳したことは、ある種の〝誤訳〟だった。〝organic〟とは確かに〝有機的〟という意味だが、〝有機的〟と表現することで〝有機物〟つまり〝堆肥〟とイメージされ、organic agriculture が単なる堆肥施用理論として矮小化される危険性があった。〝organic〟とは別の表現で言えば〝組織的〟〝相互規定的〟ということだ。このように表現すれば矮小化は避けられる。有機農業は生物同士、あるいは生物と非生物との相互規定性を基本原理にした（システムとしての）農業理論だからである。そして六〇年代に確立する近代農業（工業的農業）は、まさにこの生物同士、生物と非生物との相互規定性を切断するのがその本質だった。とはいえそのようなことから〝有機農業〟ではなく、〝組織農業〟、〝相互規定農業〟などと訳したならば、一般の人にはますます分からなくなる。結局〝有機農業〟というネーミングは悪くはなかったのかもしれない。

二〇世紀、特にその後半は人類史上特筆すべき時代だった。この時代人類は石油を掘り当て、その大量消費に明け暮れた。すべてが石油漬けにされたのである。農業もまたそうだった。一九世紀以前は石油未発見の時代であり、二一世紀以降は石油が不足しやがて枯渇する時代である。その意味で二〇世紀は、人類史を石油以前、石油以後に分ける分水嶺の時代だ。

石油未発見の時代、農業は人力・畜力に依存していた。世界各地に根付いたそれらの多様な農業は一括して伝統的(traditional)農業と呼ばれる。二〇世紀その伝統的農業を破壊するように近代農業、つまり石油資源に依存する工業的(industrial)農業が発展する。二一世紀に入った現在でもこの二〇世紀の慣行(conventional)農業はなおもメジャーな位置を占めているかに見える。

この近代農業を批判するものとして提案されたのがorganic agriculture、すなわち有機農業だった。有機農業はそもそも対抗的(alternative、もうひとつの)農業だったのである。近代農業つまり〝無機〟農業に対抗するため、有機農業は〝有機〟を強調する必要があった。〝有機〟という形容詞に意味があったのは、それが対抗的であればこそだった。有機農業というネーミングは、自らが〝もうひとつの〟農業であることを自己主張するものだ。だからそのネーミングにこだわっている限り、農業の主流にはなれない。

日本の有機農業運動の先駆者の一人であり、〝有機農業〟の命名者である一楽照雄は、日本有機農業研究会を結成する呼びかけ(一九七一年)の中で、「正しい農業あるいは本当の農業、あるべき農業の形なのだから本当は有機農業という言葉自体がなくなることが望ましい」と述べている《桝潟 二〇〇八》。有機農業が〝もうひとつの〟農業から、主流としての農業に脱皮することを願い、〝有機〟をはずす〝勇気〟を必要とする時が近づいているのかもしれない。

3 近代農業をどう批判するか

近代農業の原理は、作物や家畜を〝最適環境〟に閉じ込めれば高い生産性が得られると考えることにある《明峯 一九九〇》。〝最適環境〟とは、単純化した、再現可能な(誰でもいつでも再現できる)系である。そこで近代農業の技術研究は、環境制御技術の高度化と最適環境に最適化した作物・家畜種の作出を目指した。

絶えず思いがけないことが起こる生《なま》の環境から作物・家畜を〝救出〟し、思いがけないことが起きえない世界、つまり〝最適環境〟に〝監禁〟する。そのための手法は二つ考え出された。一つは空間的(施設的)方法である。ある空間を設える。内部の環境を制御し〝最適化〟する。その中に動植物を閉じ込める。この方法は園芸(野菜などの栽培)、畜産(中小家畜の飼育)などの分野でほぼ完成されている。動植物は窓のない密室で、外界との交流を阻止されたまま生き長らえる。文字通りの監禁である。もう一つは化学的方法だ。これは主に米、麦、豆などの穀物栽培に応用される。この方法では、石油から合成された化学物質が作物を〝監禁〟する主要な武器となる。化学肥料は土を殺し、作物と生きた土との交流を断つ。農薬の投与は作物の周囲に生きる生物たちを殺し、作物と彼らとの交流を阻止する。作物たちは一見生の自然の中で生きているように見えるが、彼らの周囲には目に見えぬ〝密室〟が設えられ、彼らはその中に監禁されているのである。

これら動植物の監禁には膨大なエネルギー・資材が必要だ。それらは結局すべて石油から供給される。農民たちはそれらを購入することとなった。テーア以来、農業の産業化を主張する論は、自給的くらしに埋没していた農民たちが自らの生産物を〝売る〟ことで商品経済の主人公になることを期待していた。しかし二〇世紀後半の農民たちは〝売る〟ことだけでなく、〝買う〟

ことも強制された。石油製品を〝買う〟農民の出現は、この時代のGNP至上主義という政治的パラダイムや〝石油の時代〟とよくマッチングしている。

高投入型の工業的農業が進展するに伴い、農産物や環境の深刻な化学物質汚染が世界中で引き起こされた。この自己矛盾を克服すべく投与資源の〝適正化〟を謳う〝環境保全型農業〟なるものが編み出されている。適量・適期の狙いすました化学物質の投与へと技術を改良していくことは、農産物や環境の化学物質汚染を軽減し、省資源・省エネルギーを達成しようとする近代農業の洗練化だ。洗練されることにより、近代農業の本領はより強く発揮される。周囲から生き物を排除すれば作物は健康に育つはずと考える近代農業の理想とする姿は、既に出現しつつある植物工場のような完全人工制御環境下での生物生産だ。この洗練された工業的農業の現場では、もはや農薬は使われない。

近代農業は作物や家畜から奪い尽くし、与え尽くす。その結果作物や家畜の「自活する力」を損ない、生命力を弱体化させ、結果として農業生産としての永続性を失っていく。このような近代農業とは対照的に、作物や家畜を物質循環の輪の中に位置付け、その周囲に群がる多様な生き物との相互作用の中で、彼らの生命力を切磋琢磨しようと考えるのが有機農業だ。作物や家畜が潜在的に持つ〝自活する力〟は、生の環境との相互作用の中で喚起されるはずだからだ。その力を信頼するところから有機農業は出発する。作物や家畜が健康に生き抜いていくには、〝害虫〟や〝病原菌〟や〝雑草〟の存在が必要なのである。

4 低投入型農業の原理(2)

植物には周囲の環境に合わせ、生理や形態を融通無碍に変化させていく能力がある。この環境応答能力が、植物の自立した生活の根拠となっている。〝不安定〟で〝不満足な〟環境に生きる植物ほど、この力は強く喚起される。逆に植物が安定し、満ち足りた〝最適環境〟に閉じ込められると、この力は萎縮する。植物は与えられて生きる存在ではなく、自ら得ようとする存在だ。人間の都合により〝改良〟されてきた作物にもこの環境応答能力は温存されている。作物も基本的には植物である。だから作物に対して人間が与えるものはできるだけ少ないことが望ましい。周囲の生の環境を過剰に損なわないよう、人手、機械力(耕すなど)、物資(肥料や水など)、資材などの投入量をできるだけ少なくする。そのような〝低投入〟を原理とする農業は、物量にものを言わす近代農業とは対照的である。

長い間慣行農法を実践してきた農地を有機農業に転換する場合、当初はそれ相応の有機物を投入しなければならない。地力が絶対的に失われているからだ。しかし五年、一〇年と堆肥投入を続け、適切な輪作を実施し続ければ(もちろん化学肥料や合成農薬の使用を断つことが前提だが)農地は熟畑化する。一定量の腐植が土壌中に蓄積し、それが地力となる。土壌の団粒化が促進され、通気性のよい、そして水はけがよく、しかも水もちのよい土壌となる。しかも、土壌微生物は多様化し、各種微生物の相互規制の網は複雑化する。特定の病原微生物だけが増殖する事態は抑制される。熟畑とは土壌が緩衝作用を持つようになった状態だ。緩衝作用とは、土壌自身の力により土壌の状態を一定に維持できることである。ここまでのプロセスを農地の初期化と呼ぶことにする。

農地が初期化されれば、そこで育つ植物は、旱魃、低温、病虫害、風害などへの抵抗性が高まる。投入する堆肥の量や、耕起や抑草などの栽培管理に必要なエネルギー量を下げても、一定の生産性を安定して示すようになる。つまり植物は自らの環境応答能力で自立した生を継続していけるようになるのである。

有機農業はシステムとして理解されなければならない。システムとは農業生態系と言っても良い。そのシステムの中で物質が循環し、その循環が作物の自立した生を保障する。物質がうまく循環するためには、システムの要素ができるだけ多様でなければならない。したがって有機農業の持続的農業生産としての完成度は、以下の三つのポイントで評価できるだろう。

①土地利用の仕方

庭地／畑地／水田／樹園地／草地／樹林地……などの土地を有機的に繋げることで、物質循環の輪をどれだけ完結させているか

②作物の時間的・空間的組み合わせ

輪作／間作／混作……、二毛作／二期作……、草生栽培／アグロフォレストリー／コンパニオンプランツ……などの工夫により、どれだけ地力を維持し、どれだけ多様な生産物を手に入れているか

③家畜の役割
物質循環を複雑にさせ、生産物をより豊富化する家畜（反芻動物／非反芻動物）を、どのように活用しているか

5 進化農学という視点

医学の世界では今、〝進化医学〟という分野が注目されつつある。[3] 人間という動物を歴史的存在として捉え、人間の心身に組み込まれた様々な性質、あるいは病気という現象を進化適応的なものとして説明しようとする。微生物の感染に伴う〝発熱〟を例にすれば、発熱は従来の医学では体温調節機構の狂いであり、それは治療すべき〝病理〟現象である。ところが進化医学的に説明すれば、発熱は微生物の宿主細胞への侵入防御、あるいはリンパ球活性化のための良好な条件を提供するもので、進化的に作られた精巧な〝生理〟メカニズムである。したがって体温上昇は闇雲に薬物などで抑制すべきでなく、自然の経過に任せるのが望ましい。

農業のあり方を考える時、〝進化農学〟とも言うべき立場がもっと考慮されて良いのではないか。作物や家畜を歴史的存在として捉え、それらが持つ諸性質を進化適応的なものとして理解する。この理解は栽培・飼育技術を評価する時の、一つの重要な手がかりを提供するはずだ。

人間の手で〝改良〟された作物や家畜も、本質的には植物であり、動物である。そこでまず動植物がこの地球上でどのように生き長らえてきたかを理解することが必要になる。例えば陸上植

物の進化の歴史を調べれば、生産者としての植物が動物（消費者）、微生物（分解者）と共に相互依存（共生）的関係を形成し、それを複雑化する方向に進化してきたことが理解される。また植物と病原微生物との関係を知れば、それは敵対から共存へと進化してきたことが理解される。これらの理解から、植物が健全に生きていくには、動物や微生物（病原微生物も含め）との不断の交流が不可欠であり、それが植物栽培や農業の基本原理であるべきことが教えられる。

人間は自然的存在であると同時に文化的存在でもある。人間が動物として持つ進化的・適応的な諸性質と、現実の人間が纏う文化の装いとのマッチング、あるいはミスマッチングを論じるのも進化医学のテーマの一つだ。何十万年、何百万年と採集・狩猟の暮らしに明け暮れ不安定な食生活に馴染んできた人間は、摂取した栄養物を体内に無駄なく蓄える能力を進化的に獲得してきた。しかし現代の人間は工業的農業が供給する過栄養の食物を間断なく摂取している。その結果体内に蓄積する栄養分が過剰となり、それが原因で高血糖、高血圧、肥満など様々な病理現象を生む。進化医学的に言えば、現代人が〝生活習慣病〟から解放されるためには、体内の諸性質を進化的に育んだ〝母なる環境〟を回復し、〝往年の〟生活様式を取り戻すほかない。

農業、あるいは農学が対象とする作物や家畜もただの動植物ではない。それらも人間により作られた文化的存在である。しかし医学が対象とする人間と違い、それらは遺伝的にも改変されている。進化農学が解くべきもう一つの課題は、作物や家畜へと改変される過程で、動植物は何を得、何を失ったのかを、その生理・生態にわたり具体的に明らかにすることである。

例えば野菜の〝味〟を考えてみる。野生植物の栄養体や果実などは苦味、えぐ味、辛味などに富んでいる。これらの成分はフラボノイド、テルペノイド、アルカロイドなどの二次代謝産物が醸すものだ。植物にとってこれらは、病虫害防御、環境応答のシグナル物質として機能している。一方人間が改良した蔬菜類の場合、甘味が優先している。特に現在新しく作られる野菜や果物の品種は、異常な程甘い。甘味は糖類、つまり一次代謝産物による。これらの味の改変はそれを食物とする人間にとっては〝改良〟かもしれないが、食べられる植物には自らの〝武装解除〟を強いる〝改悪〟と映る。植物の持つ諸性質の進化的意味を知ることは、作物の育種の方向性・強度、栽培法の選択を考える際、貴重なヒントを提供してくれる。進化農学は、〝人間のつごう〟を優先しがちな農業技術を、〝植物や動物のつごう〟からチェックし、結果として人間と作物・家畜とが共存しうる健全な農業生産の根拠を提供できるのである。

現代の農学は育種を万能と捉え、栽培法を低く見る傾向が強い。〝遺伝子万能農学〟である。例えば病害に対する対処についても、特効的薬剤の開発と共にまず耐病性品種の育成が目論まれる。しかし作物の生活を全体的にケアすることで、病害と共生しうる作物を育て上げることができる。前者の方法が優先される原因は明らかだ。種苗（品種）や農薬は〝売れる〟が、作物ケアのノウハウは画一化できず、商品とはなりえない。栽培者一人ひとりが現場で会得するほかない。〝売る〟技術開発に汲々とする研究者、〝買う〟ことに慣れ切った現代の農民たちに、どちらがアピールするかは自明である。

現代の育種法は、作物に特定の遺伝子を導入する工学的手法が主流である。それは一九五三年のＤＮＡの分子構造の発見以降、六〇年代初頭の〝セントラル・ドグマ説（遺伝情報はＤＮＡ↓

RNA→タンパク質と一方向に伝えられる)〃の確立、そして七〇年代以降の遺伝子操作技術の発見などにより確立された生物学上の新しいパラダイムに、農学研究者もすっかり〃汚染〃されたからだろう。

この遺伝子導入という手法にも、植物の生命維持における遺伝子への過大な評価がある。またこの手法は素朴な機械論である。植物は膨大な遺伝子を持つ。それらの遺伝子は相互に規制し合う複雑なネットワークを形成している。たった一つの遺伝子でも、それが付加されたり、失われたりすれば、ネットワーク全体に思わぬ影響が及ぶ。植物は単純な機械ではなく、「複雑系」なのである。仮にある特定の遺伝子を導入し植物体内で目的とする物質が合成されたとしても、ことはそれではすまない。導入された遺伝子が遺伝子ネットワーク全体にどれ程の影響を与え、その結果どのような事態が起こるかを人間が正確に予知・認識できる程、生命のからくりは単純ではない。

ともあれ収量、強健性などの農業生産にとり重要な植物の形質は、多数の遺伝子の支配を受ける。これらを巡る育種は、遺伝子導入の手法にそもそも馴染まない。植物の育種は、依然として交雑と選択を繰り返すことが基本原理である。特に、雑種個体群を栽培環境の選択に任せる集団育種法は、有機農業に適応した品種を育成するための合理的手法だ。

戦後まもなく日本を含めた世界中の生物学者、農学者に賛否両論を巻き起こした〃ルイセンコ理論〃[4]は、遺伝子の存在を否定するものだった。植物生理学者であったルイセンコは植物と環境とは常に一体であり、環境に適応的な物質代謝のパターンこそ遺伝質であり、ある個体が獲得した適応的な物質代謝は次世代に伝えられると主張した。獲得形質の遺伝である。

時代は四〇年代から五〇年代にかけて、ＤＮＡ理論登場のまさに前夜だった。遺伝子の本体、その情報発現機構の解明はまだ闇の中。また生物の変異のすべてを、極めて低い確率で無方向的に起こる突然変異だけで説明しようとする当時の生物進化説は、ルイセンコならずとも事柄の真実を説明していないと考えさせるに充分だった。さらに当時の遺伝学は、生理学や生化学、あるいは発生学との間に通う共通の言葉を探し出すことに成功していなかった。ルイセンコ理論は当時の〝正統遺伝学〟の陥穽を突いていたのである。しかしルイセンコ理論はその後の革命的な新パラダイム、ＤＮＡ理論の登場により、たちまち〝迷妄〟として葬り去られる。

ある生物の個体には、周囲の環境に適応していこうとする強い傾向（環境応答能力）がある。またその時環境に適応的な物質代謝のパターンが、その個体の細胞内で形成されていく。さらに、その時には適応的な遺伝子が選択され、活性化されている。しかし環境の変動と、遺伝子パターン・物質代謝パターンの適応化を繋ぐ詳細な機構は、現在の生物学でも未解明だ。

植物を〝予測されえない〟事態が起こる生の環境から隔離することが、近代農業の基本原理である。しかし植物は予測されえない事態に対しても対応できる能力を持っている。それらは進化適応的に獲得されたものだ。その潜在的能力を発見し、解放する具体的手立てを発見することは進化農学のもう一つの目的である。このことは、〝遺伝子万能〟の風潮にある現代の農学に対し、植物の生活全体のケアの大切さを再認識させることになるだろう。また植物の生活と環境の一体性という視点は、ルイセンコ理論の現代的見直しを迫るかもしれない。

6 研究者のできること

現代社会を支配するグローバル市場経済は、大資本の利潤を最優先するシステムである。農業もこの世界大のシステムに組み込まれている。世界中の農民・消費者は、農業用資材、種苗、農産物流通を独占する巨大アグリビジネスに支配されている。農民は資本の利潤のために作らされ、消費者は資本の利潤のために買わされる。資本にとり利用価値のない零細な農民、貧しい消費者は社会の片隅に打ち捨てられる。この冷酷無比な世界経済は、世界銀行やＩＭＦなどの国際機関、ＷＴＯ、地域通商ブロックなどの国際協定により支えられ、そして各国政府・官僚は国内で市場経済が円滑に機能するよう様々な〝構造改革〟に取り組んでいる。巨大な産官体制が人々を包囲している。

専門的研究者（特に国家・資本に属する）もまた「産官学」テクノクラシーシステムの重要な一角を占めている。彼らは「近代農業」というパラダイムを否定したら、自らの研究の根拠を失う。

有機農業の技術開発は地域性、当事者性が優先される。技術の内容は地域により、それを担う人により異なる。それぞれの技術は「個別解」、「生活知」として、農民自身が編み出していく。それは誰でもどこでも上手くいくものとは限らない。一方近代技術は現場から離れた密室（研究室）で開発される。それらは専門の研究者により開発された「一般解」、「専門知」として、現場の農民に普及される。それは誰でもどこでもできるものとして喧伝される。であるが故に、実際には誰にとってもどこにとってもある種の〝不都合〟が付きまとう。

アカデミックな研究者が有機農業の技術開発に主体的に参加するのなら、科学者としての自己否定が必要になる。彼(女)はまず現場に学ぶ態度、個別にこだわる帰納法的なセンスを身に付けなければならない。その一方で一つの事象を全体論的(ホリスティック)な視点から見る方法論を編み出す必要がある。全体は個別の集積であると考える機械論の廃棄である。最も理想的なのは彼(女)自身が農業実践者に変身することだ。作物や家畜を育てることによりこれらのセンスは次第に身に付く。このように彼(女)に期待されていることは、科学、あるいは科学者に関する既成のパラダイムを放棄すること。しかしこのことが成功した瞬間、彼(女)はアカデミックな研究者としてのポストを失うことになるかもしれない。テクノクラシーから〝脱藩〟し、自らを野に放つ有為の研究者(耕作者)が続出することを大いに期待したい。

農業の専門家といってもそれは多様だ。限りなく生産者(農民)に近い立場から、アカデミックな立場まで。スペシャリストからジェネラリストまで。理系から文系まで。有機農業の技術開発に、専門家はそれぞれの立場から協力できる。専門家にできることは二つある。

一つは「結果の解析と説明」である。農業の現場では厳密な対照実験は難しい。研究室、あるいは研究圃場での追試は、現場で得られた結果の裏付けを取れる。また解析的な実験で、その結果をもたらす因果律を明らかにすることができる。大学の研究圃場などでは冒険的な試みをすることもできる。農業の現場では失敗を覚悟の新しい挑戦は難しい。もっとも最近の大学経営は厳しい。〝失敗覚悟の研究〟がどれだけ許されるか。

二つ目は「物語化」である。物語化とは農民の編み出した生活知を言語化し、一つの物語として語ること。これにはストーリーテラーとしての資質が必要になる。こうしてたくさんの物語が語られれば、それらはやがて一つの体系として結ばれていく。ここではジェネラリストとしての専門家の出番でもある。

環境社会学者の萩原《二〇〇九》は「生活知」と「専門知」との融合による「市民知」という新しい概念を提出している。職業研究者が「専門知」以外の知の存在を認めないという状況をインドのエコフェミニスト、ヴァンダナ・シヴァは「他の知識体系に向かって放たれる暴力」と表現している。「市民知」とはそのような「権威のための専門性」を打ち破る存在、と萩原は言う。つまり(私の表現で言えば)「市民知」とは産官学テクノクラシー支配を覆す市民の〝非暴力的抵抗〟である。農民と専門家との協働体制がうまく運べば、有機農業の技術体系が一つの「市民知」として確立することになるに違いない。

(1)　山岸巳代蔵(一九〇一〜一九六一)とその農法については、ヤマギシズム生活実顕地本庁文化科編『人間と自然が一体のヤマギシズム農法』(農山漁村文化協会、一九八七年)、玉川信明『評伝山岸巳代蔵——ニワトリ共同体の実顕者』(社会評論社、二〇〇六年)を参照されたい。
(2)　この項については、明峯哲夫「低投入・安定型の栽培へ」『有機農業研究年報7　有機農業の技術開発の課題』(コモンズ、二〇〇七年、三六〜五一ページ)を参照されたい。
(3)　進化医学については、ランドルフ・M・ネシー&ジョージ・C・ウィリアムズ著、長谷川眞理子ほか訳『病気はなぜ、あるのか――進化医学による新しい理解』(新曜社、二〇〇一年)を参照されたい。

(4) T・D・ルイセンコ(一八九八〜一九七六)は旧ソヴィエト連邦の農学者。彼の理論については、大竹博吉・北垣信行編著『ルイセンコとその学説　農業生物学』(ナウカ社、一九五〇年)、中村禎里『日本のルイセンコ論争』(みすず書房、一九九七年)を参照されたい。

文献

明峯哲夫『ぼく達は、なぜ街で耕すか――「都市」と「食」とエコロジー』風涛社、一九九〇年、九一〜一五三ページ。

明峯哲夫「立体農業」『庭プレス』二〇〇九年一〇月号(http://web.me.com/onn/NiwaPress/Blog Article/entriEs/2009/1028-1028.Html)。

萩原なつ子『市民力による知の創造と発展――身近な環境に関する市民研究の持続的展開』東信堂、二〇〇九年。

久宗壮『明るく豊かな農村への道――日本再建と立体農業』日本文教出版、一九五〇年。

伊藤健次『傾斜地農業』地球出版、一九五八年。

桝潟俊子『有機農業運動と〈提携〉のネットワーク』新曜社、二〇〇八年。

中島紀一「昭和戦後期における民間稲作農法の展開」『農耕の技術と文化』第一八号、一九九五年。

野口弥吉『農学概論』養賢堂、一九五〇年、三八ページ。

農林省農業改良局監修『農事研究会読本シリーズ　②農事研究のやり方』農民教育協会、一九五一年。

斉藤光夫『田畑輪換の実際』家の光協会、一九六四年。

(『有機農業研究』第二巻第一号、二〇一〇年)

第4章　一年生・二年生・多年生——植物の寿命

やぼに咲く花

日照りつづき、突然の激しいヒョウ。そして梅雨に入ってからの日照不足と低温。今年［一九八三年］も作物にとっては必ずしも快適とはいえぬ日々がつづいています。それでも作物たちは、やや世話のゆき届かぬ私たちの畑で、半分雑草に埋もれながらも必死に生きているようにみうけられます。いま、やぼの畑ではいくつかの作物たちが「花」を咲かせています。思いつくままに挙げてみましょうか。

まず目につくのが春播いた春菊です。もうとう立ちしていて続々と黄色の花を咲かせています。かつて春菊は食用というよりは、この花を鑑賞するために栽培されたというだけあって、なかなか気品のある美しい花ですね。ヒョウによる被害がもっとも激しかったナス・トマト・キュウリそしてピーマンなどの果菜類もいまはなんとかもち直して、つぎつぎと花を咲かせ、実を結んでい

春菊の花

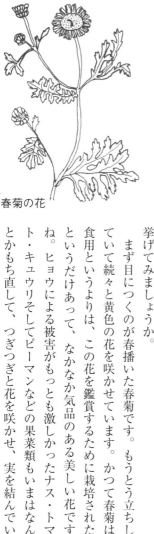

ます。インゲンもしきりに白い花をつけています。果菜類のしきワラにするために五月のはじめに一回刈りとったライ麦もそのままにしておいたら、また芽をのばし、花を咲かせ、おそまきながらいまごろようやく実が熟そうとしています。ほかにもあります。ちょっと前まで葉や茎をつみとっていたセルリーやパセリもいまは見事に花を咲かせていますね。花といってもひとつひとつの花は小さくとても地味なものですが、セリ科独特のごうかな花序[1]をひろげています。

花が咲き、死を迎える

いま、九種類の作物の名をあげました。彼らはこうして春から初夏にかけてほぼ同じころに花を咲かせているのですが、それでは彼らはいつごろ種を播かれその生を出発させたのかを考えてみましょう。この春播かれたものと、すでに去年［一九八二年］のうちに播かれていたものとに分けられます（表1）。いうまでもなく一九八二年のうちに播かれていたものはこの間の冬を畑ですごしたのですが、八三年に入って播かれたものは、その冬には畑には影も形もありませんでした。

表1　種の播かれた時期

1982年	1983年
セルリー（春）	ナス（初春）
パセリ（春）	トマト（初春）
ライ麦（秋）	キュウリ（初春）
	ピーマン（初春）
	春菊（春）
	インゲン（春）

ではこの九種類の作物は花を咲かせたあとはどうなるのでしょうか。彼らはすべて、花を咲かせ実をつけたあとは枯れて死んでしまいます。地上にある茎や葉はもちろん地下にある根も死に絶えてしまいます。これらの植物は一生涯に一回しか花を咲かせることがで

図1 冬作物の生育期間

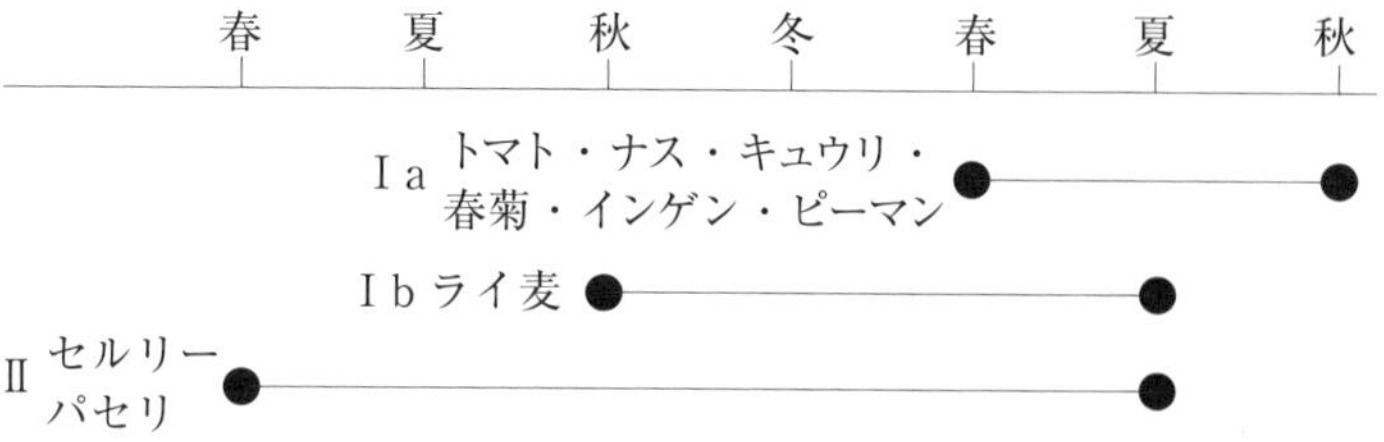

きない植物なのです[2]。

寿命の長さ

そこでこれらの作物の〝寿命〟を図に書いてみましょう(図1)。寿命の一番短いⅠaの作物はせいぜい半年。ライ麦はやや長く半年ちょっと。一番長いⅡの作物はようやく一年すべての四季を生きることができます。そこでこれらの一回結実性の植物をその〝寿命〟に応じて分け、それぞれに名前をつけてみることにしましょう。Ⅰaは一年生植物、Ⅰbは越冬一年生植物、そしてⅡは二年生植物と、ふつう呼ばれています。一年生、あるいは二年生といっても、実際の寿命はそれぞれまるまる一年、あるいは二年あるわけでなく、もっと短いということがわかります。

冬を越す形

ある植物がこの三つのグループのどれにあてはまるかを調べる場合、もっともかんたんな方法はその植物が冬を越す時、どんな形をしているかをみればいいのです。それぞれのグループはそれぞれに越冬する方法に特徴があるからです(表2)。

前の年の秋までに死んでしまった植物は、残された種子が冬をこし、翌春芽を出して次の世代を育みます。ライ麦などの作物は秋に発芽し、まだ小さい植物体が土の表面にへばりつくようにして冬を越し、暖かくなってから本格的な生育を再開します。春発芽したセルリーやパセリなどの作物は、寒くなるまでには生育をほぼ終えています。その大きな植物体のまま冬を越し、翌春花芽をつけるのです。

表2　越冬の方法

種子として	一年生植物
小さな幼植物として	越冬一年生植物
生長した植物として	二年生植物

作物の多くは一年生

例にあげた九種類の作物だけでなく、ほかの作物のほとんどは、この三つのグループのどれかに入ります。そしてその中でも、太陽の光が充分あり、温度が高く雨も多い、春から夏、秋にかけて生育する春播きの一年生の作物が数の上でもっとも多いのはうなずけます。大豆、ワタ、ヒマワリ、イネ、トウモロコシ……これらの重要な作物はみなこのグループに入ります。一方、冬の間畑に栽培される秋播きの作物、つまり越冬一年生作物は、その種類は春播きのものにくらべずっと減ります。ライ麦などの麦の仲間、そしてナタネなどのアブラナ科の作物がその代表です。春播きであるにも関わらず冬越しもで

パセリ

きる二年生の作物はもっと数が少なく、セルリー、パセリなどのセリ科の作物の一部にその例がみられるだけです。その意味でいま咲くパセリなどは大変興味深い作物なのですね。

長生きする作物

ところで作物のほとんどはさっきの三つのグループに分けられるといいましたが、このいずれにも属さぬ作物があります。それらは寿命が半年とか一年とかの短いものでなく、条件さえよければ何年も生きながらえることのできるものです。たとえばウド、ミツバ、セリ、アシタバなどのセリ科の作物、ミョウガ、ショウガなどのショウガ科の作物などです。これらの作物は、作物というよりどちらかというと〝山菜〟風で、実際、これらのうちの多くは古来から日本列島の山野に自然に生えていた〝野菜〟たちです。さらにアスパラガス、ニラ、ニンニク、タマネギ、ラッキョウなどのユリ科の作物、サトイモ、サツマイモ、ジャガイモ、ヤマイモなどのイモもこの仲間にあげていいと思います。

ニラの花

これらのユリ科の作物、イモなどはそのほとんどが地下にある根や茎を食用にするもので、実際は毎作、畑から掘りおこされてしまいます。けれどもその根や茎を収穫しないまま畑に放っておけば、再び芽を出し、新しい植物体をつくることができます。

これらの作物は越冬する時に地上部は枯れてしまうのです

表3　作物のタイプと越冬の方法

（一回結実性）	Ⅰa	一年生	種子
	Ⅰb	越冬一年生	幼植物
	Ⅱ	二年生	生長した植物
	Ⅲ	多年生	地下部（種子）

表4　やぼとひのの耕地雑草

や　ぼ	ひ　の	
ナズナ（一）	スイバ（多）	セリ（多）
シロザ（一）	スギナ（多）	スベリヒユ（一）
メヒシバ（一）	ヨモギ（多）	イヌタデ（一）
オヒシバ（一）	ヒエ（一）	ヒメジオン（越）
ツユクサ（一）	ツユクサ（一）	ハキダメギク（一）
ハコベ（一）	ススキ（多）	
	ノビル（多）	

（一）…一年生、（越）…越冬一年生、（多）…多年生

が、地下にある根や地下茎は生きつづけ、翌春植物体を新しく生み出すという意味で多年生の作物と呼ばれています。もちろんこれらの多年生の作物の多くは、花を咲かせ実を結び、種子で別の個体を増やしていくこともできるのです。

多年生の作物もいれて以上四つのタイプの作物について、あらためて越冬する時の形をまとめておきましょう（表3）。

雑草――二つの畑での違い

さて植物の寿命を考えるにあたって、作物に限らず広く自然界の植物を見わたしてみましょう。作物以外の植物でまず私たちになじみのあるものは畑に生える雑草（耕地雑草）ですね。彼らの強じんな生命力に日々悩まされていますが、その彼らの姿をあらためて観察してみましょう。

やぼとひの［日野］の畑で春からいまごろ［夏］にかけてみられる雑草をあげてみます（表4）。

やぼとひのの畑での雑草の生え方には違いがあることがわかります。やぼの雑草は種類が少な

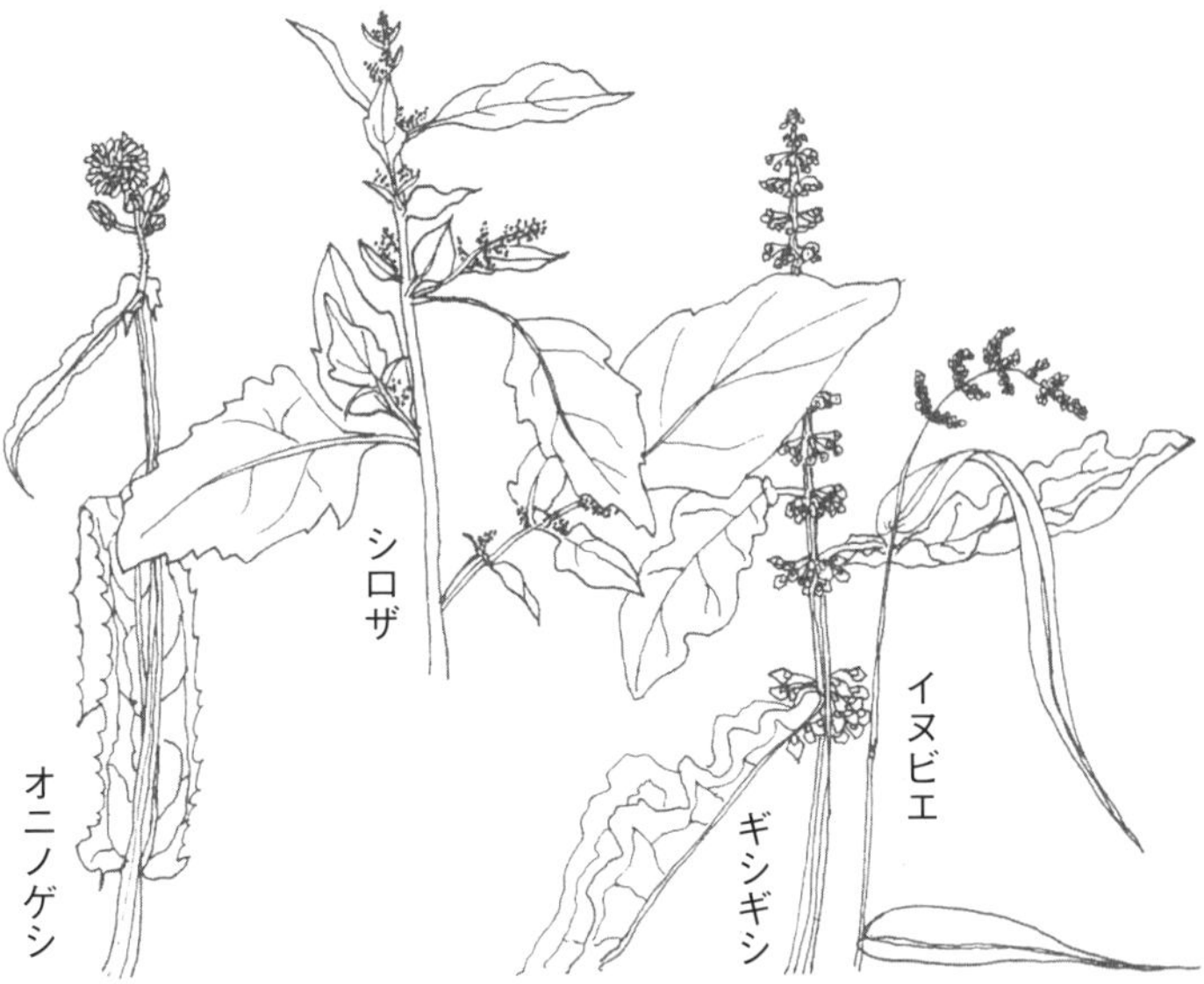

耕地雑草

く、またそのほとんどは一年生です。一方ひのの方は種類が多く、多年生の雑草が多く含まれています。この違いはどういうことなのでしょうか。

やぼはこれまでずっと耕地として使われてきました。僕たちが借りるまでは水田として、そしてこの二〜三年は畑として、たえず人による耕作がくりかえされてきました。一方ひのは長い間（一〇年位）耕作が放棄されてきて、僕たちが耕地として再利用してからほんの一〜二年にすぎません。だから耕地というより、まだ荒地、野原としての性格が残っているといっていいと思います。

耕地は常に人による干渉が入るのが特徴です。耕し肥料を入れ、作物を作付けし、作物以外の植物はとりのぞくといったぐあいです。一方荒地は人による干渉は少なく、ひのの場合はせいぜい年一回火を入れるか刈り倒すかであったといいます。雑草の茂るままにほっておかれていました。

植物のすみわけ

自然界では、同じような環境が安定して長くつづく場所では、多年生の植物が多く占める傾向があります。森林の林床(3)、あるいは草原などでは多くの宿根性(多年生)の植物がどっかりと腰をすえたように生活しています。一方それと反対に環境の変化が激しいところでは――その典型的な例が耕地ですが――激しく変わる環境に一早くもぐり込み、すみやかに個体の数を増やしていける植物が有利です。つまりこの場合は、種子をたくさんこぼし、世代の回転の早い一年生の植物が多くを占めるというわけです。そしてやがて環境の変化がおちつき、安定してくると、一年生植物をおしのけるようにして、徐々に多年生(宿根性)の植物が入りこんでくるのです(図2)。

図2　雑草の変化

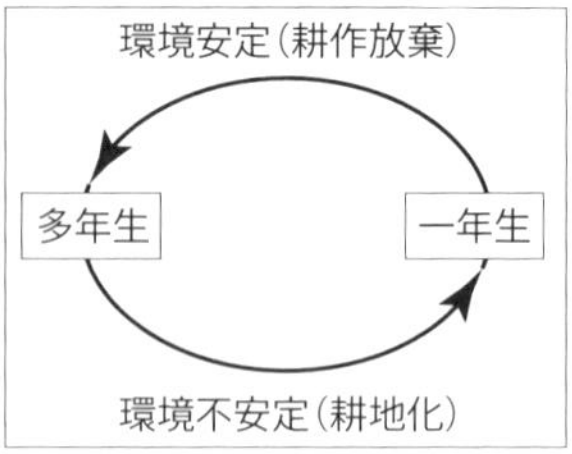

耕作という人為的な影響が強く、しょっちゅう環境が変化しているやぼの畑と、荒地、放棄地の影響をいまなお残し、耕地になりきれぬひのの畑とでは、雑草にとって生きるための環境条件が違います。したがってその違いがそこに出現する雑草のタイプに反映されていると理解していいと思います。ひのの畑もこれから耕作をつづけていけば、そこに生える雑草は急速に耕地型、つまり一年生の植物が多くを占めるものに変わっていくに違いありません。

二年生の植物はやはり例外

さて作物の場合、多年生より一年生の方が数の上では圧倒的に多かったのですが、自然界の植物の場合は、多年生の植物はけっこう多く存在し、環境に応じて一年生植物と棲みわけていることが理解されたと思います。一方作物で二年生のものが極めて少なかったのですが、同じように野生の植物でも二年生植物はやはり例外です。いま道ばたでさかんに咲いているタチアオイやオオマツヨイグサなどがそのたぐいですが、その種類は全種子植物[4]の中でわずか一〜二％程度といわれています。

オオマツヨイグサ

なぜ作物は一年生？

さて作物の多くは一年生でしたが、自然界に自生する植物のかなりのものは多年生であることがわかりました。ところで作物は、人が野生の植物を材料にして、〝改良〟の手を加えたものをいいます。とすると野生の植物を作物にするということはその一側面として、素材にする植物の多年生という性質を一年生へと変えていくことではないかといえそうです。

現在栽培されているイネは一年生です。毎年種子をまき、田植えをするのです。けれど同じイネでも栽培稲の原種とされている野生のイネは多年生です。実を結び地上部が枯れたあとでも根は生きていて、再び植物体を再生することができるのです。

作物にするということが植物の性質を多年生から一年生へ変えていくことなのだということを裏付けるもうひとつの例として、ハトムギとジュズダマの関係をあげましょう。両者の性質を比較調査した東京学芸大学の木俣美樹男氏たちのデータを一部紹介してみます。

栽培されているハトムギは一年生です。一方その近縁で、水辺に自生するジュズダマは宿根性、つまり多年生と考えられています。秋、成熟し生長がとまった時点で、全植物体の重さに対する種実及び地下茎の重さの割合を、二つの植物で比較してみると表5のようになりました。ハトムギの地下茎の比率はジュズダマの三分の一ですが、逆に種実の占める割合は二倍となっています。この結果は、一年生であるハトムギは種子をたくさんつくることができ、その種子で翌春個体数を増すことに優れていること、そして逆に多年生であるジュズダマは、地下茎を大きく肥らせて、翌春そこから芽を出して個体を再生させることに優れていることを示しています。このハトムギとジュズダマの違いはどう考えたらいいのでしょうか。

表5　全植物体に対する種実及び地下茎の乾燥重量比

	種　実		地下　茎	
ハトムギ	20%	(100)	2%	(100)
ジュズダマ	11	(50)	6	(300)

植物は生長している間、緑の葉で太陽のエネルギーを利用して光合成を行い、たくさんの栄養物を作りつづけます。この栄養物は体の各部分に運ばれ、生長に必要な栄養として使われます。もし葉で作られる栄養物の量が、体の各部分で使われる量より多いならば、その余った分は植物の体の中にどんどん蓄えられます。

蓄える場所はというと、ふつう、地中にある根や茎、あるいは種実の部分ですが、植物の種類によって決まります。この蓄えこそ、次の世代に残す親の〝遺産〟であること、そしてこの〝遺産〟を〝横取り〟するのが農業の〝使命〟だということは、もう何度も書きました。とすると、どうしたらこの〝遺産〟をたくさんいただけるかが、農業の技術上の課題になることもまた理解されると思います。どう考えているのでしょうか。

まずなによりも植物にできるだけたくさんの栄養物を作らせようとするのです。そして作り出された栄養物をなるべくたくさん蓄えにまわさせようとするのです。植物の体がむやみに大きいとその体を維持していくだけでたくさんの栄養物を使い切ってしまいます。たとえば肥料をたくさんやって育てた大豆は、葉ばかり繁り大きく生長しますが、その分だけ実入りはあまりよくなりません。では体を小さくすればいいかというと、逆にそれだけ体にふりそそぐ太陽の光が少なくなり、光合成の働きがおちてしまいます。光をなるべく多く吸収でき、なおも体を維持、生長させていくために使うエネルギーを少なくするという、やっかいな課題を解決しなければなりません。

そこで作物の形や大きさについて厳密に計算設計されて品種の改良や、肥料のやり方などが工夫されてきたのです。さらにこの際考慮しなければならないことがもうひとつあります。つまり蓄えをできるだけ目的とする場所に集中させなければならないということです。イネは種実に、サツマイモは根にというぐあいにです。根ばかり肥るイネや、葉ばかりしげるサツマイモでは困るのです。

図３　植物の性質の変化

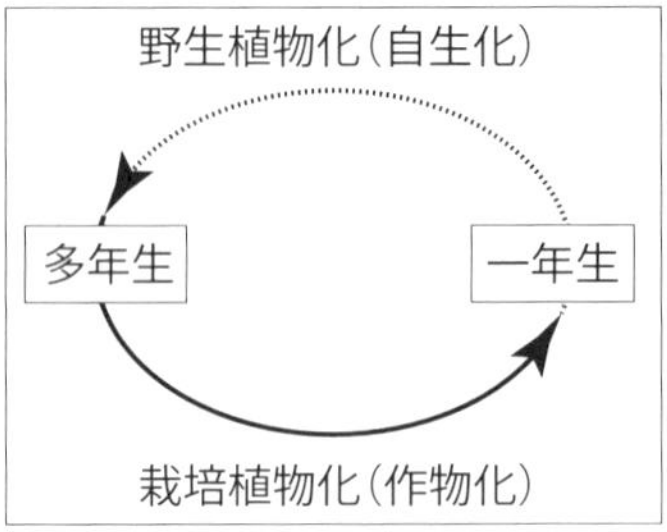

さてさっきの調査データにもどりましょう。この調査でわかったことは、宿根性のジュズダマは子孫繁栄のためにより多くの栄養物を地下茎に蓄積しようとしていること、一方一年生のハトムギはそのために種子により多くの栄養物を蓄えようとしていることでした。つまりこのハトムギを作物として栽培している人間からみれば、ハトムギが大量に栄養物を蓄積した種実こそ大いなる〝恵み〟となるのです。逆に、根に栄養物を蓄えるジュズダマを穀物として考えた場合、〝恵み〟はその分だけ少ないものとなってしまうのです。作物、とくに穀物の場合、品種改良によってもともとの野生種のもっていた多年生の性質を、一年生に変えていく必要がこれで理解されたと思います。

農耕という人の営みは、その舞台である耕地に生える雑草を多年生から一年生に変える傾向がありました（三〇六ページ図２）。同じように栽培という営みは、その素材である植物の性質を、やはり多年生から一年生へと変えていくことであったというわけです（図３）。

長命の植物——木本

これまで栽培植物（作物）と野生植物とを比較しながら植物の寿命の長さを考えてきましたが、いずれもこれらは草本植物、つまり「草」に関してでした。ところが自然界には何十年、何百年、場合によっては何千年もの長い年月、一つの個体が命を長らえることのできる植物が存在し

表6　種子植物の越冬の型

種子植物	草本植物	一回結実性植物	一年生	種子
			越冬一年生	幼植物
			二年生	植物体
		多年生		地下部（種子）
	木本植物	落葉型		葉を落とした植物体
		常緑型		葉をつけた植物体

ます。それは木＝樹木、つまり木本性の植物です。このようにふつう木本は草本にくらべ、ずっと長命です。

樹木が冬を越す時の様子を考えてみましょう。樹木は冬でも根はもちろん地上にある部分も枯死しません。植物体全体として越冬できるのが、草本とは異なる木本の大きな特徴です。植物体が木質化すると、寒さや極端な乾燥に耐えるようになるということでしょうか。この木本植物が冬越しするには二つの型があることはよく知られている通りです。それは落葉型と常緑型です。落葉樹は冬の間葉をすべて落としますが、常緑樹は緑の葉をつけたまま越冬します。

さて、これで種子植物全体を簡単におさらいできました。すべての種子植物についてあらためて、越冬の型を基準に分類してみましょう（表6）。

花が咲くとなぜ死ぬのか?

さて最後に考えてみたい問題があります。それは草本植物、とくに一回結実性の植物は、生涯に一回だけ花を咲かすとなぜ死んでしまうのかということです。

ダイズやムギの畑を思いうかべてみましょう。花が咲き実がみのりきるとどの個体もいっせいに黄ばみ、やがて確実に死に絶えてしまいます。一個体の例外もないのですね。

たとえばこのような植物を何らかの方法で花や実がつかないようにしてみたらどうなるのでしょうか。ダイズでつぎのような実験をした人がいます。

ふつうダイズは日が短くなると花を咲かせ実をつける植物です。生長したダイズでもいつまでも日の長い状態においておくと花を咲かせません。こうして花を咲かせることのできないダイズはついに一年以上も長生きし、草丈は七m以上にもなったというのです。このような現象は、日が短くなり花がひらき実を結んでいくダイズのさやを、次つぎととりのぞくという方法でもおこることがわかりました。

これらの実験は一見、つぎにのべるような植物の老化・死に関する昔からの考え方を支持しているようにも思えます。つまり、開花し結実すると、体の栄養分がすべて花や種実に集中してしまい、その結果、葉や茎、そして根は一種の飢餓状態になり死に至るという考え方です。けれどほんとのところはそう単純ではないことが最近しだいにわかってきました。

同じダイズを使った実験で、さっきのべたさやをとりのぞいて老化や死を抑制しようとする場合、さやを四〇〜五〇%も除けば老化を抑えることができるのですが、それ以上さやを除いても老化の抑制はあまり進まないというのです。もし種実へ栄養分が集中することがほかの部分の老化、死の直接の原因だとすれば、たくさんのさやを除けば除くほど老化を抑える効果は高くなるはずです(図4の破線のようになるはず)。そうならず実際は図4の実線のような結果だとすれば

図4　さやの除去率と老化の抑制効果

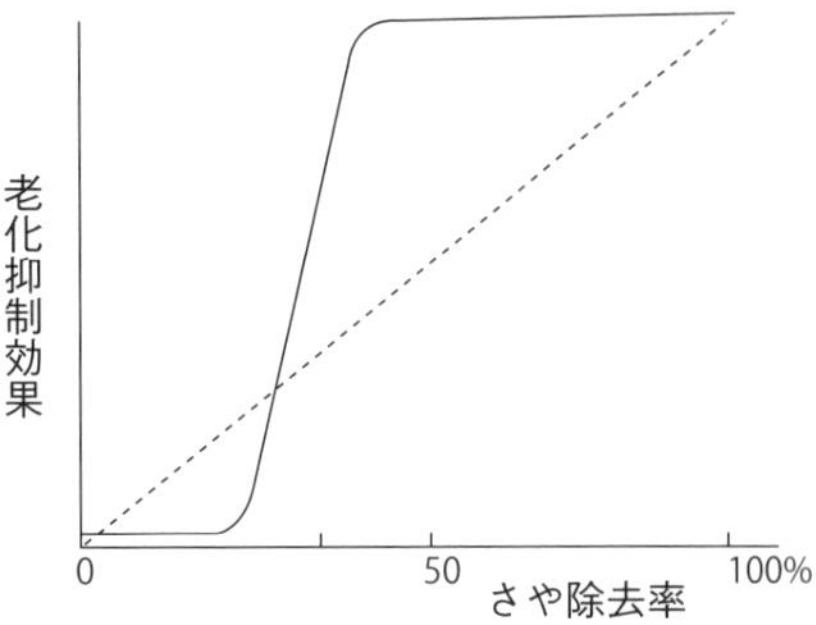

どう考えたらいいのでしょうか。

種実に栄養分が一方的に集まり、茎や葉が老化するというのはひとつの〝結果〟であって、ほんとうの〝原因〟はほかにあるのではないかということを考えさせます。ではほんとうの原因は何か。それをこう考えたらどうでしょう。つまりさやの方から逆に茎や葉、そして根へと流れていく〝ある物質〟があるとするのです。そしてこのある物質を、葉や茎の老化を促す物質と考えるのです。

けれどもそういう物質がもしあるとしても、その物質の濃さと老化の程度とは必ずしも比例しないことを図4の結果（実線）は示唆しています。つまり種実で作られた〝老化を促す物質〟はそれが茎葉にたまればたまるほど老化を促進する、というような作用をするのではなく、ある一定量があれば老化を開始させる作用をしているということです。つまりその物質は老化物質というより、老化開始物質あるいは老化刺激物質といった方がよいでしょうか。

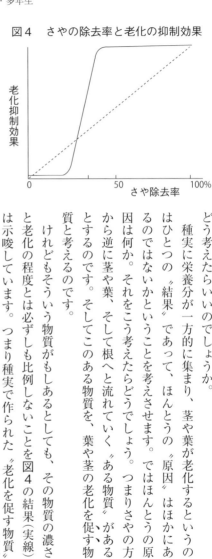

植物の生理でそんな作用をする物質は一般に〝ホルモン〟と呼ばれています。では実際に〝老化ホルモン〟なるものは存在するのでしょうか。多くの研究者がその実体を明らかにすべく仕事を進めていますが、まだいくつかの有力な候補をあげる段階にとどまっているようです。

種実で作られるある種の〝老化ホルモン〟が、その植物全体の老化から死に至る一連の過程のひきがねとして働いているとする考え方がもし正しいとすると、どういうことでしょうか。植物は自らを老化、そして死に至らしめるために、わざわざ特別のエネルギーを使ってまで新たな物質＝老化ホルモンを合成しているということです。とすると植物の老化や死はただ体が自然に分解していく過程ではなく、むしろ植物の〝生〟の一過程であることがうかがえます。植物は生まれたときから〝死〟を準備するための特別な装置を体内に秘めているのです。植物にとって〝死〟とは、自らの〝決断と実行〟によって行われる〝生〟の最終過程だといっていいかもしれません。

限りある生と永久の生

こうして死んでいく植物は、種子を通じてその生命をつぎの世代に伝えていきます。環境の大きな変化がない限り植物の種（しゅ）としての生命はこうして半ば永久的につづいていくのです。種《しゅ》の継続を保障する種子の寿命は長く、仮に大きな環境の変化により（たとえば火山の活動とか、水没したとか）その種《しゅ》がいったん地上から姿をけしたとしても、地中深く眠った種子が何十年、何百年後、あるいは何千年たってからあらためて眼をさまし、植物体つまり種《しゅ》を地上に復活させることすら可能なのです。古代の遺跡から発掘された埋土種子が、何千年、何万年後の現代に芽を出し、やがて花を咲かせるということは僕たちもその例をいくつか知っています。

ひとつひとつの植物の持つ限りある生が無限に連なった時、半永久的な生命の連続が完成します。この生命の連続こそ生物が環境と相互に作用しながら姿を変えていく――つまり進化の原動力そのものなのですが、このテーマは別の機会にあらためて考えてみたいと思います。

（1）花のならび。
（2）これらの植物のことを一回結実性植物などといっています。
（3）森林の地表面。
（4）花を咲かせる植物。種子で繁殖する。花を咲かせない植物は胞子や分裂などで繁殖するので胞子植物とよばれる。シダ、コケ、藻類、カビ、細菌などのこと。

（『やぼ耕作団』風濤社、一九八五年）

第5章　大豆のはなし――風土と作物

夏もおわり……

夏も終わり秋が深まりいこうとしています。畑とつきあった暮しをしていると季節の移り変わりが瞬時のことのように思えてきます。大根や白菜、ホウレン草、春菊そして高菜、からし菜などのまきつけも終わり、サツマイモ、サトイモ、ハトムギそして大豆の取り入れも間近になりました。あの夏の盛りの作物たちの猛々しいほどの生命力の躍動も今はしずまってしまったかのようにみえます。取り入れのあと、麦、エンドウ、ソラマメ、そしてタマネギ、キャベツ、レタスなどの冬越しの作物の種播きや定植が終わると、いよいよ畑も作物も、そして人間さまも冬ごもりということになります。

伊那の山奥からはるばると……

取り入れといえば、大豆の実入りがまあまあのところまでこぎつけてうれしいですね。すでに枝豆として食べた方は、その味がけっこういけることも確認されたと思います。夏の太陽を浴びて大豆は青々と大きく繁りました。あまりに見事な生育に、実入りはあまりよくないのではないかと心配もしました。実をとる作物は茎や葉がしげりすぎるとかえって子実の収穫量は減ってしまうからです。

この大豆の種は、もともとは信州伊那谷の大鹿村で収穫されたものです[1]。はち切れるばかりに大きく充実したこの豆を知り合いからいただいたわが家でも、この春みそに仕込んでみました。夏がすぎたこのごろ、フタを開けて少しずつ食べはじめましたが、なかなか美味な手前みそができました。この見事な大豆を谷保の地においてもぜひ繁殖させようと、わが農場に種がまかれたのが六月のことでした。

風土の産物

大豆は日本に約三〇〇〇の品種があるといわれています。それぞれは各地域に固有の品種として定着してきたのです。教科書には、ある地域に固有の大豆を、緯度が二度以上異なる地域で栽培すると、よく実らないと書いてあります。北海道でよくできる大豆でも東京周辺で育てればよく育たないというわけです。このように大豆ひとつひとつの品種はいわば風土の産物ともいわれるべきものでしょうか。

あらためて地図を開いてみましょう。わが国立谷保と大鹿村とはほとんど同じ緯度にあります（厳密にいうと、十分ほど大鹿が〝南〟にあるのですが）。けれども緯度は同じでも山国の大鹿と平地の谷保とは高度がかなり異なります。信州の大豆も東京周辺の大豆も、後で述べるように同じ〝中間型〟と呼ばれるタイプに分類される大豆です。けれども同じ〝中間型〟の品種でも山地に適した品種を平地で栽培すると過繁茂[2]になってしまい収穫がぐっと低下するといわれています。平地では山地にくらべ紫外線が弱く、昼夜の温度差が小さいというのがその原因だと考えられています。だから大鹿大豆が、われらが谷保においてうまく実るかどうか懸念されるところ大だったというわけです。現にたまごの会の農場では、山形県からもらった青大豆がどうしてもうまく実らなかったという経験がありました。

実ったダイズ

ところがこの懸念は幸いにもあたらず、おいしい大豆がけっこうたっぷりと実ったのです。もちろん厳密に収量を比較している訳でなく、またたった一回限りの経験でしかありません。それに豆の品質(味など)などもこれから検討してみなくてはならないのですが。

大豆もいろいろある

このように大豆は、各品種ごとにふさわしい環境をわりと厳密に要求する作物だということがわかります。大豆は代表的な短日植物[3]として知られています。つまり日照時間がある一定の長さ以下になると開花、結実する植物だというわけです。大豆は環境条件の中でも、特にこの光、そして温度によってその生育が大きく影響されるのです。光＝日照時間に感応する強弱によって、大豆の品種は以下の三つのタイプに分類されています。

①夏型……感光性が鈍感。むしろ高温になると開花、結実する感温性が大。

②秋型……感光性が敏感。典型的な短日型。

③中間型…①と②の中間型。

夏型の大豆は早生[4]で、北海道の大豆はほとんどがこのタイプに属しています。夏が短く、すぐに寒くなる北海道では、日照時間が短くなる秋を待たずに、夏の暑さがやってくるとすぐに高温に感応して結実する大豆が定着したのでしょう。またこの早生種は九州の南端でも作られているようですが、ここではひんぱんにやってくる秋の台風期にはすでに収穫を終えている必要があるからだと思われます。東北地方から関東、甲信越にかけては中間型の大豆が栽培されています。そして秋型大豆と呼ばれる晩生種は、それより西南日本で作られているというぐあいに、この三つのタイプの大豆ははっきりとした地理的分布をしています。

　他の作物でも基本は同じことなのでしょうが、このように特に大豆は、その地域、地域の風土、特に

図1　大豆の品種の地理的分布

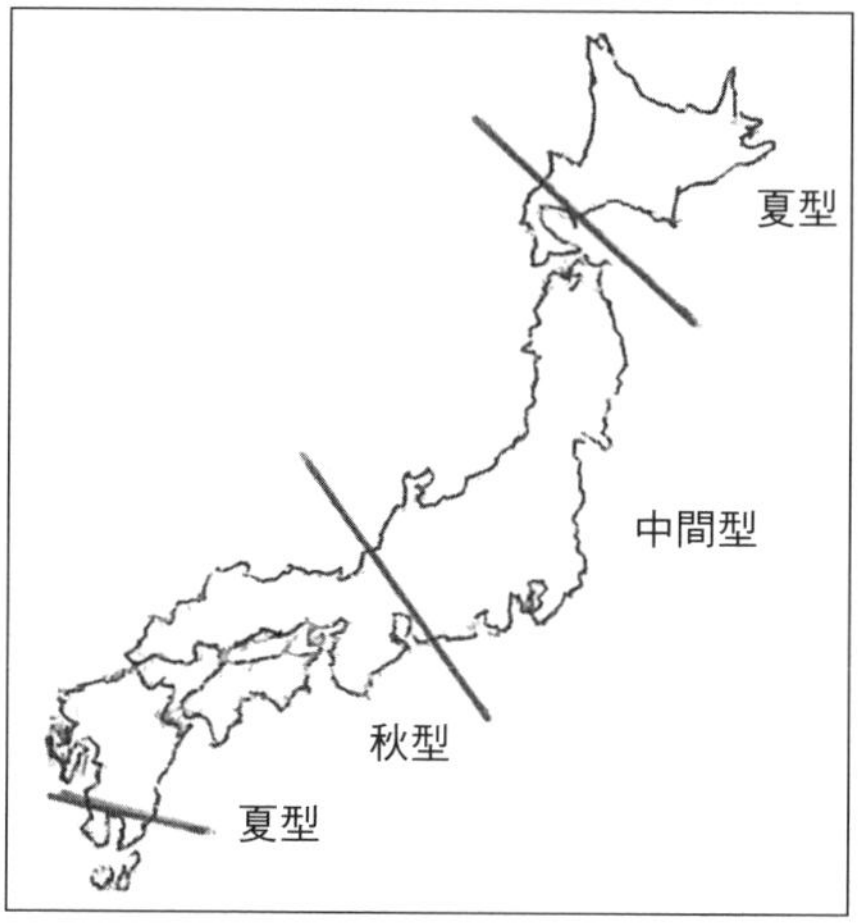

光と温度の条件に厳密に適応して品種が分化していることがわかります。各地に古くから優良品種というのがあって、その地域固有の系統が営々と維持、増殖、改良されてきたのでした。この大豆が現在の日本ではほとんど作られなくなりつつあるということは以前も述べました。作付の減少とともに、貴重な品種(遺伝子)が失われていくというとりかえしのつかない現象が進行していることを懸念せざるを得ません。

品種が画一化される

大豆だけでなく米でも野菜でも、むかしからその土地、土地に固有の品種が存在していました。品種の維持、改良はその土地にすむ人びとが、その暮しを形づくるために必要な営みであったのでしょう。けれどもこの二〇〜三〇年来の「農業の近代化」の中で、品種の画一化が進みました。種苗資本、そして農林省の試験場などのごくわずかの技術者が作り出した〝奨励品種〟が、農協、種屋などを通じて〝商品〟として農民におしつけられることになりました。「農業」、そして「農民」を支配するためには「種」を支配せよ、ということでしょうか。作物や家畜の新しい品種が「純粋種」でなく「雑種」にするという品種改良の手法の変化も、「種」を創造する主体が現場の農民から技術者に移されることになった大きな技術的背景なのですが、今ここではくわしくは触れません(5)。

「文化財」としての伝統的品種群を「保護」しようという立場で書かれた『野菜——在来品種の系譜』(青葉高著、法政大学出版局)という本が最近[一九八一年]出版されましたが、野菜についてのこの辺の事情をくわしく、かつ平易に書いたものとしてたいへん興味深く読みました。

枝豆は大豆のブロイラー⁉

ところで、大豆の品種について述べたついでに「枝豆」のことに触れておきましょう。わが読者諸氏の中には「枝豆」と「大豆」とが違う作物だと誤解されている方がいるかもしれないと気づかうからでありますが。「枝豆」は実る前の大豆を収穫した「未熟大豆」のことですよね。

現在市販されている枝豆は、枝豆用として特別に大豆を栽培したものです。「大豆」が主に北海道や東北、信州で栽培されているのに対し、「枝豆」は千葉や埼玉などの東京周辺で作られているようです。枝豆用の大豆は、さっきのべた早生を使っています。中間型や秋型の大豆では、涼風のたつ秋口にならなければ枝豆を食べることはできません。何といっても枝豆は夏の暑い盛りにビールと一緒に……ということなのでしょうから。

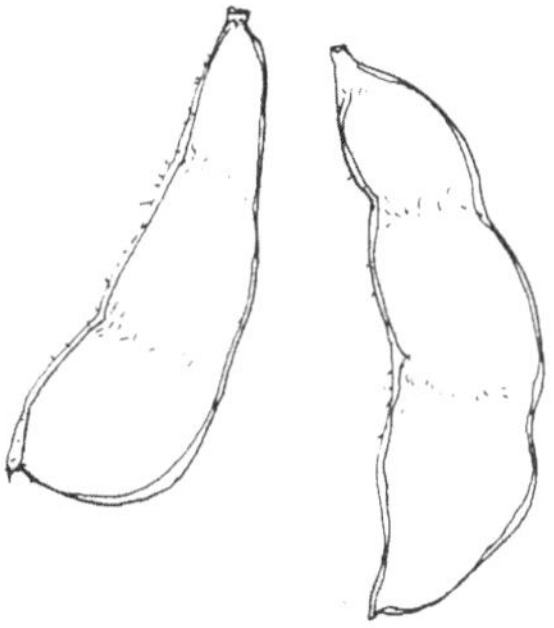

市販の枝豆

この早生大豆の中から、特に早生で、短稈(背丈が低い)、分岐が少なく、着莢《ちゃくきょう》が密、そして莢《さや》が無毛、といったいくつかの性質を備えたタイプの品種を枝豆用として栽培しているのです(早出し用の枝豆はハウスものもあるようです)。そして一般の大豆は肥料をそれほど必要としない作物なのですが、枝豆には肥料も多く与えて短期にたくさんの豆を実らせてしまおうとするのです。大豆のブロイラー版とでもいえばいいかもしれません。こうして作られた最近の枝豆に、じっくりと時間をかけて実らせた大豆本来の風味がないのも、やむを得ないことでしょうか。

われらが谷保みそを作ろう

われらが谷保大豆は、さっきのべたように、主にみそやしょう油に加工するために作る品種ですから、それを秋口、途中で失敬して枝豆として食べるとすれば、現在では最高にぜいたくな枝豆と考えてもいいのかもしれません。

さて、こうして失敬されることをまぬがれたわれらが大豆のほとんどはまもなく収穫されようとしています。この豆はいったり、炊いたりして食べてもいいのですが、せっかくですから、まとめてみんなでみそにでも仕込みませんか。「谷保みそ」というわけです。ぜひやりましょう。

ところで畑で、大豆のそばに、小豆《アズキ》によく似た豆が、ささやかに実をつけはじめたことにお気づきになっているでしょうか。「緑豆」という豆です。種子は中国からいただきました。「緑豆」というと現在ではあまりなじみではありません。それでもこの豆がかつて二〇年ほど前［一九六〇年代前半］までは「もやし」を作るための豆だったといえばどうでしょうか。現在のもやしは東南アジアから輸入する、やはり小豆に似たブラックマッペという豆にとって代わられてしまいました。こちらの豆の方が安いのです。緑豆は中国や朝鮮の人びとにとってはなじみの豆らしく、たとえば中国料理によく使う「春雨」はこの豆の粉から作るものですね。

緑豆は夏に「アズキ」によく似た黄色の小さな花を咲かせました。この「緑豆の花」という題で、韓国の詩人金芝河《キムジハ》が一編の詩を書いています。最後にそれを引用しておきたいと思います。

緑豆《あおあずき》の花(6)

金芝河

素手でいっぱい握りしめた
日差しに生き
壁にも鉄格子にも
夕焼けに赤あかと生き
燃える
火と燃える
深夜こころの中の深い
深い傷跡に生き
しぶとく
鞭うたれる日が続けば続くほど
抵抗の瞳に血走ったまま生き
鍵の音が遠のいた夜ははてしなく
はてしなく、舌は切られて
固く、固く
固い壁の中の最後の

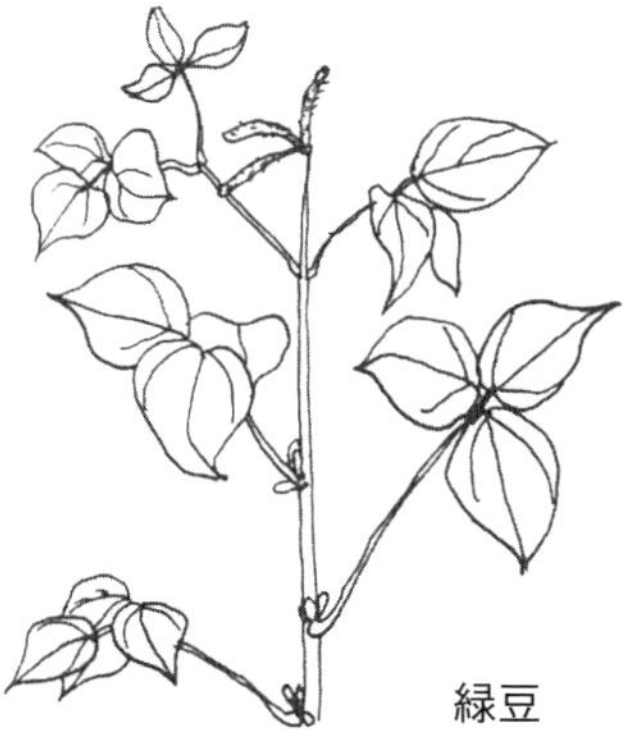

緑豆

慟哭に生き
燃える
火と燃える
緑豆の花が燃える
星影青い水口門《しぐむん》の下、
首斬られてたいまつの下
たいまつよ焼きつくせ
空を、この世のすべてを
きらめく銃剣のもと、
あざけりのもと
おまえたち、
おれの屍を何度首斬っても
あくまで生きぬいて

（1）この地で栽培された大豆は信州みそやしょうゆの原料として加工される。
（2）葉や茎が繁りすぎること。
（3）植物の多くはきまった季節に花が咲く。これは光や温度の刺激に応じて花芽の形成が調節されているからだ。夏から秋にかけて咲く短日植物に対して、日が長くなる春から夏にかけて咲く植物を長日植物という。
（4）発芽から実がなるまでの期間が短いものをいう。期間が長くなるにつれて、中生、晩生という。
（5）「純粋種」同士を交配してできあがった「雑種」は、ふつう両親より病気に対する抵抗性や生産性が高い。これを「雑種強勢」という。この方法を最初に品種改良にとり入れたのはトウモロコシやニワトリであったが、最近ではほかの多くの作物、家畜に普及している。「雑種」を作り出すためには優秀な親を維持していなくてはならず、手間と資本が必要となり、一般の農家では手に負えない。
（6）東学党の乱［一八九四年に朝鮮の農民が蜂起した闘い］のリーダー全棒準の異名。彼は背が低かった。

（『やぼ耕作団』風濤社、一九八五年）

第6章　作物と人間——ワタを育てる

この春、最初の授業のときワタの種子を持ってきて、皆さんにお分けしました。その後うまく育ちましたか。今日は、この秋僕たちの畑で収穫されたコットンボールを持ってきました。皆さん、ワタを実物で見たことは恐らくないでしょう。これは何本かの枝をブーケにしたものです(図1)。

花が咲き終わり、実を結びます。その実が熟すと、パンと弾ける。そうすると、中から真っ白な繊維がふいて、こういうコットンボールになる。このコットンボールから繊維を摘むわけです。今一つ摘んでみます。結構繊維の塊は大きいでしょう。この中に種子がたくさん入っている。ブーケを今回しますから、手に取ってよく見て下さい。

図1　ワタのブーケ

さてこれまで食べ物のことをいろいろ考えてきましたが、食べ物を考えることは、農業を考えることです。でも農業が作るものは食べ物だけではない。着るものも作る。ワタという作物は繊維を作り

出す、代表的なものです。そこで今日は、ワタについていろいろおしゃべりしてみたいと思います。

綿毛は母親が子に着せたコート

まずワタの種子に注目してみましょう。ワタの種子はさっき言ったように、コットンボールの繊維の塊の中に埋まり込んでいる。そこでまずワタ畑で、コットンボールからこの繊維の塊を摘み取ります。「綿摘み」です。この繊維の塊を「実綿(seed cotton)」と言います。種子付きの綿という意味ですね。この実綿から種子を取り出すのですが、この作業を「綿繰り」と呼んでいる。

綿繰りは、ごく少量の場合は一つ一つ手でやればいいのですが、工業的には、専用の機械がある。後で話しますが、伝統的には綿繰り機という小さな道具があります。

こうして取り出されたワタの種子は「綿実(cotton seed)」と呼ばれています。そして残った白い繊維の部分が「綿毛(lint)」です。

図2を見て下さい。弾けて繊維がふいた一つのコットンボールです。さてこの一つのコットンボールからいくつ位の種子が穫れるのでしょうか。

図2　コットンボール

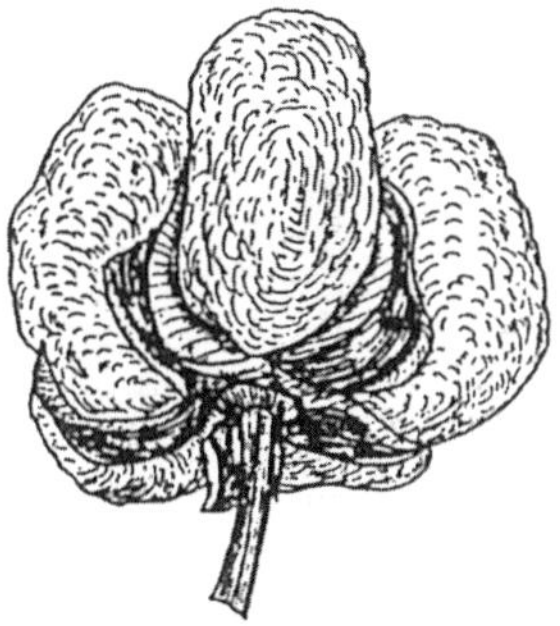

(出典) 栗原浩編『工芸作物学』(農文協、1981年)。

ワタの実のように、弾ける実を「朔《さく》」と言います。ゴマやホウセンカの実などもポンと弾けるでしょう。これらは朔です。大豆の実もそうでした。ワタの開裂した朔を見ると、三から五室に分かれています。僕たちの畑のワタで調べてみると、この一室に七、八個の種子が入っている。だから一つのコットンボール当たりでは、二〇から四〇個程の種子が穫れることになる。ちなみにワタの木一本に幾つ実が付くかと数えてみると、二、三〇個位。そうすると一本のワタの木から合計四〇〇から一二〇〇個の種子が穫れる計算になります。かなり大量です。

何故種子の数にこだわるかというと、ワタの種子からは油が採れるからです。綿実油です。ワタの種子は大豆の種子と同じ位の比率で――二〇％程ですが――油が含まれている。ワタが人間に恵んでくれるものは、繊維だけではないのですね。

ところでワタの繊維ですが、これは一体何なのだろうか、どうしてこんなものが植物にできるのだろうかと、皆さん不思議に思うかもしれません。そこでコットンボールの中の様子をよく観察してみると、この繊維と種子とはつながっている。繊維は一本一本種子の表面から伸びています。

種子の表面の組織、つまり種皮を薄い切片にして顕微鏡で覗いてみます。すると種皮の一番外側の表皮細胞の一部が、細長く外に飛び出しているのが分かります。これが繊維なのです。綿毛というのは、種皮の表皮細胞の突起物だったのです。この突起物は化学的にはセルロースからできています。さっき、繊維の中に種子があると言いましたが、厳密に言えば、種子の外に繊維があると、言うべきでした。この種皮というのは、種子全体をくるんでいる最外層の組織です。実はこの組織は母親の体の一部なのです。種子の中身はもちろん新しい世代、つまり子供の組織ですが、同じ種子でも種皮だけは一世代前の組織なのです。これはどういうことか。

植物の花の構造を思い出して下さい(図3)。雄しべの根元の子房の内側に、胚珠という組織があります。この胚珠の中で受精は行われます。胚珠は動物で言えば、卵巣と子宮を兼ねたような働きをしている。受精卵はここで細胞分裂を繰り返し、やがて種子になります。

種子が成熟するとき、その外側に接している母体の組織、これは胚珠のもっとも内側の組織で珠皮と言うのですが、その珠皮が剥がれて種子全体をくるむのです。これが種皮になります。〝種皮〟は〝珠皮〟からできる。こうして種子は母体からボトンと落下します。ワタの場合その種皮の一部が、ああいうフワフワした繊維を作っている。だからこの繊維とは、母親が子供に着せて上げたコートです。

図3　花の構造

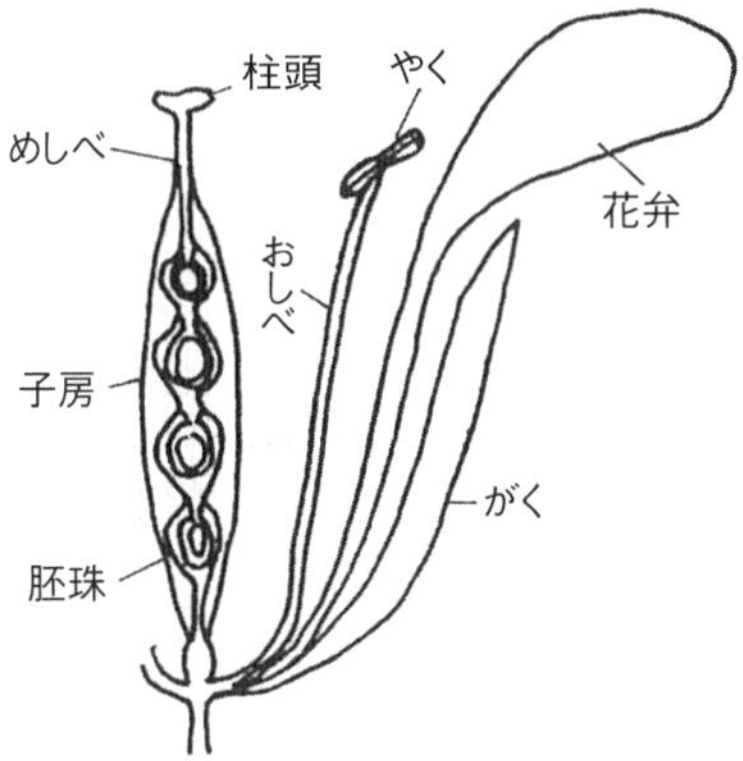

何故母親は子供に、こんなフワフワしたコートを着せたのか。それはよく分からないけれど、いろいろ想像はできます。風で飛びやすいように、あるいは動物の体に着きやすいように、ということかもしれません。いずれにしても、その白いコートはやがて人間の目に留まり、身ぐるみ剥がされることになりました。そして人間は、その白いコートで自分の身をまとうのです。

種なしブドウというのがあります。これはデラウェアという品種ですけれど、粒が小さいので種子が入っていると食べにくい。そこで受精する前の花を、ジベレリン[1]という化学薬品で処理する。すると子房が肥大し始め、粒になる。受精していないので、その中には種子はできない。人間は食べるのに種子が邪魔だとなると、こうして種子なしのものを作ってしまう。種なしスイカ[2]というのもありますね。

ところで、コットンボールの中から種子を取り出すのは大変面倒な仕事です。かつて日本の農村で、綿繰り機を廻しながら女たちは、コットンボールの中に種子がなければと思ったに違いない。ところが〝種なしワタ〟というのは作ろうにも、作れない。繊維そのものが種子の体の一部だからです。種子がなければ繊維は存在しえないのです。

図４　ワタの品種の起源

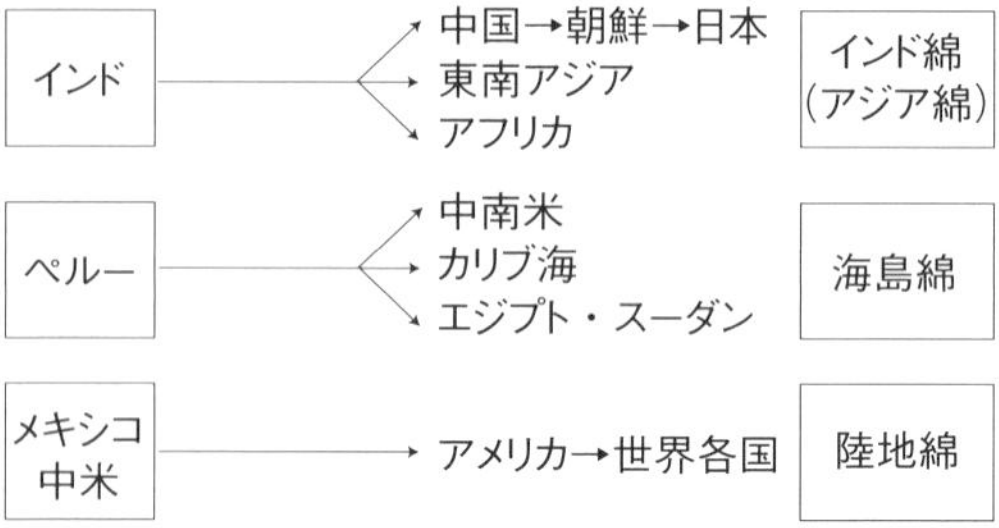

ワタは熱帯起源

さてワタの種子の話のついでに、ワタの品種について触れておきましょう。

ワタの栽培は、古い歴史を持っています。大きく分けると、旧大陸起源のワタと、新大陸起源のワタがある（図４）。

旧大陸で最初にワタを栽培化したのはインドだと言われていま

す。モヘンジョダロの遺跡、今から五〇〇〇年も前の遺跡ですが、そこから綿織物の断片が発見されている。インド原産のワタの品種は、その後中国、朝鮮、そして日本にも入ってきた。江戸時代から明治にかけて、日本列島でもさかんにワタが栽培されていました。

「インド綿」あるいは「アジア綿」と呼ばれているこの品種は、繊維がとても短い(表1)。そこで機械で織るのには不都合です。けれども幅が大変太くて、弾力がある。そこで布団にするには最適です。短くて太い、というプロポーションは何ともアジア的なイメージですね。

表1　綿繊維の長さ・幅・ねじれの数

種類	繊維長(mm)	幅(μ)	ねじれの数(1cm当たり)
海島綿	45.7	12.5	96 ～ 144
エジプト綿	35.6	16.3	70 ～ 122
陸地綿	25.4	20.0	56 ～ 96
インド綿	20.0	21.0	48 ～ 76

(出典) 図2に同じ。

一方、新大陸起源のワタは、二つの系統があります。一つはペルー原産です。これは現在では、カリブ海の島々でさかんに栽培されている。そこでこの系統のワタは「海島綿(sea island cotton)」と呼ばれています。その一部は、エジプトあるいはスーダンに行った。いわゆる「エジプト綿」です。この海島綿、あるいはエジプト綿は繊維がとても長い。そこで機械織りに適していて、しかも高級品です。繊維が長くて細いから、絹のような感じになるのでしょうか。

新大陸起源のもうひとつの系統は、メキシコ周辺が原産地です。これはアメリカで品種改良され、黒人奴隷を使って大規模に栽培されました。現在ではこのアメリカ綿は世界中で栽培され、もっともポピュラーなワタとなっている。北米大陸で普及したので、海島綿に対して、「陸地綿（upland cotton）」と呼ばれています。この系統のワタは海島綿程でないにしても、繊維が長い。現在の綿織物の主流はこのワタで、みんなの着ているＧパンやＴシャツはこのアメリカ綿からできていると考えてもいい。

夏が短い日本ではワタ作りには工夫が必要

さあそれでは、ワタの種子を蒔いてみましょう。

ワタの種子は大粒で、しかもその表面は蝋質で水をはじく。だからそのままで蒔くと、吸水が不十分で発芽がよくありません。そこで普通、種蒔きの前に一晩水の中に浸けておきます。すると種子は充分水を吸収して、発芽しやすくなります。春、種子を蒔いた人で、これをしなかった人は失敗したかもしれませんね。

東京周辺でワタを栽培する場合について、これから話しますが、種蒔きの時期はなるべく早い方がいい。僕たちの畑では、遅くとも五月の上旬には蒔きます。何故か。日本列島でワタを栽培する場合、ぐずぐずしていると、肝心の綿毛が穫れなくなってしまうのです。

ワタはインド、あるいは中南米原産ですから、元来熱帯地域の作物です。高温で乾燥した土地に適応している。乾燥といっても、年間降水量で一〇〇〇から一五〇〇㎜位の所が最適だと言われています。極端に乾燥した所でも駄目なのですね。日本列島の年間降水量は一五〇〇から一八〇〇㎜ですから、やや湿潤過ぎる。しかも温帯だから、成育期間の夏が短く、その短い夏を挟んで、雨期がある。長い梅雨。秋になると台風、そしてまた長雨。

ワタはアルカリ性の土壌に適応している。ご存知のように、日本には酸性土壌が多い。このように日本列島の自然は、ワタの成育にとっては不利なことが多い。だからそれなりの工夫が必要になるのです。

夏はすぐ終わってしまうので、あまり寒くならないうちに一生を終わらせなければならない。そのためには、種子をなるべく早く蒔くのが一番というわけです。遅れると、花は咲いたけれども結実しなかったとか、コットンボールが開かなかったということになる。

図5　発芽まもなくのワタ

さて、この春種子を蒔いた人は経験したと思うけれど、種蒔きしても芽がなかなか出てきません。二週間位出てこない。種子が腐っちゃったかなと心配してほじくってみると、芽がちょっと顔を出している。あわてて土を戻す。もともと発芽に時間がかかる植物なのですね。

芽が出ても、なかなか大きくなってくれません。初期成育がとてもゆっくりなのです(図5)。しかも悪いことに日本列島では、ようやく芽が出て成長しようとする時期に、いきなり長い雨期が始まる。何日も太陽が顔を見せません。ますます成長は遅滞します。ここで失敗した人もいたかもしれませんね。つまりこの時期には病気になりやすい。発芽したての可憐な芽生えが、雨に打たれながら朽ちていくのを見るのは、辛いものです。

先週話したように、ワタと対照的なのが大豆です。大豆は発芽してからすぐに旺盛に成長して、葉を茂らせていきます。そのため雑草が下から生えてくるのを、自分で抑えることができるのです。ところがワタはなかなかそうしてくれない。どんどん草が伸びてきて、下手をすると埋もれてしまう。そこで人は雨の合間、せっせと草取りに精を出さなければなりません。

真夏に見事な花が

さあこの長い雨期を乗り切ると、いよいよ待望の夏です。太陽が照り付け、ワタもようやく熱帯気分を満喫し始めます。一気に成長が加速されます。葉が生い茂り、茎もまるで樹木のように太くたくましくなります。伸び切ると、高さは人の背丈程にもなります（図6）。

図6　伸び切ったワタの木

八月の半ば頃から、花が咲き始めます。この花がとてもきれいです（図7）。開花して一日で萎《しぼ》んでしまうのですが、開いたばかりの時は薄い黄色が多い。それが萎む直前にはピンクになる。みるみる色が変化していくのです。夏、花屋さんに行くと、鉢植えのワタが並んでいる。ワタは最近鑑賞用としても、もてはやされている。それもそのはず、ワタはアオイ科の植物です。このアオイ科にはきれいな花を咲かせる植物が多い。

タチアオイは知っているでしょう。夏、道端や庭先で、きれいな花を咲かせる背の高い植物です。それから熱帯に行けばハイビスカス。野菜でアオイ科を探せば、オクラです。このオクラもハイビスカスに似た見事な花を咲かせる。ワタの花はこのオクラの花に一番似ている。

ワタの花は全部一遍には咲きません。八月半ば頃から九月半ばにかけて、下の方から一つ一つ咲いていくのです。咲き終わったものから次々と実を結んでいきます。そして九月の半ば頃、はじめてのコットンボールがはじけます。それから一一月の半ば頃まで、次々と白い繊維をふいていくのです。

図7　ワタの花

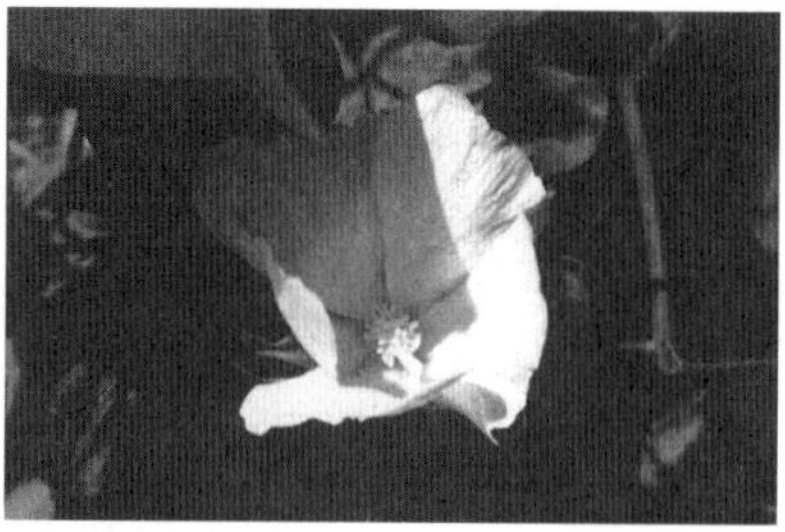

乾いた空には実を上向け、湿った空には実をうつむける

僕たちの畑では、現在世界中でもっともポピュラーなアメリカ綿（陸地綿）と、かつては日本列島でも作られていたアジア綿の二つの系統のワタを栽培しています。

アジア綿はだいぶ早生のようです。アメリカ綿に比べ、早く花が咲き始め、それだけ結実の時期も早くなる。なるほど短い日本列島の夏にはうまく適応しているといえそうです。ところが残念なことに、このコットンボールはアメリカ綿に比べ小さくて、またその株当たりの数も少な

図８　上を向くワタの実（アメリカ綿）

い。どうやら綿毛の収穫量では太刀打ちできそうもありません。かつてこのアジア綿は本家のインドはもちろん、中国でも盛んに栽培されていました。ところが現在では、この地域でも、ワタの栽培の主役はアメリカ綿に取って代わっているというのです。

　ところで、アメリカ綿の花は上向きに咲きます。そして実もそのまま上を向いて実ります（図８）。やがてコットンボールが青空に向け弾け、太陽の光線を体の隅々まで吸収します。コットンボールが開いたばかりのときは、中の綿毛は長く真っすぐ伸びています。未熟な繊維は水分を含んでいるからです。それが太陽の光を浴びて乾燥していくにつれ、綿毛は徐々に縮みねじれてくる。このねじれが強い程上質な綿毛といわれるのですから、この時期は乾燥した晴天が続いた方がいい。上向きのコットンボールをつけるアメリカ綿は、太陽の光を充分吸収できるので都合がいいのです。このアメリカ綿が改良育成されたアメリカの綿花地帯は、綿毛の収穫期には乾燥した日々が続くのでしょう。

　ところが日本列島では、綿毛の収穫期は秋の長雨にちょうどぶつかる。あるいは一〇月になり朝方やや気温が下がると、空気中の水蒸気が植物体に結露する。いずれにしても、せっかく開いたコットンボールが濡れてしまうことが多い。乾燥してよじれた繊維がまた伸びてしまうのです。そこで足繁く畑に通って、コットンボールが濡れないうちに、素早く収穫しなければなりません。

日本列島の秋冷期には、アメリカ綿の上を向いたコットンボールは全く無防備です。空から降ってくる冷たい雨露にすっかり濡れて、萎んでしまいます。ではアジア綿はどうか。

アジア綿の花はアメリカ綿と同じように、上を向いて開きます。ところが、花が萎れて実を結ぶ頃になると、花を支えている細い枝が下に湾曲し始めます。そうしてコットンボールが開く頃には、完全に下にうつむいてしまうのです（図9）。それに開いた果皮とがくは、よく見るとちょうど傘のような形をしてします。この傘は中の繊維を雨露から守っているかのように見えます。さすがアジア綿は、日本列島の風土によく合っていると、感心させられます。乾ききった空には実を向ける、そして湿った空には実をうつむける。実をつける向きというささいなところにも、植物は見事な環境への適応を見せてくれます。そしてその植物の特性を活かしながら、それぞれの地域で綿作を営んできた人間の知恵にも注目して下さい。

図9　うつむいて開くコットンボール（アジア綿）

さあ、そして一一月半ば頃、もう初冬です。例年、東京周辺だとこの頃、最初の強い霜が降ります。葉はチリチリに萎

図10　冬枯れのワタ畑

写真提供：朝日新聞社。

れてしまう。それまで元気だったワタの木は、いっぺんに枯れてしまうのです。熱帯の植物だから寒さには弱いのですね。ところがおもしろいことに、このあともまだ綿毛は収穫できるのです。

この時期までまだ収穫されなかった実は、天気さえ良ければ弾け、大きなコットンボールに成長していきます。こうして収穫された綿毛を「木採綿」と言います。〝死してなお綿を遺す〟ということでしょうか。ただしこの木採綿は、成長がもともと遅いものでしたから、品質はあまりよくありません。

ここに冬枯れのワタ畑の写真があります（図10）。これは何年か前、僕たちの畑で撮ったものです。手前にあるのはワタの木で、もうすっかり枯れている。取り残したコットンボールがいくつか見えます。後ろに、若い娘が赤ん坊を背負っています。ねんねこばんてんはこの畑のワタから作った……と言えば、よくできた話になりますが、残念ながらそうではありません。

冬枯れのワタ畑は、なんとも物寂しくロマンチックです。

布団を作る

収穫された綿毛を使って、それを糸に紡ぎ、染め、そして織るという営みがこの後に続きます。けれども僕にはその経験はないので、残念ながら語ることはできません。けれども我が家では畑の綿を使って布団を作りました。これはそう特別な技術は必要がない。誰でもできます。この布団作りについて少し話してみましょう(図11)。

図12を見て下さい。そこに綿繰り機があります。これは農家の物置にあったのをもらってきたものです。取っ手を廻すと、二本のローラーが重なり合って廻る。その間に種子を含んだ綿実を

図11　布団作りの行程

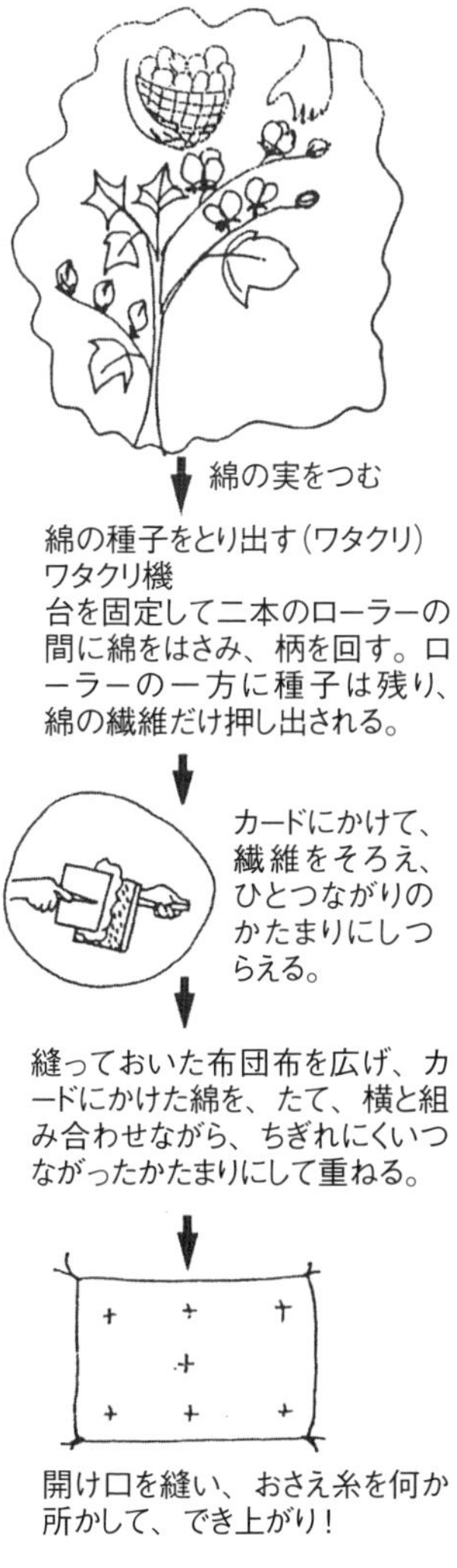
綿の実をつむ
綿の種子をとり出す(ワタクリ)
ワタクリ機
台を固定して二本のローラーの間に綿をはさみ、柄を回す。ローラーの一方に種子は残り、綿の繊維だけ押し出される。
カードにかけて、繊維をそろえ、ひとつながりのかたまりにしつらえる。
縫っておいた布団布を広げ、カードにかけた綿を、たて、横と組み合わせながら、ちぎれにくいつながったかたまりにして重ねる。
開け口を縫い、おさえ糸を何か所かして、でき上がり！

図12　綿くり機

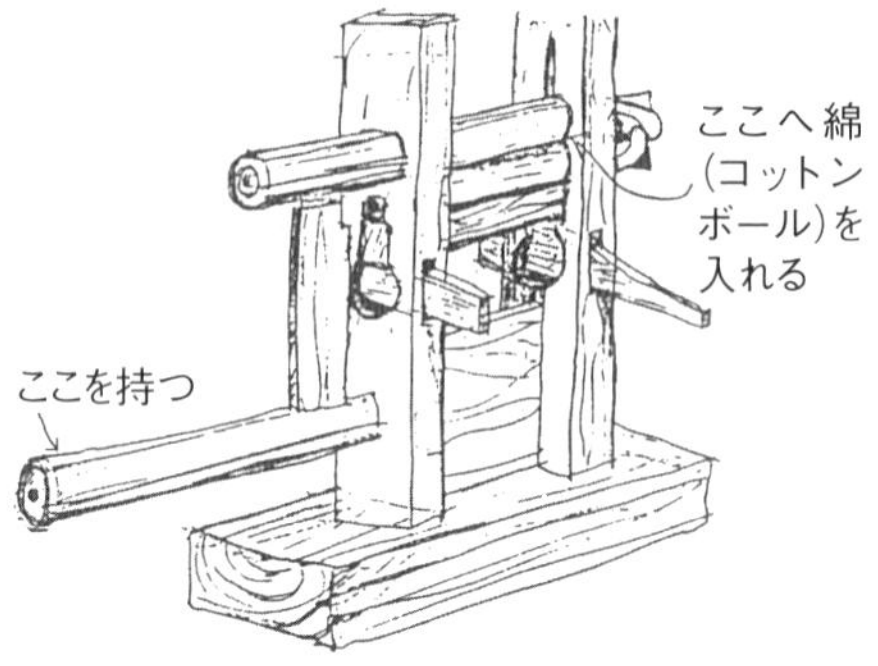

一つ一つ通すと、ワタの繊維だけ向こう側に通り抜け、手前に種子がポトと落ちる。

次に、綿繰りを終えた繊維の塊を幾つかまとめて、カードにかけます。このカードというのは、本来羊の毛をすいて毛糸にするとき使う道具ですが、これをここで使う。カードにかけると、綿の繊維がそろって伸び、ふんわりとボリュームが増す。この工程は「綿打ち」といって、伝統的には「唐弓」という弓のツルのようなもので行うのだそうです。

カードにかけられフワフワになった綿は、あらかじめ用意した、裏返しにした布団布の上に並べていきます。たっぷりと並べ終わったら、その綿を抱き込むように布をひっくりかえし、縫い合わせます。中の綿が移動しないように、布の随所を縫い付けます。これでできあがりです。

かつての日本の農村地帯では、自分の畑に作ったわずかばかりの綿を使って、このようにして、布団を作ったのでしょう。そして子供たちは、母親やおばあちゃんの作ってくれた綿入りばんてんの温もりの中で、寒い冬を過ごしたのに違いありません。このように夏が短く、湿潤な日本列島でも、人と綿とのドラマはあったのです。

表2 世界の綿花輸出入 (単位＝1000トン)

輸出			輸入		
	1986	1987		1986	1987
アメリカ合衆国	657	1195	日本	695	836
ソ連	713	783	中国 1)	386	525
中国 1)	558	755	韓国	377	427
パキスタン	639	641	ホンコン	255	354
オーストラリア	241	251	イタリア	278	332
インド	110	185	西ドイツ	238	295
スーダン	203	174	タイ	193	250
ブラジル	37	174	インドネシア	171	211
エジプト	146	130	ポルトガル	171	188
世界※	4647	5468	フランス	162	178

(注) 1) 台湾を含む。※その他の国も含む。
(出典) FAO貿易年鑑(1987年)による。『日本国勢図会』(国勢社、1989年版)より引用。

日本は世界一の綿花輸入国

日本の近代化、工業化は生糸生産や綿織物によってもたらされました。昭和の初期になると、日本の綿織物の輸出量はイギリスを抜き、世界一になるのです。けれども綿花の国内での生産量は明治の半ばをピークに急速に低下していきました。さっきいったように国内産の綿毛は、アジア種ですから繊維が短く、大型機械による織りには適していなかったからです。以後日本の綿織物業は、輸入綿花に完全に依存していきます。

さて現在の日本列島。ここにはアジア綿はおろか、ワタの木そのものがすっかり見掛けられなくなりました。綿花の国内自給率はゼロです。日本は今世界一の綿花の輸入国です［二〇一一／一二年では中国がトップ］。

世界の綿花の輸出入のデータ［一九八六・八七年］を見ましょう(表2)。輸出量で一位はアメリカです。断然多い。一方輸入量では、日本がこれまた断トツです。日本の輸入先のトップは、やは

図13　わが国の綿花輸入先（1987年）

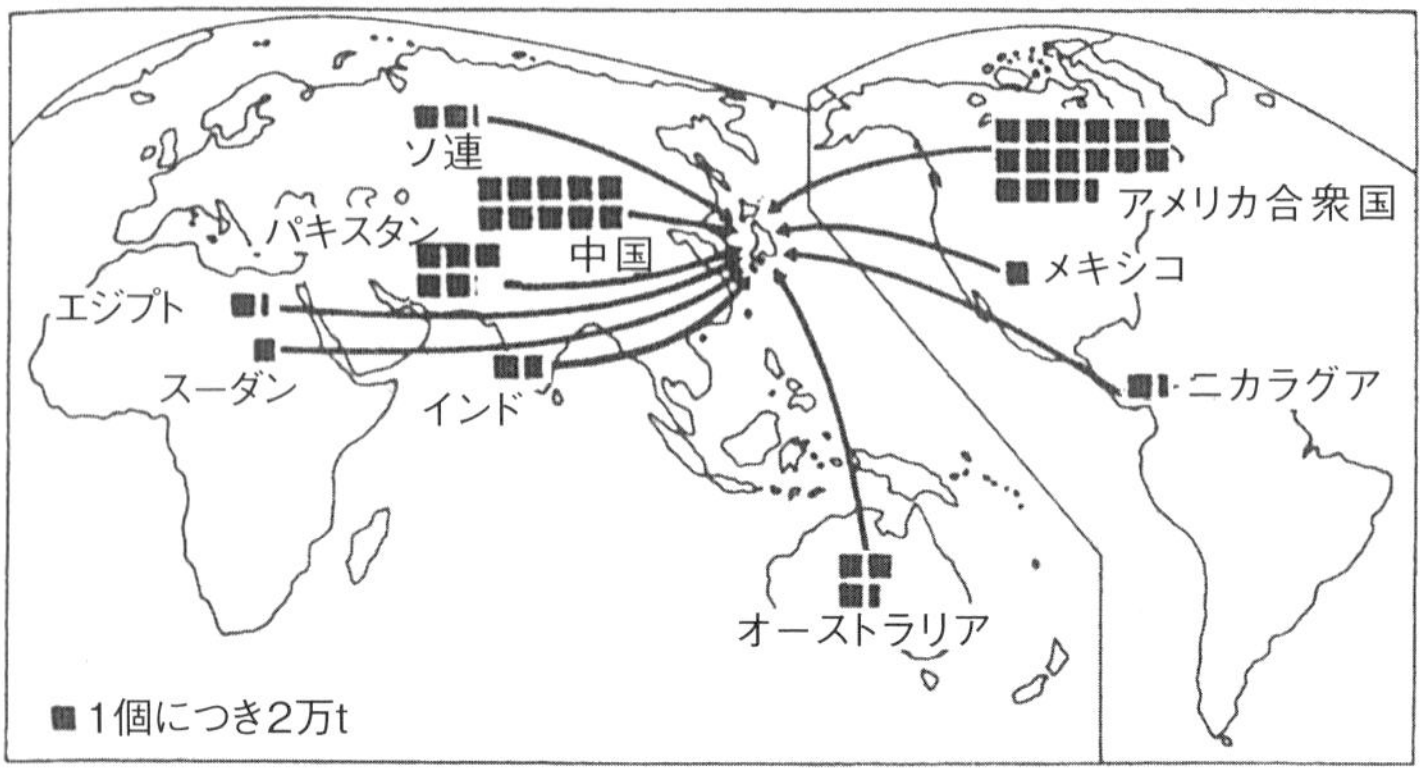

（出典）通商産業省『通商白書』（1988年版）による。表2と同資料より引用。

り圧倒的にアメリカです（図13）。

この講義で、日本が世界で一、二の輸入国というのが出てきたのはこれで三回目ですね。覚えていますか。穀物、原油、そしてこの綿花です。食べ物、エネルギー、そして着るもの。人間の生活を形作る根幹的なものを、日本は世界中から買いあさっていることがこれではっきりと分かります[3]。

表3は日本の綿糸、綿織物の生産と輸出入の実績です。

綿織物の数字を見ましょうか。一九三四年から三六年、つまり昭和の初期ですが、この時期はさっき言ったように、日本は世界一の綿織物の輸出国でした。ところがそれ以後輸出量は減少し、一方輸入量は逆に増え続けていきます。そして一九八四年から輸入量が輸出量を凌駕し始めたのです。つまり現在の日本は綿織物の輸入国です。

先週、日本は食用油を大量に消費していて、その油を国内で自給することは困難ということをお話ししま

表3　わが国の綿糸・綿織物の生産と輸出入

	1934〜36(平均)	1960	1970	1980	1986	1987
綿糸(1000トン)						
生産	644	564	526	504	445	464
輸出	16	39	7	10	6	5
輸入	5	0	13	69	155	187
綿織物(100万㎡)						
生産	3251	3222	2616	2202	1974	1837
輸出	2233	1191	429	316	444	451
輸入	1	1	72	224	506	560

(出典)通商産業省『通商白書』(1988年版)による。表2と同資料より引用。

した。そして今日の話は、日本は世界一の綿花の輸入国だということです。現在の日本人は、着るものに関してもぜい沢をしているのでしょうか。ゆっくりと考えてみたいテーマだと思います。

さて、僕たちの畑では今年〔一九八八年〕もたくさんのワタの種子が穫れました。来年の春に向けまた皆さんにお分けしますから、希望者はその旨今日のメモに書いて下さい。

(1) 植物成長ホルモンの一種。

(2) コルヒチンという物質で処理すると、細胞の中の染色体の数が通常の二倍あるスイカができる。このスイカに通常のスイカを交配させると、染色体の数がその中間のスイカができる。このスイカは実をつけるが、種子はできない。

(3) 木材の輸入量も世界一。

参考文献
日々暉編『子供のための綿づくり教室』合同出版、一九八五年。
(『ぼく達は、なぜ街で耕すか――「都市」と「食」とエコロジー』風濤社、一九九〇年)

第IV部

まちの自給、むらの自給

【解題】自給・自立の地域論

大江　正章

1　第Ⅳ部の構成

第Ⅳ部では、農業から地域づくりへと視点を広げた二つの論考を収録した。

ひとつは、明峯さんが一九八四〜九七年に暮らした東京都日野市で、「日野・まちづくりマスタープランを創る会」の活動から生まれた「市民版日野・まちづくりマスタープラン――市民がつくったまちづくり基本計画」（日野・まちづくりマスタープランを創る会発行、一九九五年）の第4章「誰もが『循環』の一員〜まちの自立《ひとりだち》を支える仕組み」第3節「『農』がいきづくまち」である。もうひとつは、二〇〇七〜一一年度に行った新潟県山古志村（現長岡市）の新潟県中越地震（二〇〇四年一〇月）からの復興を支援するプロジェクトの成果をまとめた『山あいの小さなむらの未来―山古志を生きる人々―』（東洋大学福祉社会開発研究センター編、博進堂、二〇一三年）の第2章「帰村から復興へ　農的な暮らし◉それを支えるしくみ」第1節「自給のむら」である。

日野市の活動はトヨタ財団の一九九二年度市民活動助成、山古志村支援のプロジェクトは文部科学省学術研究高度化推進事業の補助（二〇〇七〜一一年度）を受けている。前者のいわば「まちの自給」は明峯さんがリーダーとして引っ張り、後者は「たまごの会」時代からの畏友である内田雄造さん（元・東洋大学教授、都市計画家、二〇一一年逝去）から誘われ、「むらの自給」へ視野が広がり、考察が深められた。

2 日野・まちづくりマスタープランの内容

明峯さんは「たまごの会」のころから「最重要課題は、僕たち都市生活者の暮しの中に〝自ら作ること〟をどうとり入れるかにある」（「たまごの会の歩み――僕のたまごの会中間総括」『国立たまごの会勉強会報告』一九八一年二月、二一ページ）と考えていた。『ぼく達は、なぜ街で耕すか――「都市」と「食」とエコロジー』（風濤社、一九九〇年）では、「自分の食べるものを自分で作るごくごく身近な営為として、農業を、いや『農』を考えてみよう」（四ページ）と提案されている。

ただし、やぼ耕作団は、あくまで共通の価値観を持った仲間たちの営みである。閉ざされているわけでは決してないが、地域の人びとに広く働きかけていたわけでもない。もちろん、『ぼく達は、なぜ街で耕すか』の出版は社会へのメッセージである。だが、それだけでは、地域社会は変わらないいし、まちづくりにはつながらない。一九八四年から日野市に住み、八七年からは京王線百草園駅前の田畑に定着し、やぼ耕作団の活動が充実・深化していくなかで、明峯さんの関心は都市生活者が〝自ら作る〟ことを実現するためのプランづくりに広がっていく。

日野・まちづくりマスタープランを創る会の活動が始まったのは一九九二年二月だ。マスタープランは、自治体で言えば基本構想にあたる、まちづくりの骨格だ。当時の想いを明峯さんは、こう語っている(「手づくりのまちづくり」『日野ボランティアセンター情報』一九九二年七月号)。

「僕は都市農業が専門なのですが、都市の農地は空間的にも追い詰められ、このままではあと一〇年も持たないという所まで来てしまいました。『都市農業』というのは、本当はもっと可能性があります…しかし、今年の春に『生産緑地法』が施行され、日野の町を見ても農地はますます減っています。要するに今が最後のチャンス、このタイミングをはずすとまずいと思うんです」

「僕たちの世代、つまり『全共闘世代』という視点からいうと、…あの頃、自分達の言ってきたことに、そろそろ『落とし前』をつける時期ではないか…経済優先社会のおこぼれを…抱え込んで、結局、本当の豊かさとか、楽しさを奪われていくという事に、みんな、ごまかされ、乗せられたフリをしている。…『ごまかされたフリはやめよう』と誰かが言い出すことが必要になってきていると思う」

明峯さん自身、第Ⅱ部の解説にもあるように、耕す場所の移転を繰り返してきた。自ら体験した都市農業の危機と、大学院を中退してからちょうど二〇年（大学闘争終焉から二一年）という節目が、新たな実践へと駆り立てたのではないだろうか。ちょうどそのころぼくは、東京都と多摩地域の市町村が行う事業「ＴＡＭＡらいふ21」のプログラムの一つ「都市農業の新しい展開」のコーディネーターをつとめ、明峯さんを主要メンバーに引っ張り出したのだが、その弁舌は鋭く、活気にあふれていた。

日野市は元来、市民活動が盛んな地域である。約八〇人の日野市民が討議や調査に参加し、一九九三年三月に中間報告が出された。まちづくり部会、くらし部会、みどり部会、いのち部会の四部会が、それぞれの視点で、中間まとめや今後の課題を提起している。だが、それは、主要メンバーのひとり伊藤勲さん（当時、東京都庁職員。現在はＮＰＯ法人やまぼうし理事長）[1]が言うように、「専門分野の寄せ集めにすぎず、縦割りの構図を超えていなかった」。明峯さんが目指した「個別の領域で蓄積されている相当いいアイディア、成果を持ち寄り、インテグレート（総合化）」は、実現しなかったのである。

そこで、中間報告の見直しが進められていく。その議論をリードしたのは明峯さんだったようだ。なお、一九九三年は日野市長選挙の年でもあった。会のメンバーからは候補者を出すべきだという意見もあり、明峯さんが有力視されたが、「任ではない」と断ったという。結局、予定から一年遅れで一九九五年四月に最終報告（「市民版日野・まちづくりマスタープラン」、以下「市民版マスタープラン」）が発行された（執筆者は男女各一二名。年代は四〇代を中心に二〇代～六〇代）。その構成はとても斬新なので、紹介しておきたい。

第1章　水よ巡れ・樹々よ天高く～舞台としての自然環境
第2章　人よまちに出でよ～このまちの主人公たち
第3章　まちはいま成熟の季節《とき》を迎えた～暮らしを形づくる仕組み
第4章　誰もが「循環」の一員～まちの自立《ひとりだち》を支える仕組み
第5章　地域の英知を結集しよう

縦割りの弊害は克服され、日野市の中央部を流れるまちのシンボル浅川の記述から始まっている。そして、多摩地域が「人材を奪い、地方を衰微させていく〝加害者〟としての側面」を持っていることを自覚したうえで、多様な人間との折り合い（福祉、いのち）、伝統的なたたずまいとの折り合い（緑、農）をベースに〝自立した成熟したまち〟を提起した。伊藤さんによれば、本格的な市民版マスタープランは全国初で、マスメディアからも大いに注目されたという。

第4章では、水、ごみ、農について、まちの自立を支える仕組みという視点から論じている。みどり部会とくらし部会の一体化と言えるだろう。水に関しては、豊富な地下水や湧水の積極的利用や合成洗剤の不使用、ごみに関しては、生ごみの堆肥化、分別の徹底、自動販売機の規制などが目をひく。そして、農はこう位置付けられている。

「私たちの考える『農』とは、単に農地を耕し食料を生産する行為を意味するのではない。自然の循環を損なわずに暮らす、知恵と営みの総体をさす。人間が自然の一部として、自然に生かされているという倫理のある暮らし方と言ってもよいだろうか」（本書三五八ページ）

「農は特定の手のうちにあればよいのではなく、すべての人々に開放されるべき」

そこから、以下のような具体的提案がなされている。いまこれらを読むと、格別新しいことが述べられているわけではない。しかし、一九九五年という時期を考慮すると、とくに④⑥⑧はかなり先進的な提案ではないだろうか。

①市民農園、とくに宅地化農地を利用して農家が直接市民農園を経営する方式の増設
②援農の組織化
③学校給食における地場産農産物使用比率の拡大と市民も参加する学校給食検討会の設置
④市内産農産物の加工と流通を進める市民加工場・市民市場の創設
⑤自給自足講座の開設
⑥兼業農家の社会的役割の評価
⑦水田の保全と裏作の復活・田畑輪換
⑧上記の提案を実現するための、市民と農家の共同運営によるまちづくり農業公社の設置

マスタープランづくりを進めるなかでメンバーたちは、提言内容を「行政に反映させなければならないという思いを強くしてきた」という(「市民版マスタープラン」一三九ページ)。しかし、日野市の第三次基本構想原案は一九九三年七月に提示された。これに対して、早速同月に提言を作成して提出したが、反映はされなかった。完成した市民版マスタープランの内容も、その時点では取り入れられていない。

では、マスタープランづくりは、大きな意味はもたなかったのだろうか。ぼくは、そうは思

わない。前述の①〜⑧に限ってみても、その後の二〇年間で各市町村の施策に反映されたものがいくつもある。たとえば、日野市で二〇〇四年に策定された「第二次農業振興計画」のアクションプランで②の援農制度が提起された。①の農家が直接市民農園を経営する方式（現在の名称は農業体験農園）は、市民版マスタープラン完成時点では横浜市にしかなかったが、一九九六年の練馬区を皮切りに急速に普及していく。「多様な公民協働」も進んだ。

明峯さん自身は一九九七年秋に日野市を離れたが、彼が播いた種は確実に育ったのである。

3　自給のむら、がんばらないむら

都市をフィールドにしてきた明峯さんは、西アフリカの農村やタイの山村を調査したことはあったが、日本の農山村を継続的な調査・研究対象としてはこなかった。だから、山古志での五年間は新鮮で、楽しかったようだ。この時期、彼はぼくに会うたびに必ず、山古志について熱心に話した。

山古志の支援プロジェクトは六グループに分かれ、明峯さんが実質的に率いた地域産業研究がもっとも精力的に活動している。彼の影響を大きく受けた清野隆さん（江戸川大学講師）によると、山古志へは二泊三日を基本に一二回通い、四三回の研究会を行ったという。現地では約四〇人と接触し、二〇人程度に詳しく話を聞いた。明峯さんにとっては、日本国内では初めて特定地域を長期間にわたって調査・研究したことになるだろう。彼はフィールドワーカーではないが、清野さんはこんな印象を語っている。

「コミュニケーションがうまく、くだけた感じでいろいろ引き出しました。年配の女性とも打ち解けて話していましたね。農という共通項があったからでしょう」

もっとも、山古志には地震後に多くの研究者が調査に入っている。明峯さんたちの活動開始は二年半が経過してからと遅いし、一二回という回数はフィールドワークとしては決して多くない。だが、大規模な直売所や観光施設ではなく、自活と自給をベースにした復興路線を明確に打ち出した意義は大きい。自然の「制圧」を目指す都市は「解体」されなければならないと持論を再確認したうえで、こう論じる。

「むらは、他の世界から『奪える』ものはわずかだ。むらは自らが必要とするものは自活しなければならない。自活は自然の恵みを得ることによりはじめて成り立つ…自然の力を活用するには、自然を制圧してはならない。自然を上手に『手なづける』ことが必要である。『手なづける』とは自分の思い通りにすることだ。しかしあくまでも相手の『本性』を尊重しながらという点で『制圧』とは異なる。つまり手なづけるとは『手入れをする』ということだ。森の手入れ、田畑の手入れ、道の手入れ、川の手入れ……」(本書三七四ページ)

「このような地域での農業の役割は何なのだろうか。それは他でもない、むらのくらしを支えるという役割である。村人のくらしが自らの農業によって支えられる。そのようなAgriculture-supported community(ASC)が『自給のむら』である。山古志はまさに『自給のむら』なのである」(本書三八〇ページ)。

一般に言われるCommunity-supported agriculture（CSA）ではなく、ASC。そこには、土台地域が農業を支えるとは傲慢な表現だという明峯さんの想いがあったのかもしれない。そこには、土台（基層）に位置するのが自給・交換経済（農的くらし）であり、その上に市場経済（稼ぎ仕事）がある。決して、その逆ではない（本書三八五ページ）。また、自給・交換経済を支えるひとつのあり方が、地震によって近隣地域へ転出を余儀なくされた人びとによる通勤農業である。[2]

そして、自給のむらにふさわしい農のあり方が挙げられている。そうした農の帰結として、『山あいの小さなむらの未来』で次のように述べる。それは、山古志の調査・研究の結論でもある。

「彼らが再発見した『むら』とはどのようなものなのだろう。…『美しいむら』は『農的暮らしを中核とするゆったりとした生活の素晴らしさ』を意味する」（同書、一五ページ）。「『いろいろなものを作ってくらしていけば、こんないいところはない』。ある村人がそう言った。…ないものねだりをしない。背伸びをしない。今ここにあるものの価値を認め、それを最大限活かそうとする。（かつて山古志に五回足を運んだ宮本常一が語った〈筆者補足〉）『美しいむら』は『がんばらないむら』なのである」（同書、三〇二ページ）。

そして、「都市に暮らす人々からはくらしを支える仕事が奪われている」（本書三七五ページ）と述べ、山古志に居住し、近隣都市で働く生活スタイルを「山村居住」と名付けた。それは、山古志の自然・歴史・社会的制約の中で彼らが選び取った姿である。

「この『山村居住民』たちが今、むらを守り、田畑を守り、山を守り、川を守り、そしてそ

の結果下流域の都市を守っている。この事実の重要さは、多くの人々に理解されなければならない」(本書三八六ページ)

ここでいう「多くの人々」には、たまごの会を離れて以降、都市での暮らしを選んだ自らも含まれているのではないだろうか。明峯さんは当時、山形県高畠町の星寛治さんや島根県木次町(現・雲南市)の佐藤忠吉さんから「農地を世話する」と移住を誘われたけれど、「ぼくは都市出身なので、あえて困難な都市で活動する」と答えたという。そこでの成果は全体解題の「耕す市民の現代的意義」に詳しいが、山古志でのむら人たちとの付き合いのなかで、明峯さんは人と地域の関係のあり方を再考したと思われる。

「一人ひとりの人生のありかたは、その人が決める。しかしその人生は『村』により支えられている。その『村』のあり方は、人々の合議で決められる。一人ひとりが『村』のあり方を決め、『村』により一人ひとりの生き方が決まる。この仕組みが『自治』である。自治が健在である限り、『村』の未来や、一人ひとりの未来は、単なる〝いきがかり〟ではなく、主体的に『選択』したものとなる」(「かけがえのない村〜山古志の農的くらし」『福祉社会開発研究』第三号、二〇一〇年、一五ページ)

「村」に、地域に生きる人間として、自治の仕組みをどう創るか。日野市を離れて以降、実践や政策提案にこそつながらなかったが、山古志の調査・研究をとおして明峯さんの思索と地域の見方は深まっていった。自給によって、人は自立していく。人は一人では生きられない。その真の自立とは、周囲にどれだけ多くの助け合える人間関係と仕組みを創り出せるかである。そして、自立した人間たちによって自治が実現する。

（1）やまぼうしは、二〇〇一年に創設された「共に生きるまちづくり」を目指すＮＰＯで、障がいのある人もない人も一緒に働き、暮らしていける地域社会の実現をテーマに活動。現在、認定ＮＰＯ法人として、障害者就労支援事業、農福連携の「スローワールド事業」、生活援助、ケアホームのほか、環境保全事業にも取り組んでいる。

（2）清野隆「新しい営農方式の発見」前掲『山あいの小さなむらの未来』一三五〜一四〇ページ。

第1章　「農」がいきづくまち

土を耕し、生き物を育て、やがて実りを手に入れる
それは誰にも、喜ばしく、楽しい仕事
そう、農はさりげなく、素朴な人の営み
その農がいきづくまち

私たちは今、食料の多くを海外に依存している。私たちのために行われる食料の大量生産が、彼の地の自然と人々の暮らしにどれほどの犠牲を強いるものなのか。一方、私たちの暮らしは大量のゴミを排出している。その処理と廃棄に、どれだけのエネルギー浪費と環境破壊が招かれるのか。今地球規模で、そして身近な地域で進行する環境と生命の危機には、「豊かな」暮らしを享受する日本などの先進国、とりわけそこの都市部に暮らす人間の責任は大きい。私たちの暮らしは大きく軌道修正しなければならないのだ。

めざすのは「循環と共生」の暮らしだ。そのような暮らしのノウハウを現在の私たちは持ち合わせていない。けれどもこのような暮らしを私たちがまったく経験してこなかったわけではな

く、例えば三〇年程前のこのまちにもそうした暮らしはしたたかに存在していたということに、私たちは一条の希望を見る思いがする。私たちはそれに学ぶことからしか再生できない。

　かつてこのまちに暮らす人々は、森に降った雨が大地に染み込み、養分と共に湧水となり田に恵みをもたらすことを知っていた。貴重な肥やしや燃料や食料を生み出す山や川を大切にする方法を知っていた。人々の暮らしと自然が、そして人々同士が親密であったのは、「農」という営みを通じてであった。私たちはこのような「農」を取り戻したいと願う。

　私たちの考える「農」とは、単に農地を耕し食料を生産する行為を意味するのではない。自然の循環を損なわずに暮らす、知恵と営みの総体をさす。人間が自然の一部として、自然に生かされているという倫理のある暮らし方と言ってもよいだろうか。そのような「農」を暮らしの場に取り戻し、土や水や大気と直接交われば、都市的暮らしで萎えた肉体と精神は蘇り、身の丈にあった小規模な生産の仕組みを手に入れることができるようになるだろう。

　農は特定の人間の手のうちにあればよいのではなく、すべての人々に開放されるべきと、主張したい。それはどのようにしたら可能なのか。それを以下考えることにする。

　この三〇年程の間［一九六〇年代前半～九〇年］に日野市の農地は激減してしまった。現在市内に残る農地は三一〇ha程度（生産緑地一三〇ha、宅地化農地一八〇ha）で、市域面積の一一・五％にすぎない。私たちはもうこれ以上農地を減少させてはならないと考えている。

　市内の農家は現在（一九九〇年）五二七戸だが、その九五％が兼業農家で、うち八〇％が第二種兼業農家である。農業者の多くは高齢化している。農地の保全を現在の農家の肩にだけかけていては、今後残された農家の多くが消滅していくだろう。農がいきづくまちに不可欠な農地の保全は、直接農地を所有しない一般市民が農地保全のもうひとつの主体になることなしにありえないのである。

「市民が耕す農」を創りだそう

①市民農園を増やそう

市民が直接耕す仕組みを大胆に編み出さなければならない。

九四年現在日野市には、市が開設する市民農園(消費者農園)が六つある。また学校農園、老人農園、農協が開設する農園(ふるさと農園)も存在する。これらの農園は、市民自らが農地を確保しなくても耕作できる貴重な場だ。このような農園をもっと多く増設したい。

農園は生活圏(小学校区)になければならない。特に高齢者には歩いて行ける距離に農園は必要だ。

農園が増えると、その運営管理に多くの人手が必要になる。現在のようにそのすべてを行政や農協の職員が担当している限り、増設は困難だろう。利用者相互の自主運営を主体にしなければならない。ところが現在のように一、二年の利用期間では利用者間のチームワークは育たない。それに土作りの意欲も湧かない。三年、五年、一〇年と長期間利用できる農園が是非とも必要になる。

市民農園に利用される農地を長期間確保しようとする場合、制度的に障害になるのはその農地に課税される高額な相続税である。生産緑地の相続の場合は猶予制度がある。けれども生産緑地を市民農園として行政等に貸してしまうと、この猶予は受けられない。このような場合にも納税が猶予されるよう、制度改正が是非とも必要である。

この問題の決定的な解決とはならないが、観光農園に近いかたちで生産緑地を市民農園として利用する新しい試みが、九三年九月より横浜市で始まった。「栽培収穫体験ファーム」と名づけられたこの方法は、市民が自作農家に労力を提供するという建前から、相続税猶予が受けられる。開設、経営、管理は農家が行い、開設する際の施設整備費の八〇％を横浜市が助成している。一区画当たり三〇㎡の利用料は年間一万六〇〇〇円と、一般的な市民農園よりは割高といえるが、一部を市が補助し利用者の負担を軽減している。

ところで宅地並みの課税対象になった宅地化農地は、なんらかの特別な保全策が考えられない限り、早晩転用されてしまうだろう。宅地化農地を保全する市独自の施策がぜひ必要である。この意味で、宅地化農地にこそ市民農園が設けられるべきである。この場合、宅地並みの固定資産税を利用者が負担する覚悟がいる。市民は二つの方法で農地保全に力を尽くすことができる。一つは管理（耕作）の負担であり、もう一つはコストの負担である。直接利用する市民がすべてを負担することが無理ならば、それを市民全体が、つまり自治体の財政が負担することも考えなければならない。

宅地化農地を利用して農家（農地所有者）が直接市民農園を経営する方法をぜひ奨励したい（複数の所有者が農事組合を作り共同で経営してもよい）。この場合利用料はかなり高額になるだろうが、よく整備されたハイレベルな農園を提供できるなら市民は納得するだろう。ハイレベルな農園とは、以下のようなイメージである。

(1)区画面積が広い
(2)利用期間が長い
(3)付帯施設が充実している
(4)林や生け垣などをしつらえ、全体として都市緑地の機能を果たしている
(5)土地所有者などによる技術指導が存在する
(6)利用者間相互のコミュニティ形成がめざされている

なおこのようなハイレベルな民営市民農園の建設にあたっては、行政からの助成が必要であろう。

各小中学校には学校農園を奨励したい。この農園は校外にあるのが望ましい。子どもたちが地域に出掛けていくことが大切だからだ。農園で収穫された農産物を給食に利用すれば、子どもたちの農への認識はより具体的になる。また各市民農園には車イスでも利用できる区画を整備したい。このようにあらゆる市民が農に触れる場を確保することが必要だ。

市民による耕作は、市民農園の利用にとどまらない。市民農園を飛び出して、もっと広い農地を本格的に耕すことも、市民はできるはずだ。市民が独自に土地所有者から農地を借り受け、個人やグループで耕作する事例は既に市内に存在する。これらのゲリラ的な耕作は、制度的保障の枠外にある〝アウトロー的存在〟である。けれどもそれだけにこれらの方式は、市民たちの自主

性に基づく自由な耕作が展開され、今後市民たちを都市農業における〝もう一つの耕作主体〟に育て上げる可能性の最も高い方式だと、私たちは考えている。

個人耕作でもゲリラ的に行われる場合、その多くは耕作面積が一〇〇〜二〇〇㎡と、一般の市民農園に比べるとかなり広い。また多くの場合、耕作は五年から一〇年と長期間継続している。共同耕作の事例では、面積は五〇ａ程度と飛躍的に広がり、米作りも手掛けるなど、食の自給度は相当高くなっている。

これらのゲリラ的耕作は「行政の手を煩わせない」ために公的認知を受けず、ひそやかに、時として大胆に続けられている。けれどもこれらの試みが今後市内に定着し、より多くの市民が参加するためには、農地の斡旋や技術指導など、行政や土地所有者からの理解と協力が差し延べられる必要がある。

このように市民が耕作する方式は多様にありうる。そしてそれらは現在の市民のそれぞれの「ニーズ」に対応している。どの方式を優先させるかではなく、すべての方式を共存させていくことが大切である。市民の多様な試みが全体として、市内の農の活性化に一定の役割を果たすことを期待したい。

②援農を組織化しよう

農家の兼業化・高齢化が進む中で、市民が応援する方法として援農がある。専業農家では、農繁期には近所の主婦をアルバイトに雇ったり、直販所のお得意さんが手伝いに来たり、個別の援農は既に行われている。この市民による援農を組織化して、定期的に労力を提供する仕組みが必要である。農業を多少とも習熟した市民で、収穫、草取り、用水の清掃、堆肥づくり等を請け負う「援農ワーカーズ」を結成することを提案したい。また、農協が窓口になってアルバイトを募集するなど、市民の応援を農家側も組織的に求めてはどうだろう。

最も望ましい援農の形態は、農家と近隣の何家族かの市民とがチームを形成し、農家が市民たちの食料基地になり、市民たちは必要な労力を無償で提供するものである。そのような関係づくりを市民と農家の自主的活動として定着させたい。

地場生産・地場消費のしくみを創ろう

広域流通がすっかり確立した現在では、国内はもとより遠い海外からも多くの農産物が私たちの暮らしの場に届けられる。その結果私たちの食卓は大いに賑わったが、私たちの食べ物への認識をすっかり変えてしまった。食べ物を作るには土や太陽や水などの自然と、一定の時間が必要だが、加工を施されすぐ食べるばかりで売られる食べ物からそのことを想像することは難しい。食べ物から自然の恵みと作る人の汗を実感することができれば、それを粗末にすることなどできないであろうに。

かつてより、三里四方のものを食べていれば人は健康に生きられるといわれてきた。それは単に食べ物の新鮮さを言っているだけではなく、人と自然とが食べ物を通じてつながることの大切さを教えている。人間は自然と生き生きと交流してはじめて健康さを身につけることができるという事実を、私たちはあらためて認識すべきだ。

人が身の回りから食べ物を得ようとすれば、人は身の回りの環境をこの上ないものとして大切にするだろう。自分が食べる米を育む水ならば、人はその水を決して汚そうとはしないはずだ。

私たちは、地域で多様な食べ物を作り出し、それを地域の人々が食べ合う「地産地消」を提案したい。

①学校給食は地場の農産物で

日野市では八一年度から、市内の小中学校の給食に市内産の野菜を利用している。市場を介さず農家が野菜を直接学校に搬入するこの試みは、農家、学校双方にそれなりの負担を強いている。納入量が天候に左右されたり、規格が一定でないなど調理に今までにない工夫を必要とし、一方農家は決まった時間に野菜を納入する手間が欠かせない。それでも今これを熱心に担う農家は「採算を度外視したボランティアとしてやっているが、自分の孫も食べるし、ときどき子どもたちが畑に見学に来てくれて嬉しい」と述懐する。

九四年現在この試みに参加しているのは四二農家である。一方利用校は中学校全八校中八校、小学校全二〇校中一四校で、市内産野菜のシェアは約一〇％である。私たちはこのシェアをもっと増やすために、計画的な作付け・地元産の旬の野菜中心の献立・調理師の増員・調理室の改善・納入の委託、そして、学校給食の問題を、市民と学校担当者、行政、農家で話し合う「学校給食検討会」の設置を提案したい。

地域とつながった学校給食は、子どもたちへの良質な地域・環境学習の機会を提供するだろう。私たちは学校給食に日野産の米を取り入れるべきであると思う。かつての日野は東京の穀倉地帯であったのだ。また市内産の小麦の利用も勧めたい。水田の裏作に小麦を栽培し、それをパンやうどんとして学校に納入すれば、水田の利用価値も高まる。

②市民加工場・市民市場の創設を

「地産地消」をすすめるには、市内産農産物の加工と流通の仕組みが不可欠である。パン・うどん・そば・漬け物・みそ・醤油・チーズ・ハム……。市内産の農産物を材料として、これらの農産加工品を市内で作りたい。加工は色々な方法がある。最も望ましいのは農家で行うことだ。この際市民が技術や労力を提供することが必要になる。すでに述べた援農のチームがこれにあたる。こうすれば農家は農産物に付加価値を高めて販売することができる。あるいは市内外の加工業者に委託することも考えられる。それを一軒の農家単位でやってもよし、農協や組合が材料を集め共同委託してもよい。さらに市内に農産物の加工場を作ってはどうか。専門のスタッフのほかに、ここでも市民のボランティアを広く募る。製品は即売する。

農産物や加工品の販売も多様な方式がありうる。庭先販売・無人スタンド、市中での定期市など農家による直販は市民に好評である。それに加えて、直販する手間のない農家のために市民市場を設置したい。市場の運営は市民のボランティアを募る。生産者と消費者が共に経営していくことが必要。ただ消費するのみの施設ではなく、生産者と消費者が一方的に偏ることのないシステムとする。また市内の小売店も地場農産物コーナーを設置することを積極的に考えてほしい。市内にある農協系のマーケットに、市内産の農産物が並んでいないのは実に奇妙だ。情報発信源としてのネットワークが必要であり、都市農業の意義や、生産物の安全性などの情報を市民に出すキーステーションにしたい。

③自給自足講座の開設を

地場生産物を普及させるには、ただ新鮮さだけで消費するのではなく、共に生産することの喜び、安全を保つ大変さなどを共有することが必要。市内には、消費者農園があり、ここではさまざまな考えを持つ市民が、農業を体験している。農家が持つノウハウをテーマとする講座を開設し、援農を進めるなど、地元農業への理解を深めたい。

兼業農家を大切に

世帯主が農業専従である農家は市内全農家の六・六四％、三五農家にすぎない[1]。ほとんどの農家は世帯主がほかに職を持ち、休日を中心にした農作業や、主婦や年寄りの労働で成り立っている。このような収益よりも自給を目的とする営農生活は、人間のライフスタイルとして大変好ましいものと私たちは考えている。専ら専業農家育成ばかりに目を奪われているこの国の農政からは、このような農家は〝落伍者〟と見られがちである。けれども日野市のような都市部においてはこうした農家こそが、農地を保全し農的な暮らしを体現する大切な社会的役割を果たしているのである。私たちはこれらの零細な農家がこれからも脱落することなく、〝最も恵まれた都市住民〟として生き続けられるよう応援したい。

これまで自給用の野菜しか作っていなかったが、少し頑張って直販所に出荷するようになり、あらためて生きがいを見いだした、という高齢の農家を私たちは知っている。生産量の大きい専業農家だけではなく、このような兼業農家の少量の生産物を学校給食や直販に出荷できるしくみが編み出されれば、農家に大きな励みを与えることになるだろう。

水田を保全しよう

かつては東京の穀倉地帯といわれ一九六〇年には三八四haあった市内の水田も、今は五二ha（九〇年度水田作付面積）までに減少してしまった。これらの水田からの米の収穫量は一八九トン。仮に一人一年六〇kg消費するとすれば、三一五〇人分でしかない（自給率二％弱）。

九三年に政府が下した米の自給放棄は、全国の稲作の衰退に大きく拍車をかけるだろう。これからは国内産、地域産の米の希少価値はますます増大していく。わずか二〇〇〇トン足らずの米でしかなくても、私たちが暮らすまちで米が育まれることの意味深さを私たちはあらためて認識しなければならない。水田はもうこれ以上減らしてはならないのだ。

現在の米価では、水田一〇aあたりの収益は一〇万円にも満たない。単に米作りだけのためなら、水田を維持するコストは高すぎる。水田の利用価値を高める工夫が必要だ。

都市型水害に悩む新興都市では、水田の持つ治水機能が見直され始めた。例えば愛知県扶桑《ふそう》町では「水田埋め立て防止協力金要綱」を、また千葉県市川市では「遊水機能保全協定」を作って、水田保全による水害防止に努力している。

二つの河川が流れる日野市域では、一昔前までしばしば洪水に見舞われた。治水技術が発達したといわれている現在でも、市域のほとんどが舗装され、台風襲来時の河川の急激な増水は常に水害発生の危機をはらんでいる。仮に川が氾濫しても、地域に水田が広がっていれば水を溜め、周辺の宅地に流れ込むのを防ぐ。現在市内にある五二haの水田でも、そこに貯留される水の量は水深一〇cmにつき約五万トンにもなる。私たちは防災の視点も取り入れた「水田保全条例」の制定を提案したい。水田保全が治水につながることを明らかにして、減反政策の転換を迫りたい。

水田維持のコストを下げるには、水田への作付けを複合的にすることが肝要だ。私たちは裏作の復活と田畑輪換（水を引き入れ米を作る期間と、水を抜き畑として利用する期間を何年か毎に交互に繰り返す方式）の導入を提案したい。

裏作は小麦が中心になる。田畑輪換の場合、畑作物としては各種野菜、大豆、小豆などの豆類、それにソバなどが考えられる。特に特定の野菜（トマトなど）を単作する場合、田畑輪換は連作障害を防止する手段としてたいへん優れている。

このようにして水田で生産された小麦、大豆、小豆、ソバなどは「日野ブランド」としてそのまま、あるいは加工して市内で販売する。現在市内でソバの栽培は皆無だが、幕末期の御家人であり狂歌師であった太田蜀山人《しょくさんじん》［一七四九～一八二三］が称賛したといわれている「日野そば」の復活は多くの市民にアピールするに違いない。

水田は、転用と減反で畑よりも急速に減少している。水田を市民も利用することを、積極的に進めていきたい。そのために、畑の市民農園だけでなく、水田の市民農園も提案したい。

地域にある人材と素材を生かしきる

私たちが提案する農は、専業農家にも、兼業農家にも、そして農地を持たない市民にも担われる農である。そしてそこで作り出された農産物は、市内の人々によって食べ尽くされる。

市内では多様な作物が栽培される必要がある。一軒一軒の農家も一つの品目を大量に生産する経営から、たくさんの品目を少しずつ生産する経営へと転換することが望ましい。米、麦、豆、イモ、野菜……。そして市内からいなくなってしまった家畜の飼育も復活させたい。ニワトリやウサギを一〇羽、あるいはヤギやブタを一頭飼う。それはあくまでも農家自身の自給用であり、ささやかながらも貴重な厩肥をもたらしてくれる。

現在市内で廃棄される生ゴミは年間一万トン(九〇年)にも及ぶ。本来これらは土に還元されるべきものだ。一万トンの生ゴミを堆肥にすれば、市内のすべての農地に充分量の有機質肥料を提供できる。

生ゴミの堆肥化もさまざまな方法がありうる。もっとも望ましいのは市民各自が庭先で、あるいは市民農園で堆肥にすることだ。九四年度より、コンポスターの普及のために市が助成金を出すことになった。一時の施策に終わらないように、できた堆肥を農地に還元するしくみをつくりたい。

図 1a 「まちづくり農業公社」を中心とした「農がいきづくまち」ネットワーク

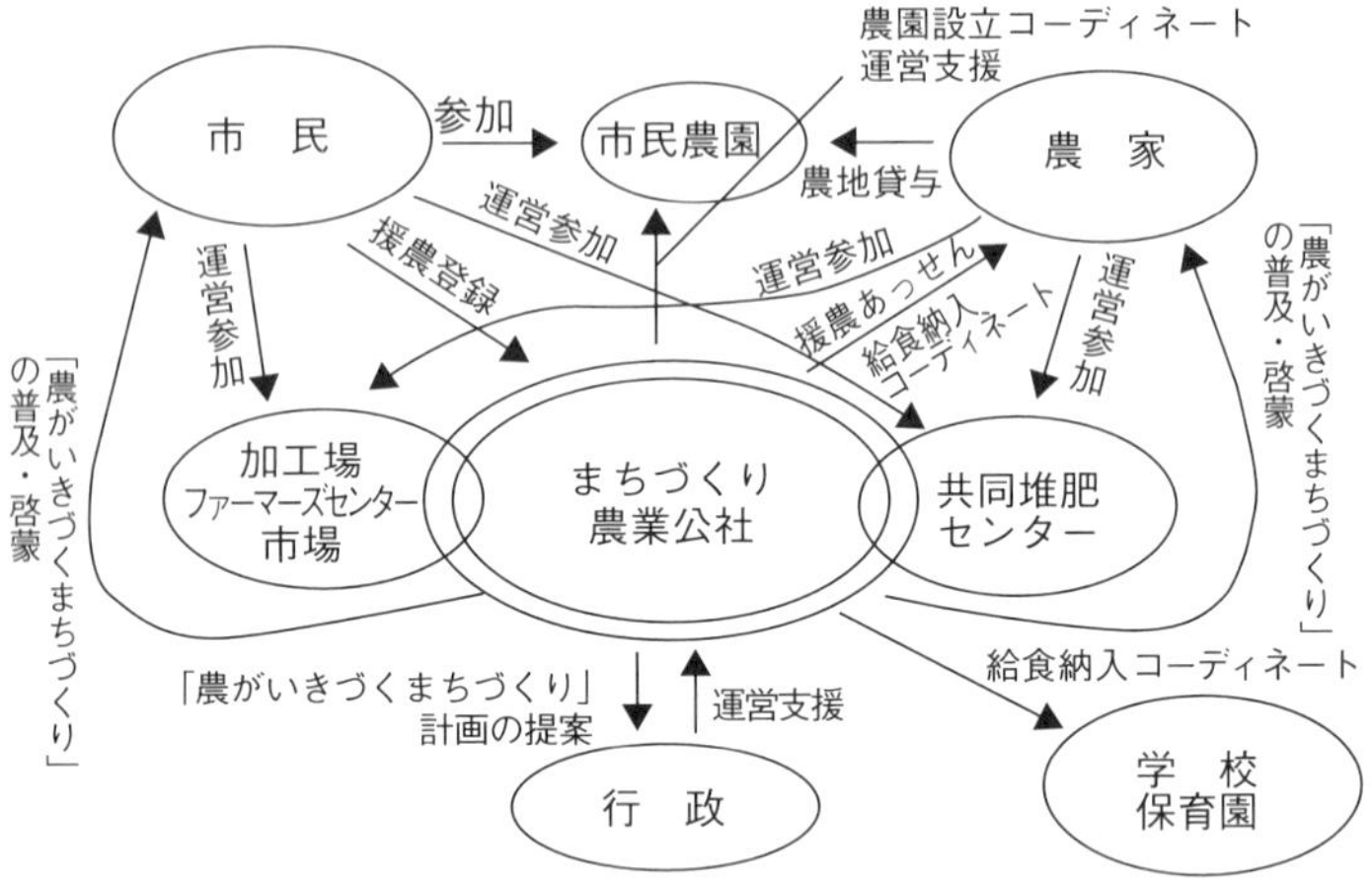

図 1b 「まちづくり農業公社」を中心としたモノの流れ

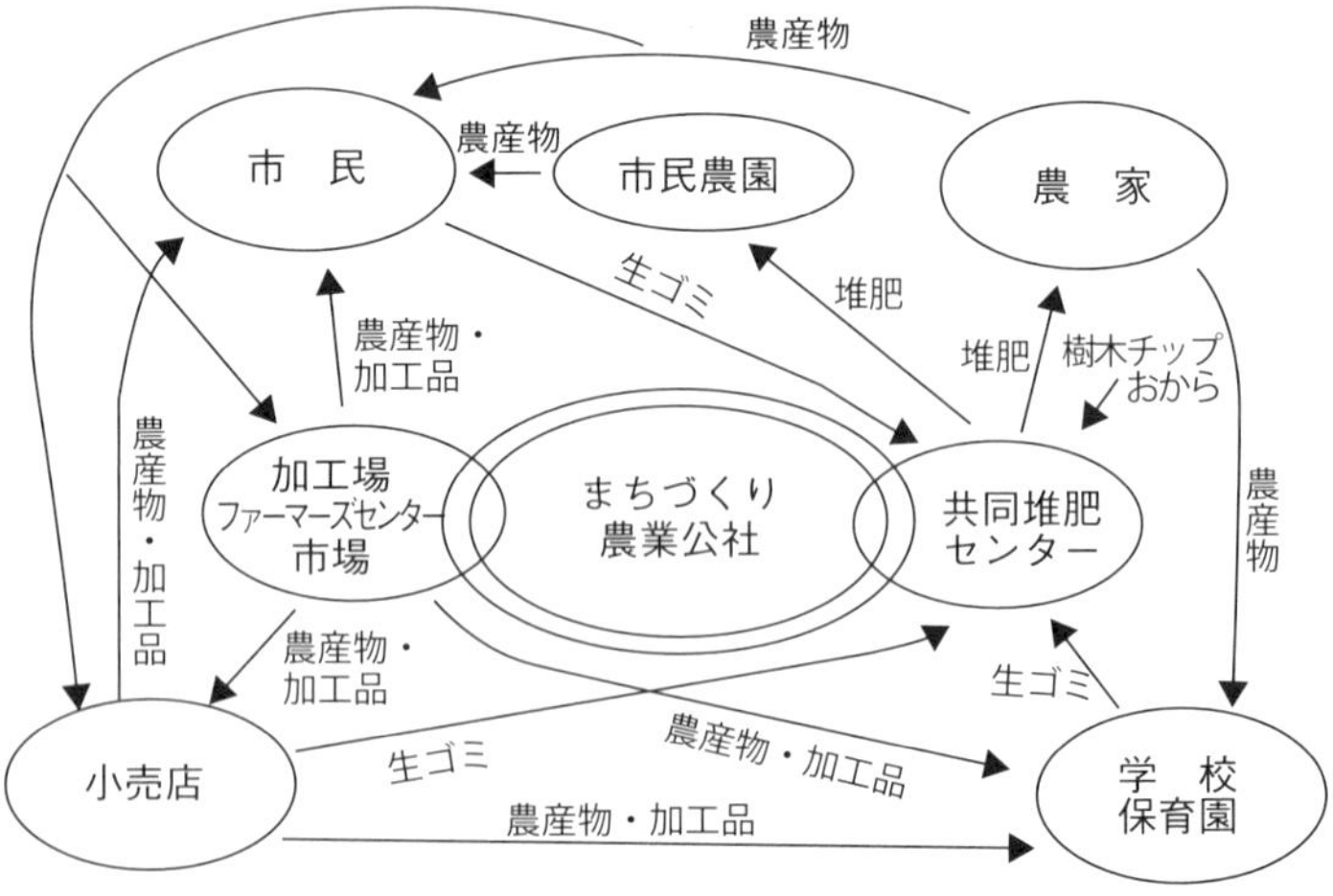

近隣の農家に生ゴミを運び堆肥にしても良い。あるいはそれはブタの餌にもなる。おおむね一〇軒分の生ゴミでブタが一頭飼育できる。豚肉はみんなで山分けする。

大量に回収・廃棄される剪定くず、落ち葉、河川沿いの草などは、市内に堆肥センターを設けそこに運び込む。ここでも市民のボランティア活動を期待したい。できあがった堆肥は必要な農家や市民に分けられる。

このように私たちが提案する「農がいきづくまち」とは、地域に暮らす人間一人ひとりのヤル気が地域に存在する素材を十分に生かしきろうとするまち・暮らしのあり方なのである。

そのしくみづくりのために、行政の支援の下に市民と農家の共同運営による「まちづくり農業公社」を提案したい。図1にあるように、「農がいきづくまち」をつくるための情報提供、人材育成、援農、学校給食への納入、ファーマーズセンター運営等を担うセンターとしたい(2)。

(1)　一九九〇年『農林業センサス』。

(2)　[まちづくり農業公社の]機能[は以下のとおりである。]

①援農

②ファーマーズセンター運営

加工場運営

共同堆肥センター運営

③学校・保育園・幼稚園・福祉施設等への給食に農産物・加工品の納入

④市民が耕す農支援(農地の斡旋、農業指導)

⑤農地保全の地区計画づくりの支援
⑥農地の共有化

（『市民版　日野・まちづくりマスタープラン――市民がつくったまちづくり基本計画』日野・まちづくりマスタープランを創る会、一九九五年）

第2章　自給のむら

農の仕事

人にとって自然は、時として荒々しい。強風、豪雨、酷暑、極寒……。これらの自然の猛威から逃れ、「平穏で快適な」くらしを得るべく人がつくり上げたのが「都市」という人工カプセルである。カプセルの中では、土はビルやアスファルトで覆われ、川の流れはコンクリートの枠に閉じ込められ、原生する森林は切り倒され、生き物の猛々しい生の表出もない。このカプセルは工業的な技術により建設され、維持されている。だからカプセルの中でくらす一人ひとりの人間にとっては、身の回りの環境は自らの力で働きかけ、保守できるものではない。

都市が目指すのは自然の「制圧」である。そこには自然を「活用」する視点は希薄である。制圧された自然に、もはや人に恵みを与える余力はない。こうしてカプセルは自然の恵みを得ることができず、人々が必要な食糧やエネルギーは、カプセルの外から運び込まれる。都市とは人が自然から身を隠す単なる空間ではない。それは外の世界に力を及ぼしヒト、モノ、カネを奪い続けるある種の「支配機構」である。都市に生きる人のくらしはこの「支配機構」から与えられる。与えられ続ける人間からは、環境に主体的に働きかけ、そこから生きる術を得る知恵が失われていく。同時に「平穏で快適な」恒常的環境に閉じ込められた人々からは、変動する環境との交流により喚起される心身のしなやかさもまた奪われていく。

カプセルの中に閉じ込められた人々、そしてそのカプセルにより奪われ続ける「外」の世界。それらの「解放」を考えるなら、都市はすみやかに「解体」されなければならない。

山あいのむら。そこにもカプセルは設えられている。しかしそれはささやかなものだ。むらは生《なま》の自然に包囲されている。人々はこの自然と向き合い生きる。小さなカプセルしか持たぬむらは、他の世界から「奪える」ものはわずかだ。むらは自らが必要とするものは自活しなければならない。自活は自然の恵みを得ることによりはじめて成り立つ。生の自然に包囲されたむらの人々にとって、自然はまさに驚異である。しかし同時に自然は恵みを与えてくれる祝福すべき存在でもある。自然の力を活用するには、自然を制圧してはならない。自然を上手に「手なずける」ことが必要である。「手なずける」とは自分の思い通りにすることだ。しかしあくまでも相手の「本性」を尊重しながらという点で「制圧」とは異なる。つまり手なずけるとは「手入れをする」ということだ。森の手入れ、田畑の手入れ、道の手入れ、川の手入れ……。

二〇〇四年一〇月二三日夕刻の中越地震。自然の地形を無視して直線的に造成された舗装道路は、各所で寸断された。自然を制圧しようという人間の技術の限界がここにも露呈する。その脇を自然の地形に沿ってくねくねと続く旧道は、被害がほとんどなかった。

もともと山古志の地質は脆く、斜面は徐々に崩れ続けていく。村人たちはその崩れ落ちた場所に次々と新しい棚田を造成してきた。「崩れる」という自然の本性を損ねることなく、一方で

「米をつくる」という人間の思いを遂げていく。自然を上手に手なずける人々の知恵がここにある。震災後、村々の斜面はたちまち分厚いコンクリートで塗り固められた。それは震災による傷口の応急処置の跡を見るようで心を痛ませるが、なおも自然を制圧しようとする人間の愚かしさも見せつけられる思いがする。

自然を上手に手なずける技術は、広い意味で「農的技術」と言ってよい。この農的技術なしにむらは成り立たない。村人誰もがその技術を持つ必要はないとしても、誰かが(なるべく多くの人が)その技術を体現する必要がある。そしてその技術は若い世代に確かに引き継がれなければ、むらは持続しない。

草を刈り、動物を育てる。落ち葉をさらい、畑を肥やし、作物を育てる。こうして人は生きる糧を得る。山あいのむらの農の営みは、何よりも人々のくらしを支えるものだ。農とは自給のノウハウである。しかし農的営みは稼ぎ仕事にもなりうる。自家消費の余剰を売り、現金を稼ぐ。稼ぐためには、生産規模の拡大が必要だし、技術はある程度の効率を求められ、生産物は何がしかの商品性が問われる。こうして農は農業となる。しかしこの稼ぎ仕事はあくまでもくらしを支える仕事(自給)により支えられている。自給の延長に稼ぎ仕事がある。

都市にくらす人々からはくらしを支える仕事が奪われている。生きる糧はすべて、かの「支配機構」が与えてくれる。ただしその生きる糧を与えられる交換条件として、カネが必要である。人々はそのカネを求めて稼ぎ仕事に汗を流す。稼ぎ仕事にありつけない人々は生きる術を失い、文字通り路頭に迷う。自らのくらしを支える仕事を奪われているという点では、都市にくらす誰もがそもそも根無し草である。

山古志の農業

一九五六年山古志村が誕生したとき、ほとんどの世帯は農家だった。総農家数は九九二戸。この村のその後の農業の変遷は、山あいの零細な農業がその時々の政府の政策により翻弄されていく歴史だった。

村の代表的な農産物は米である。一九六〇年当時、村の九七・八％の農家（九七〇戸）が米を作付していた（『農林業センサス』、以下同じ）。収穫総面積は三四〇・七ha。一戸平均三五aである。このとき収穫農家の六〇％程が米を出荷し、その量は二万俵を超えた。残りの米は専ら自給米、縁故米として消費していた。しかしその後収穫農家数、収穫総面積共に急速に減少する。九五年の収穫農家数、収穫総面積はそれぞれ六〇年の二八・七％、四二・五％である。米の生産低下の原因は、何よりもこの間に村の農家数そのものが大きく減少したことだ。九五年の総農家数は四七三戸、六〇年の四七・六％である。一方で七〇年から政府による米の生産調整（減反）政策が始まり、さらにそれ以降米価の低迷が続く。この事態は村人たちの米生産への意欲をそいだ。

米と並び村人たちの主要な現金収入源は養蚕だった。六〇年には村の八五・三％の農家が養蚕に従事していた。このとき村の斜面には、八八・三haもの桑園が広がっていた。しかしその後養蚕農家は激減。八〇年代に入るとほぼゼロとなった。すでに六二年、政府は生糸の輸入自由化を決めていた。このときを境にして、安い外国産の生糸が国内市場を席捲《せっけん》し始め、山古志村のみならず、全国の山村から桑畑が消えていった。

本格的な林業が成り立たなかった山古志でも、戦前、木炭の需要が高まるにつれ、種苧原《たねすはら》地区を中心に木炭の生産が盛んになった。木炭の価格は戦後間もなくまでは堅調で、農家にとり貴重な副業となった。しかし六〇年代に入ると国策により海外から大量の原油が輸入されるようになり、この「燃料革命」は山古志村の炭焼き窯の火も相次いで消し去った。

住宅周辺や斜面に拓いた小規模な農地では、野菜や豆類などの畑作が行われた。六〇年、村内のほとんどの農家は豆類(ダイズ、アズキなど)を栽培していた。このときの豆類の収穫面積は合計五四・六ha。「昔はどこでも大豆畑、小豆畑があった。何俵と出荷していた」(住民)。この頃村ではどの家も味噌をつくっていたという。しかし現在村ではまとまった豆畑を見ることはまずない。六〇年代以降の政府の食糧政策は、低価格の輸入農産物へ依存するものだったが、それが大豆などの市場価格を押し下げ、国内での畑作生産は著しく抑制されたのである。

ここまでの農業生産の変化をグラフにすれば、いずれも右肩下がりになる。この村の農業生産が一方的に衰退していったことを表している。しかし牛(役・肉牛)の飼育頭数のカーブだけは異なる。飼育農家数は六〇年三三二戸から七〇年七八戸と急減したにもかかわらず、飼育頭数は六〇年三三七頭から七〇年一〇五頭といったん減少した後、八〇年代半ばにかけ急増している。八五年の飼育農家は四〇戸、飼育頭数は三九二頭である。六〇年には村の三分の一の農家が牛を飼育していた。平均一戸に一頭である。このとき牛は田を耕し、荷物を運び、その排泄物は貴重な堆肥源となり、営農を支える存在だった。しかし牛の一頭飼いは廃れていく。田を耕すのは耕運機、荷物運びはクルマ、堆肥は化学肥料にとって変わる。

七〇年代に入るとこの村でも多頭飼育が始まった。「選択的拡大」を謳うときの政府の農業政策は、複合経営の一環としての家畜飼育を廃止させ専業的大規模畜産を促進するものだった。村での牛の役割は農耕用から、人間への食糧供給(山古志では肉用)へと変化した。村内どこでも見かけることができた牛は、少数の専業農家の畜舎に囲われひっそりと生き続けることになった。

小規模農業切り捨てという政府の農業政策は近代化農政と呼ばれ、六一年制定の「農業基本法」に基づく。近代化農政とは、産業構造の重化学工業化によって高度経済成長を達成しようとする国策に対応した国内農業再編政策である。それは零細農業を解体し、農地を工業用地、都市用地として吐き出させ、農民を都市労働者として供給しようと目論むものだった。農業の近代化とは、「儲かる農業」の創出であり、それは農業の専作化・大規模化・機械化・化学化などによりもたらされるとした。こうして山古志という山あいの村の小さな農業は、農業であることを否定され続けてきたのである。

時代が下る。山古志村としての最後の『農林業センサス』は二〇〇〇年のものだった。このとき村の経営耕地面積は一六五ha。五〇年近い村の歴史のなかで、農地は半減したのである。それに中越地震が追い打ちをかけた。村の農地被害は一一四haに及んだ(新潟県調べ)。中越地震直前の〇四年の村の水稲作付面積は、一三三・二七ha(山古志支所調べ、以下同じ)。その米づくりも壊滅する。しかし被災後翌年から一部の水田で米づくりが再開される。そして一〇年には一〇八・一七ha、被災前の八〇%にまで回復した。

二〇〇〇年のセンサスによれば山古志地区の農家数は三八九世帯、全世帯（七〇〇世帯）の五五・六％である。各農家の平均耕地面積は四二・九三ａ。八〇％が兼業農家、四四％が非販売農家だ。経営面積一六五haのうち一四四haが水田、残りの二一haが畑地である。人々は棚田で米をつくり、自宅近くの畑地で野菜などを栽培している。野菜はほとんどが自給用、米も一部を農協に出荷する他は自給用である。このように現在の山古志の農業は、そのほとんどが「自給的農業」である。そして大切なことは、この「自給的農業」により山古志は今も支えられ続けているということだ。

自給のむら

Community-supported agriculture（ＣＳＡ、地域支援型農業）は、農家が消費者と合意した作付計画・栽培方法により生産した農産物を、年間の契約金を先払いした消費者が受け取る方式である。これは流通マージンのカットを目的とした産直方式とは異なり、消費者が農産物の再生産、ひいては生産者の生活を保障するものだ。現在欧米で普及しつつあるこのＣＳＡの源流は、七〇年代に始まる日本の有機農業運動にあるという。

有機農業は、有機農業を理解し、支援を惜しまない消費者を独自に組織し、彼らに直接農産物を届ける仕組みだ。農家はできるだけ多種類の農産物を手掛けなければならない。むらの自給の延長に町の食卓が存在する。収穫物の配送は農家自身が行う。消費者はしばしば農家を訪れ、農作業を手伝う。このような生産者と消費者との密接な関係は「産消提携」と表現され、日本の農民が生みだした独自のものとして、国際的にも注目されていた。

産消提携運動に参加するのは、その多くが平場の農家である。平場の農業は生産性が高く、消費者（都市）を支える力量がある。一方中山間地の小さなむらの農業は、消費者を支える力はあったとしてもごくわずかだ。都市部との提携は難しい。ではこのような地域での農業の役割は何なのだろうか。それは他でもない、むらのくらしを支えるという役割である。村人のくらしが自らの農業によって支えられる。そのようなAgriculture-supported community（ＡＳＣ）が「自給のむら」である。山古志はまさに「自給のむら」なのである。

「自給のむら」にふさわしい農のあり方を考えてみよう。

①多品目少量生産

畑の作付けの基本は「多品目少量生産」である。米、麦、芋、豆、野菜類、果樹類、工芸作物……。くらしを支えるできるだけ多種類の作物を育てる。山古志のような豪雪地帯では、麦や菜種などの冬作物の栽培は困難である。それだけに雪解けから冬の到来まで、畑をフルに活かし切る工夫が必要になる。その地域で編み出された伝統的な輪作、混作方式を継承し、農地を立体的に活用する。

②循環型農法

持続的で安定した農業生産確立のため、堆肥施用を基本にする。健全な土づくりは病虫害に強い作物を育てる。化学肥料や農薬の使用は土を殺し、農産物の質を劣化させる。極力使用は控える。稲わら、落ち葉、草、剪定くずなど地域の未利用資源を集め、それを皆が協力して堆肥にする。循環型農法の要は家畜だ。各農家が庭先での小規模な家畜飼育を復活させる。牛、山羊、羊などの反芻《はんすう》動物は草を、豚は農場残渣、台所くずなどを資源化してくれる。それらの糞尿《ふんにょう》を堆肥化し、畑に還元する。

③遺伝資源の保全

種苗はできるだけ自給に努める。毎年自家採種を繰り返すことで、その地域、畑、耕作法、耕作者に適応した系統が自然に育成される。すでに確立している地域の伝統品種（山古志ではかぐらなんばんなど）は、隔離された場所に共同の採種場を作るなどして、他の品種と交雑しないよう充分に配慮する。

④山を活かす

「自給のむら」の要は山だ。山を多様に活かす。落ち葉、シイタケの原木、燃料などの供給源となる。山菜はむらの食生活には不可欠だ。クルミやクリなど実のなる木を植栽する。蔓《つる》や竹などを利用して細工をする。牛や山羊などを放牧し、下草を食べさせる。移動式電柵で過放牧を防ぐ。山での家畜飼育は村内への野生動物侵入を防ぐ手立てともなる。山は人手が入ってこそ、美しく輝く。

⑤多様な耕作方式・主体

高齢化、後継者不在、耕作主体の減少。小さなむらの耕作地を維持するには、耕作者同士が助け合う仕組みが不可欠だ。集落営農、請負耕作、共同耕作などを試みる。むらを離れた農家にも、村内に残った農地に通って耕作してもらう。通勤農業である。むらでの耕作を持続させるには、新しい主体の育成が不可欠だ。村外の人がむらでの耕作にどのように関われるのか。援農、通い、短期・中期滞在、移住、就農……。これらの方式・主体を生みだすため、むらに一定の仕掛けが必要だ。援農、あるいは通い先の農家、農地、住宅などの斡旋。クラインガルテン（通いの市民農園）、ダーチャ（宿泊できる市民農園）、農学校などの整備……。農地の所有・非所有を問わず、誰でも自由に農業に参加できる新しいパラダイムを発見しなければならない。

⑥農産加工

「農産加工」はむらの生活には欠かすことができない。白菜、野沢菜など葉菜類の塩漬け、キュウリ、ナスなど果菜類の酢漬け（ピクルス）。大豆から味噌、醤油、豆腐、油揚げ。米から麹、酒、せんべい、もち。麦からうどん、パン、酒、麩、ケーキ、お菓子類。芋から澱粉、アルコール、酒。菜種、ラッカセイ、ヒマワリなどから油。苧麻《ちょま》、亜麻、ワタなどから繊維、織物。木の実からジャム。桑、ヤーコンなどから茶。畜肉の加工もぜひ導入したい。ハム、ベーコン、ソーセージ。各家庭で行う農産加工は、調理の延長である。それだけ食生活が多彩になる。大掛かりで特別の技術・機械などが必要なものは、むら共同の加工場で、あるいは地域のメーカーに委託して特産品として販売する。

⑦直販

収穫物、加工品の余剰は村内で直販する。現金収入を生むだけでなく、農家同士の収穫物の交換、村内の非農家への食糧供給など、地域内食糧自給の大切な要となる。「自給のむら」には今全国で活況を呈している常設の共同直販所より、各個人、あるいは各グループによる仮設の店の方が似つかわしい。常設化すると「売る」ことが自己目的化し、生産農家に無理が生ずる。それぞれの店がそれぞれの個性を発揮して客をもてなす。二〇〇円の買い物に二〇〇円のおまけをつけるような、そんなもてなしに客人は魅了される。直販所は村人にとってはサロンである。お茶飲み話に花が咲く。「そう言えば今日はばあちゃんの顔を見ないね」と、一人ぐらしの高齢者の見守りの役割も果たす。

⑧給食

子どもたちがどのようなものを食べ育っていくかは、重要な問題だ。学校給食では地域で生産された食材を優先して活用したい。給食に食材を提供する農家を募る。全体で一年間の作付計画を立て、それに応じてメニューを工夫する。もちろん有機農産物が望ましい。生産農家、栄養士、調理師が授業に参加する。子どもたちを農業の現場、調理の現場に連れ出す。周辺に学校農園を整備する。米づくり、野菜栽培、家畜飼育、農産物加工……。子どもたちは「自給のむら」の主体として学び育てられる。村の公共施設、福祉施設などの給食でも地域の食材を活用する。地域の食材を使った郷土料理・家庭料理を提供するレストラン、仕出しサービスなどは「自給のむら」にふさわしい。

このような自給的農業は、むらとくらしを様々に支える。

①食糧自給

自給的農業の目的は食糧自給。人々は究極の地産地消を実践する。食糧自給は家計の支出減に大きく貢献する。

②副収入

自家消費で余った農産物は、農協や市場に出荷したりむらの直売所で販売する。こうして貴重な現金収入を得る。

③伝統文化の継承

むらの文化は農の文化である。伝統的農法、伝統的品種、伝統的加工・料理法……。農の営みはこれらの「文化財」を継承する。

④景観維持

森、水路、田畑……。むらの景観は農業が生みだすものだ。「美しいむら」は農が演出している。

⑤健康・福祉

小規模な自給的農業は、高齢者でも担える。「自給のむら」では生涯現役である。農はくらしにリズムを与える。人は自然により、土により癒される。自給的農業は究極の福祉である。

⑥教育

農の仕事に勤《いそ》しむ大人の姿を見て子どもは育つ。その仕事に子どもも参加する。子どもは農を学び、農的くらしの継承者として育っていく。

⑦共同性

農は共同の力で行われる。家族の結束、集落の結束。むらの結束。農はコミュニティの団結力を支える。一方、村外の人々との多様な関係を取り入れ、むらの外と内との共同性も育む。

山村居住

図 「自給のむら」の重層構造

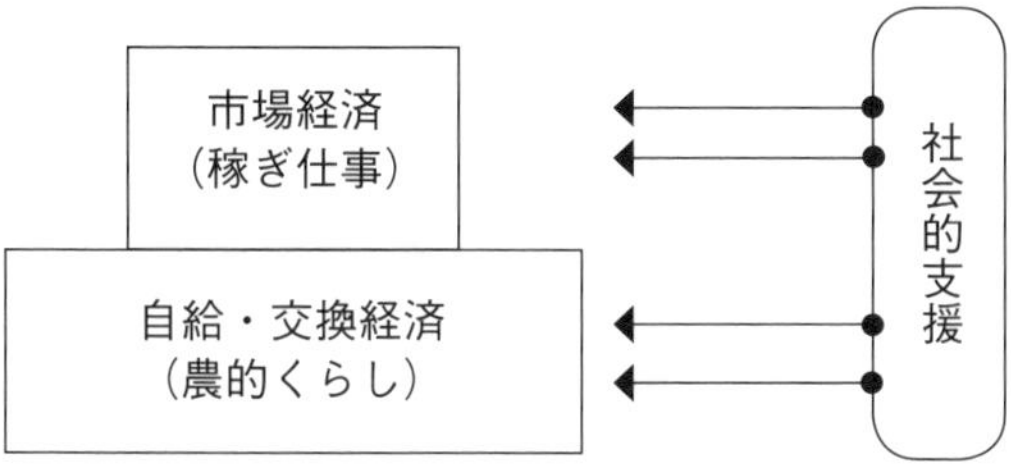

山古志にくらす人々は、収入の多くを年金や他産業に依存している。むらの農業はすでに現金収入を得る力を失って久しい。そのような事態に至った責任は村人自身にあるのではなく、社会的・政策的に仕組まれたものであることはすでに述べた。いずれにしても「農業では食えない」のである。しかしそのような山古志でも、人々のくらしは依然として農業に支えられている。零細な農業でも、人々のくらしを支える機能は失っていない。より正確に言えば、産業としての機能を奪われたからこそ、人間のくらしを支えるという原初的な機能が残り、それが発揮されているということだ。

「自給のむら」の構造は重層的である（図）。自給的農業に支えられた農的くらしがむらの基層を形成する。経済的に言えば、物々交換や、二〇〇円の買い物に二〇〇円のおまけをつけるような交換経済の世界だ。この基層の上に現金収入を支える市場経済が乗っている。

市場経済からの一定の富の還流がなければ、人々のくらしは経済的に困窮する。しかし基層が衰退すれば、くらしそのもの、むらそのものが根底から崩壊する。「自給のむら」を持続させるには、基層を支える自給的農業により磨きをかける必要があるが、さらにその基層への支援が社会的・政策的にも行われることが欠かせない。それは福祉・医療・年金、さらに観光・交流、そして「新しい公共」と呼ばれる直接的な人的支援などである。旧来の国の農村振興は農業振興が主流で、農政の対象だった。しかし少なくとも中山間地の農村振興は住民の「生活全体のマネージメント」、すなわち社会保障政策として行われることが不可欠であり、その整備は緊急を要する。

山古志はＪＲ長岡駅から車で三〇～五〇分の圏内にある。山古志に居住し山村生活を楽しみつつ、長岡や小千谷などの近隣の都市で働くことが十分可能である。彼らが体現している生活のスタイルを「山村居住」と呼びたい。この生活スタイルは、山古志の自然・歴史・社会的制約の中で彼らが選び取った究極の姿である。この「山村居住民」たちが今、むらを守り、田畑を守り、山を守り、川を守り、そしてその結果下流域の都市を守っている。この事実の重要さは、多くの人々に理解されなければならない。

（東洋大学福祉社会開発センター編『山あいの小さなむらの未来―山古志を生きる人々―』博進堂発行、現代企画室発売、二〇一三年）

エピローグ　天国はいらない、故郷を与えよ

1 裏切りの「革命」

一九一七年「ロシア十月革命」。この革命の指導者だったレーニンは、農民たちに「約束」していた土地解放を高らかに宣言しました。それまで領主に帰属していた土地はすべて、国家のものになったというのです。一方、当時ロシアの全人口の八〇％を占めていた農民たちは、農奴解放令（一八六一年）以来、すでに大地主の土地を農村共同体へ接収する「農村革命」を独自に展開し、自分たちの「革命」を新政府は当然支持してくれるものと期待していました。

ところが、あくまでも都市労働者によるプロレタリアート革命を志向する新政府には、農民の姿は伝統的な農村共同体にしがみつく〝反動〟としか映りませんでした。レーニンの頭の中は、農業を集団化・大規模化し、農民たちを〝プロレタリアート化〟する構想でいっぱいだったにちがいありません。革命の翌年、彼の指導のもと国営農場の建設が始まりました。農業の集団化は、農村共同体の解体、つまり農民たちが故郷を失うことを意味します。

このときロシアは、連合国の一員としてドイツ・オーストリアとの戦いの只中にありました。

第一次世界大戦です。ただでさえ戦禍で疲弊した農村に、新政府は都市住民向けの食糧供出を強制し続け、農村は厳しい飢餓に襲われます。都市を優位に据え、農村をそれに従属するものと考えるのは、新政府の本音でした。「革命」は、もともと農民たちを裏切るものだったのです。

この当時のロシアに、セルゲイ・エセーニンという農民詩人がいました。帝政ロシア末期の一八九五年、貧しい小作農家に生まれたこの若者も、「革命」に希望を抱く一人でした。しかし、それはすぐに絶望に変わります。「天国はいらない、故郷を与えよ」というのは、そのエセーニンの言葉です。彼の言う「天国」とは、明らかにレーニン流の社会主義革命のことでしょう。彼は「革命」に絶望したまま三〇歳で自死しました。

農業の集団化・大規模化は、一九三〇年代のスターリンの時代に本格化します。農民たちは、故郷から大農場の労働者へと駆り出されました。レーニンの「約束」は最終的に反古《ほご》にされたのです。ソビエト政府はその代償として、農民たちに小規模な「自留地」を与えました。農民たちは集団農場から給与を得る一方、自留地で家畜を飼い、ジャガイモを栽培し、かろうじて農的くらしを維持します。

この「自留地」はその後〝休息・創作の場〟として政府官僚や芸術家たちに、さらには〝庭つき別荘〟として一般都市住民にも与えられることになりました。現在ロシアで広く普及している「ダーチャ」と呼ばれる市民農園は、この「自留地」がその起源です。ソビエト政権崩壊(一九九一年)直後の混乱期、ロシアの人びとはこの「ダーチャ」を拠点に飢えをしのいだと言われています。ロシア語で「与えられた」という意味の「ダーチャ」は、人びとがソビエト政権から与えられた唯一の本物の「天国」だったのかもしれません。

2 故郷喪失

レーニンやスターリンにより導かれた「天国」は、「働きに応じた平等な分配」を人びとに約束するものでした。一方、もう一つの「天国」が二〇世紀の人びとに用意されます。それは「自由競争による富の蓄積」を約束する資本主義です。しかし、この「天国」でも農民たちは故郷を追われます。

資本主義の牙城アメリカ合衆国などでは、さまざまな人びとの故郷喪失が連動していました。第二次世界大戦後の合衆国南部。戦後二〇年間に一一〇〇万人もの農民が故郷を離れたと言われています。彼らの行き先は国営農場ならぬ都市でした。合衆国南部の農業は、大規模な農地で多くの労働者を使い、単一作物を栽培する、特殊なプランテーション農業でした。一七世紀初頭、イギリス人が東部のヴァージニアに入植し、プランテーションは始まります。ヨーロッパの故郷を後にした人びとが、アメリカ先住民の故郷を奪うことで、この農業はスタートしたのです。

彼らが最初に手掛けたのはタバコでした。プランテーションでは、栽培も収穫もすべて手作業です。農地面積を拡大すれば生産量が増加しますが、それにはさらなる労働力投入が必要です。農場の労働力は、貧しい白人と、故郷アフリカから強制連行された黒人たちでした。ヴァージニアに初めて黒人が連れてこられたのは一六一九年。一六六四年には「黒人法」が制定され、黒人を無賃金で一生使役する〝奴隷制度〟が合法化されました。

通常の農業では、生産性を向上させるには地力や作業効率の増進を図ります。一方、南部のプランテーション農業では、生産性の向上はひたすら農地と労働力の拡大により行われました。それには黒人の労働力を搾取し、先住民から土地を収奪することが不可欠です。二つの故郷喪失が連動し、プランテーションを支えました。

一九世紀に入ると、ワタがタバコを抜いて主要な作物となり、盛んにヨーロッパに輸出されます。一八世紀末には綿繰機が発明され、効率は人力の五〇倍に上昇したと言われました。こうして、合衆国南部は〝綿花王国〟の時代をむかえます。

南北戦争(一八六一〜六五年)後、黒人奴隷は〝解放〟されました。ちょうどロシアで大地主から農奴が〝解放〟されたころのことです。それでもプランテーションは揺るぎませんでした。伝統的な農村共同体の基盤があるロシアと違い、黒人や貧しい白人は戻るべき故郷がなかったからです。彼らは小作人や労働者として大規模農園を支え続けました。ところが、その〝王国〟も二〇世紀に入ると傾き始めます。

一八九二年にテキサス州で綿実を食い荒らす害虫が発見され、一九二〇年代にはその被害が南部全域に拡がりました。当時、効果の高い有機系殺虫剤はありません。このころには連作障害による地力の疲弊も深刻化していました。さらに、四〇年代に入ると国外で生産される綿花との価格競争が激化し、それに敗北。第二次世界大戦が終わるころには〝綿花王国〟は衰退し、大量の小作人と労働者は〝故郷〟を後にし、都市に流れ込むほかなくなったのです。

離農をさらに加速したのは、戦後に始まる綿花栽培の技術革新、つまりは機械化・化学化でした。一九四五年にコットン・ハーヴェスター（収穫機）が開発されます。この機械は一台で五〇〇人分の作業をこなしました。続いて除草剤（2，4-Dなど）が開発され、人海戦術による除草作業は必要なくなりました。DDTやBHCなどの合成殺虫剤も普及し始めます。

戦後の連邦政府の農業政策は、農業を労働集約型から資本集約型に変更させるものでした。こうして、合衆国農業は大規模化・機械化・化学化をスローガンとするアグリビジネスへと「革新」されていきます。戦後起きた人びとの大規模な故郷喪失は、まさに〝農業革命〟ともいうべき大きな地殻変動の結果でした。

3 日本列島で

合衆国生まれの農業革命はヨーロッパにも波及します。もちろん、彼《か》の国の「国営農場」でも機械化・化学化革命は積極的に取り入れられました。

日本列島での「農業革命」は、一九六一年に制定された「農業基本法」による近代化農政に従い進行します。当時この国は国の成り立ちとして、産業構造を工業化し、社会全体を都市化する高度経済成長路線を模索していました。近代化農政とは、この国づくりを遂行させるための農業・農村再編政策です。農村は工業化・都市化のための人材や土地の供給源と位置づけられ、多くの農民たちが工業労働者、都市労働者として故郷から離れていきました。そして、工場、道路、鉄道、住宅などの用地として多くの農地が消えていきます。

一方、工業産品の輸出を支えるため、その見返りとして小麦、大豆、飼料穀物(トウモロコシなど)などの農産物が大量に輸入されることになりました。こうして、日本列島から麦や大豆の畑が失われます。その代わりに村々には、輸入飼料で餌付けされた牛、豚、鶏の大群が出現しました。大規模加工畜産の登場です。ここで生産された肉、乳、卵は都市に送られ、そこでくらす人びとはこれまで経験したことがない〝豊かな食生活〟を満喫することになりました。

近代化農政はさらに、故郷にくらす農民たちに、〝選択的拡大〟を強制します。麦や大豆などを栽培する畑作の代わりに、畜産と園芸が推奨されたのです。畜産は輸入飼料の消費が目的でした。園芸は、海外からの輸入が困難だった野菜や果実などの生鮮食料を生産するのが目的です。これらの分野では、生産コスト削減のため徹底した単作化・大規模化が推奨されていきます。

わずかな数の家畜を飼育しながら、多様な作物を少量ずつ栽培する有畜複合農業は、〝時代遅れ〟とされました。農家はキャベツや大根など特定の作物だけを大規模に生産するようになります。そのためにはトラクターなどの大型機械が必要です。一方、庭先から家畜の姿は消え、家畜の糞を堆肥にして畑に還元する農法は廃れていきます。畑にはもっぱら、購入した化学肥料が投入されることになりました。

選択的拡大路線を選んだ農家は、さまざまな資材を購入しなければ営農できません。そのための資金が必要です。さらに、自動車や電化製品など、農村にも都市並みの〝豊かな生活〟が宣伝されました。農家のくらしも現金なしには成り立たなくなります。一方、資金がないため選択的拡大の道を選べなかった多くの農家は、現金収入の道を農業以外に求めざるをえなくなりました。農業だけでは食えない時代が到来したのです。彼らは農閑期になると、故郷を離れ、出稼ぎに行きました。おもな職場は、ダムや道路などの建設現場です。

やがて農村周辺にも工場団地などが誘致され、そこへのアクセス道路網も整備され始めました。出稼ぎに出ていた農民たちは、これらの公共工事現場に従事するようになり、さらに地元企業に正規の労働者として雇われることになります。故郷にいながら収入を得られるようになったのです。その結果、営農はもっぱら週末中心となりました。兼業の道を選んだ農家にとっても、省力のため農業機械が不可欠となります。

そして、工業化を支えるため、海外から大量の原油が輸入され始め、木炭や薪は廃れました。燃料革命です。一九六四年には木材の輸入が全面自由化され、海外から安価な木材が国内に入り、故郷の森や林の経済的価値は大きく下落していきます。すでに六二年には、生糸の輸入も自由化されていました。農家の重要な現金収入源だった養蚕は斜陽となり、山の斜面を覆っていた桑畑は無用のものとなります。こうして、零細な山村で過疎化・高齢化が一気に進行したのです。

悪いことに、農家にとって頼みの米も一九六〇年代後半には余り始めていました。日本人の食生活は輸入穀物に依存するものへと変質していたからです。七〇年に減反政策がスタートします。日本列島に暮らす農民に米を作るなというお触れが出るのは、前代未聞の出来事です。その後、米価は低迷し、農家の収入はいっそう切り詰められていきました。

近代化農政が演出した「農業革命」とは結局、日本列島の農業を解体し、農村を疲弊させるものでした。そして、故郷の田園は荒れ果てていきます。

そんな「革命」のさなか、福島県の海沿いのある出稼ぎの町に大規模な事業所が誘致されました。その着工は一九六七年のことです。疲弊した故郷の再生を願う人びとの目には、それは雇用の創出と村の活性化を約束する「天国」として映ったにちがいありません。この事業所は「東京電力福島第一原子力発電所」と呼ばれました。このとき事業主やそれを後押しする政府が発した「絶対安全」という言葉は、当時の人びとの多くには疑いようもないものとして響いたのです。

4　「天国」の時代の終わり

故郷を追われた人びとが辿り着いたのは都市でした。そこは安全、快適、利便な空間として人びとを魅了します。ところが、この「天国」は自らが必要とする食料やエネルギーをほとんど自給できません。

都市空間内に残されていた農地は、人口の増加とともに姿を消しました。膨張する都市は、まるでアメーバのように、都市の重要な食糧基地であった周辺部の農村を侵食していきます。農という営みを自ら放棄した都市は、食料を遠隔地からの輸送に依存せざるをえません。トラックで、航空機で、巨大都市には四季を問わず、日本中の、世界中の食料が運び込まれています。

巨大都市は昼夜を分かたず、人の賑わいであふれかえっています。賑わいを維持するには膨大なエネルギーが必要です。煌《きら》びやかな照明、オール電化の高層マンション、地下深く展開する商店街、唸り続ける空調設備、分刻みで走る電車、立ち並ぶ終夜営業の店……。

この「天国」を支える膨大な電力を生み出す発電所は、火力発電所の一部を除き、すべて都市から遠隔の地に建設されました。遠い山間の村から、遠い海沿いの町から、長い長い送電線によって電気は届けられます。彼の福島県の町に建設された発電所の電力も、もっぱら首都圏に送られるものでした。この巨大な「天国」を支える原子力発電所はいつのまにか三カ所、原子炉の数は一七基にもなっていました。

こうして都市は農村を支配し、そこを自らの兵站基地としました。都市の優位、農村の従属という考えは、レーニンの時代から今に至るまで、揺るぎない人類社会の法則と化したようです。しかし、「国営農場」を「天国」と考える社会でも、「巨大都市」を「天国」と考える社会でも、故郷に生きようとする人びとにとっては、それらは決して「天国」ではありえなかったのです。

一九九一年にソビエト政権が崩壊しました。この巨大な「平等社会」を支配してきたのは、膨大な官僚群です。官僚支配は国営農場の労働者たちの創意と意欲を減退させ、農業生産力は衰退していきました。政権崩壊の背景にあったのは、慢性的食糧不足による社会不安です。食糧危機のなかでスタートしたこの「天国」は、食糧危機の中で崩壊しました。

二一世紀が明けて二〇〇七年、住宅ローン危機に端を発した合衆国の住宅バブルが崩壊しました。それをきっかけに、翌年には投資銀行リーマン・ブラザーズが破綻。これを引き金として、その後の世界は金融危機と深刻な不況に覆われています。だが、それ以前から、資源の浪費や地球大の深刻な環境悪化は、資本主義社会の持続性を著しく損ねていました。「巨大都市」を「天国」と考える社会も、また崩壊寸前です。「平等」が「平等社会」の首を絞めたように、「自由競争社会」は自らの信念である「規制なき自由」により自らの首を絞めつつあります。

二〇一一年三月一一日午後二時四六分。日本列島に巨大地震が発生しました。彼の福島第一原発は被災し、すべての電源を失いました。原子炉は次々とメルトダウン。放出された大量の放射性物質は広範囲の大地に降り注ぎ、海に流れ込んでいきます。この人類史上最悪の原発事故は、過剰な光を追い求めてきた「巨大都市」を根底から揺るがすものでした。原発を造り、その原発に依存してきた「巨大都市」は、原発の被災・機能停止とともに一気に自滅の道を転がり始めたのです。しかも、原発周辺に暮らす人びとの故郷を喪失させるという悲劇を道づれにして。

ソビエト政権崩壊直前の一九八六年、ウクライナ地方で原子力発電所の爆発という大事故が起きました。周辺の「国営農場」の広大な農地の放射性物質による汚染は、半永久的に続きます。この事故は、「国営農場」を「天国」と考えるソビエト政権崩壊の序曲として歴史に刻まれました。一方「三・一一」は、もう一つの「天国」に終止符を打つと同時に、「天国」を求め続けてきた時代そのものに最終的な引導を渡すものとして、人類史に記録されるにちがいありません。

5 それでもまた明日、種子を播こう

「天国」を失った人は、どこにいくのでしょうか。一世紀前「革命」に絶望したエセーニンが教えてくれます。

「天国はいらない、故郷を与えよ」

そう、私たちの行き先は、「故郷」をおいて他にはありえません。故郷に還る。それは、人が大地や森や海など自然と共生するくらしに戻ることです。国の成り立ちで言えば、農業、林業、漁業など第一次産業を中核にした社会を再生させることです。「天国」が演出した大量生産・大量流通・大量消費・大量廃棄の仕組みを廃棄する。その代わり、小さな地域(故郷)単位に食糧やエネルギーの自給圏をつくる。そこで小規模な有畜複合農業を復活させる。こうして疲弊した故郷を甦らせていくのです。

一人ひとりの生き方で言えば、「農的くらし」を心がけるということです。「農的くらし」とは、くらしの場で自分の必要な食糧やエネルギーをできるだけ自給することです。都市に住む人が「農的くらし」を徹底するには、農村への移住を考えなければなりません。「故郷に還る」とは、都市に集中する人口の地方分散を意味するからです。

とはいえ、仮に都市に住み続けたとしても、「農的くらし」を諦めることはありません。従来の都市的空間を解体し、そこを農的空間として再生させる新しいプロジェクトが、都市には必要だからです。どこにあっても、そこで最善を尽くせば、そこはその人の「故郷」になります。

自然と共生するためには、人には特別の力量が求められます。体力、知恵、感性……。長い間「天国」に囲い込まれてきたため、私たちのそのような力はマヒしてしまいました。安全、快適な「天国」では、危険なもの、醜悪なものは徹底して排除されます。しかし、自然は人にとって常に「天国」ではありません。自然は美しく、清浄とは限らない。ときとして、それは人にとって荒々しく、不条理な姿をのぞかせます。「天国」では、人は自然の姿のうち自分に都合のよい部分だけ〝つまみ食い〟してきました。明るい、温かい、美しい、清い……。「故郷」で生きるためには、自然が見せるすべての姿をそのまま受け入れなければなりません。

人が自然と一体となって生きるには、自然は自分と不即不離の関係にあり、その不都合な部分だけを捨てることはできないという覚悟が必要です。自分の身体の一部が具合が悪くなっても、それを捨てることができないように。

「三・一一」により、土も海も汚染されてしまいました。人は、そこからひとまず退却しなければなりません。けれども、汚染が比較的軽微な周辺地域では、そこにとどまるという選択もあります。「邪悪」なものは徹底して「排除」するという感性は、私たちが「天国」で身につけてきたものです。「故郷」では、「邪悪」なものも「受容」できる感性が必要です。

ここで大切なことは、何が「邪悪」なのか、「邪悪」をどの程度受け入れるべきかは、基本的にはその人の判断で決めるということです。「天国」では、その判断は政治家や科学者に委ねられていました。「故郷」では、その判断は一人ひとりの人間の人生の選択として行われるのです。ここでもまた人は、〝胆力〟とでもいうべき総合的な判断力と決断力が試されます。

「故郷」の再生。そのためには何よりも種子と、それを播く人が必要です。私たちはまた明日になれば、種子を播き続けなければならないのです。

（池澤夏樹・坂本龍一ほか『脱原発社会を創る30人の提言』コモンズ、二〇一一年）

■明峯哲夫　年譜

一九四六年	三月二九日	埼玉県北足立郡鴻巣町（現鴻巣市）にて生まれる（父英夫、母百代子）。英夫（一九一六〜二〇〇八）は、農林省農事試験場鴻巣試験地技官、農林省農業技術研究所遺伝科長などを経て、同研究所生理遺伝部主任研究官。専門は育種学。祖父・正夫（一八七六〜一九四八）は農学博士、北海道帝国大学教授で、とくにイネの育種学研究の功績が大きい。
一九五一年	五月	神奈川県平塚市へ移住（前年の機構改革で生まれた農業技術研究所へ父が異動）。広大な構内を遊び場として育つ。
一九六一年	四月	神奈川県立平塚江南高校入学。
一九六四年	四月	北海道大学（理類）入学。
一九六八年	三月	北海道大学農学部農業生物学科植物学分科卒業。
	四月	北海道大学大学院農学研究科修士課程進学。六九〜七一年を中心に、大学闘争にノンセクトの立場で参加。
一九七〇年	一月	増田惇子と結婚。
	四月	北海道大学大学院農学研究科博士課程に進学、植物生理学研究室に所属。研究テーマは、ジャガイモ組織培養におけるカルス形成過程における呼吸代謝。
	九月	長女・朝子誕生。
一九七二年	三月	北海道大学大学院農学研究科博士課程中退。
	四月	一九七〇年代の有機農業運動を支えた論客の一人で、首都圏でよつ葉牛乳の

共同購入運動を組織した岡田米雄氏の仲介によって、惇子・三浦和彦とともに栃木県河内町（現宇都宮市）にある河内農場の研修生となり、植松義市氏より山岸式農業養鶏法の理論と実践を学ぶ。

六月　「自然保護から自然奪還へ」を『北海道自然保護協会・会誌』に発表。

秋「たまごの会」発足に立ちあう（前年秋から、河内養鶏場の規格外卵の都市生活者による自主配送と共同購入は始まっていた）。

一九七三年　六月　次女・晶子誕生。

九月　「ある農場からの報告」を『朝日ジャーナル』に発表。

一九七四年　五月　消費者自給農場たまごの会八郷農場の創設・運営に参加。農場スタッフとして、茨城県八郷町（現石岡市）で数家族とともに暮らす。

一二月　「土を活かし、石油タンパクを拒否する会」の結成に関わる。

一九七五年　二月　長男・牧夫誕生。

八月　「農法と人間」を『講座農を生きる3　〝土〟に生命を』（三一書房）に発表。

一九七七年　八月　「農業を考える茨城農民と首都圏消費者の集い」を石岡市で行い、約七〇〇名が参加。

三女・暁子誕生。

一九七八年　四月　地元の若い農業者たちと「農業塾」を開催（七九年三月まで）。

一九七九年　九月　たまごの会をテーマにした映画『不安な質問』一般公開。

『たまごの会の本』を自費出版。

一九八〇年　一月　「われらが世界の萌芽にむけて」を『思想の科学』に発表。

三月三〇日　会員集会で一部メンバーから激しく批判される。以後、会員間での対立が激化する。

七月　家族とともに東京都国分寺市へ移住。このころから「農業生物学研究室主宰」と名乗り始める。

九月　新聞配達を職業とする。

一九八一年　五月　東京都国立市谷保の休耕田を足場に、市民による共同耕作集団「やぼ耕作団」を発足。七家族で七aの畑を借り、年間約四〇品目の野菜の作付けを開始。

メンバー向け個人誌『やぼ新聞』を発行（八三年八月まで計一六号）。

以後、都市内での耕作をより重層的に充実させるため、近郊の山間地に親農場を構想し、土地探しを続けたが、実現せず。

一九八二年　四月　たまごの会分裂。

一九八三年　八月　やぼ耕作団の会誌『のら便り』を創刊（九七年四月まで）。

一九八四年　三月　農園の活動拠点を東京都日野市に移し、日野市に移住。約三〇aの作付けを行う。新聞配達を辞め、学習塾講師となる。

トヨタ財団の研究助成金を得て「市街地周辺農地を利用した都市住民による自給農場運営の可能性」に関して、二年半にわたり、調査・研究を行う。

その後、田畑は日野市内で五カ所移動し、増減を繰り返す。

一九八五年　四月　予備校講師となり、生物学を担当。以後、二〇一三年まで高崎市、水戸市、大宮市、東京・池袋などで教える。

八月　四女・野々子誕生。

一二月　『やぼ耕作団』を風濤社から刊行。

一九八七年　三月　トヨタ財団助成研究報告「市街地周辺農地を利用した都市住民による自給農場運営の可能性に関する調査・研究—東京都下国立市・日野市を中心として—」および「街を耕す—やぼ耕作団の試み—」を刊行。京王線百草園駅前の二〇アールの畑に定着し、ニワトリ、ヤギ、ウサギの飼育、井戸掘りなどを実現する。

八月　タイ北部へ調査旅行。

一九八八年　四月　立教大学文学部非常勤講師を務める（〜九〇年三月）。

八月　タイ北部へ調査旅行。

一九八九年一〇月　ドイツ北部へ講演旅行。

一九九〇年　四月　和光大学人文学部非常勤講師を務める。講義名は「人間科学論特殊講義Ⅰ」（〜九一年三月）。

八月　立教大学での講義録を学生たちのテープ起こしの協力を得てまとめ、『ぼく達は、なぜ街で耕すか——「都市」と「食」とエコロジー』として、風濤社から刊行。

一九九二年　一月　「日野・まちづくりマスタープランを創る会」（〜九四年）を設立し、中心メンバーとして活動する。

一九九三年　五月　「TAMA農のあるまちネットワーク研究会」の一分科会として、「市民が耕す農研究会」が発足し、中心メンバーとして活動する。

八月　ドイツ各地のクラインガルテンを訪問。

一一月　『都市の再生と農の力——大きな街の小さな農園から』を学陽書房から刊行。

一九九五年　四月　「市民版 日野・まちづくりマスタープラン——市民がつくったまちづくり

八月 基本計画」を発行。
一九九六年 四月 マリ共和国へマメ科植物の栽培状況などを調査旅行。
七月 立教大学文学部非常勤講師を務める(〜九七年三月)。
一一月 明峯惇子との共著『【アウトドア術】自給自足一二か月』を創森社から刊行。
一九九七年 四月 石田周一との共編著『街人たちの楽農宣言』をコモンズから刊行。
八月 百草園駅前で区画整理事業が始まるとともに、主要メンバーの多くが「卒業」して地方移住したのを機に、やぼ耕作団を解散。
一〇月 ドイツ北部訪問。
二〇〇〇年 八月 埼玉県鶴ヶ島市に移住。
二〇〇四年 ドイツ・ベルリンの「国際庭会議(Garten Konferenz)」に参加し、講演。
北海道札幌市でNPO法人あおいとり(たまごの会時代からの盟友・永田まさゆきが主宰)が開講する、市民のための農学校「農的くらしのレッスン」で、「農的植物学」や「農的庭学」などを講義する。二〇一二年までの九期、一期あたり五〜六回通い、運営にも関わる。
四月 「オルター農学校」構想(大阪府)に関わる。
二〇〇五年 八月 「たまご研究会」(八郷農場)で、鳥インフルエンザについて発表。
二〇〇六年一二月 「鳥インフルエンザといのちの循環」を『有機農業研究年報6 いのち育む有機農業』(コモンズ)に発表。
二〇〇七年 四月 たまごの会時代から親交が続く内田雄造に誘われて東洋大学福祉社会開発研究センターの客員研究員を務め、プロジェクト2山古志研究グループに所属(〜一一年度)。

六月　有機農業技術会議の理事に就任する。

一二月　「低投入・安定型の栽培へ」を『有機農業研究年報7有機農業の技術開発の課題』(コモンズ)に発表。

二〇一〇年　六月　「農学論の革新—有機農業推進の立場から—」を『有機農業研究』第2巻第1号に発表。

七月　「健康な作物を育てる—植物栽培の原理—」「畑地利用の基礎」「〃雑草〃〃病害虫〃とどうつきあうか」「有機農業と野菜栽培」を『有機農業の技術と考え方』(中島紀一・金子美登・西村和雄編著、コモンズ)に発表。

一一月　『有機農業の技術と考え方』の出版記念会として、シンポジウム「生命《いのち》を紡ぐ農の技術《わざ》——第Ⅱ世紀有機農業技術の展望」を中島紀一らと企画し、「農の技術《わざ》を物語る」というタイトルで報告する。

二〇一一年　二月　自ら提案してNPO法人有機農業技術会議の研究部会として「有機農業技術原論研究会」を発足。福島県南会津にて第一回研究会を合宿形式で開催。以後、中島紀一、三浦和彦、本田廣一らとともに一四年七月までの三年半、一七回にわたり研究会を積み重ねる。

三月　東日本大震災と原発事故を受けて、ドイツの友人から依頼され、何が起きているのかを継続的に報告・分析し、「東京日記」というタイトルで、電子メールによって発信。あわせて、大江正章とともに「地震・津波・原発事故を受けての呼びかけ」を行い、「それでも種を播こうの会」を結成し、今後の社会のあり方を考えていく。

五月　NPO法人有機農業技術会議の代表理事に就任。

七月 「天国はいらない、故郷を与えよ」を『脱原発社会を創る三〇人の提言』（コモンズ）に発表。

一〇月 有機農業技術会議主催の公開シンポジウム「原発と有機農業——それでも種を播こう」を中島紀一らと企画。「有機農業は自然との共生」というタイトルで報告し、パネラーとして討論に参加。

二〇一二年 一月 「放射能との共存と有機農業」を『現代農業』一月号に発表。

六月 「大規模・集中型畜産の破局—鳥インフルエンザ再考—」を『有機農業研究』第3巻第2号に発表。

一〇月 「やまなし発！ 有機の郷推進交流大会 有機・自然共生農業を考えるつどい」（山梨県甲府市）の分科会「多様な農法を考える」にてアドバイザーを担当。「放射能汚染と有機農業」を『有機農業研究』第4巻第1・2号に発表。

二〇一三年 一月 脱原発運動に大きな影響力をもち、原発周辺地域からの移住を提唱していた小出裕章氏との対話を進めるために、NPO法人有機農業技術会議主催の公開討論会「原発事故・放射能汚染と農業・農村の復興の道」を中島紀一らとともに企画し、討論者として参加。「避難すれば、それですむのか」と問題提起。

二月 NPO法人有機農業技術会議として「秀明自然農法調査研究委員会」を発足し、関東班班長を務める。

三月 公開シンポジウム「原発と有機農業——有機農業運動論の再構築」を開催。一月に行われた公開討論会を記録した共著『原発事故と農の復興——避難すれば、それですむのか?!』をコモンズから刊行。

七月	旧山古志村調査をまとめた東洋大学福祉社会開発研究センター編『山あいの小さなむらの未来―山古志を生きる人々―』を博進堂から発行（発売：現代企画室）。 ＮＰＯ法人グレインズ・イニシアティブ（大阪）で食物学・作物学・畑の食卓学などを講義（〜一四年）。
二〇一四年　九月一五日	食道ガンのため逝去。享年六八歳。
二〇一五年　二月	秀明自然農法農学セミナーでの講演などをまとめた『有機農業・自然農法の技術―農業生物学者からの提言』をコモンズから刊行。

〈作成：大江正章・小口広太〉

あとがき

明峯さんが逝去されて、まもなく二年が経とうとしている。本著作集の刊行準備の過程で、北大時代からの明峯さんの無二の盟友だった三浦和彦さん（本著作集の編集委員でもあった）も急逝されてしまった（二〇一五年一〇月）。お二人はともに、農にとっても農学にとってもかけがえのない方だった。限りなく優れた友人二人をなくした喪失感はなんとも深く大きい。まだ当分はそこから抜け出せないだろうという気がしている。

三浦和彦さんについては有機農業技術会議編『農への道を生きて――三浦和彦メモリアル』と秀明自然農法ブックレット『草を資源とする――植物と土壌生物とが協働する豊かな農法へ』をまとめることができた。いずれも二〇一六年二月刊である。

明峯さんは二〇一四年八月、突然に、死を免れ得ない病状に陥り、その直後に三浦、永田、大江、中島を病室に招き、秀明自然農法農学セミナーでの講演をもとに、遺著『有機農業・自然農法の技術』の取りまとめと刊行を託された。その折りに彼は、自分のこれまでの論考を取りまとめた著作集のようなものの刊行については消極的な意志を示された。だから、この著作集は故人の遺志に基づく刊行ではない。当然に、著作集の構成などについての示唆もなかった。

彼はなぜ、そのときにあえてそんなことを言ったのだろうか。本書の刊行準備の過程でこの故人の遺志について何度も考えてみた。

彼は自分の過去の論考を無駄なものだと考えていた訳ではない。その一つの証拠に、逝去の一年ほど前に、詳細な著作目録を作成されて、私たち近しい友人たちに配布された。その時の照れくさそうな顔が思い出される。いろいろ総合して考えてみると、彼は自分の生き様、思想、学問をまだ不備で未完のものと理解しており、いずれの時にか、自分自身の手でそれらをしっかりと見直して、より体系的でしっかりとしたものに仕上げたいという思いが強かったのだろう。完璧主義を感じさせる明峯さんは、だから私たちの手によるこの著作集の仕上がりは恐らく不満足で、このお節介にきっと苦虫を噛み潰したような顔で対しただろうという気がしている。

しかし、本著作集の刊行を企画した私たち友人からすれば、ご本人としてはなお厳しい評価があったとしても、明峯さんの過去の論考には社会的価値があることと確信している。本著作集に収録した論考は多彩で幅広い。また、明峯さんは実践の人であり、それ故もあって遺された論考は、明峯さんの生きた人格として統一的につかまなくてはほんとうには理解しきれないとも思われた。そんな次第で、故人の気持ちに沿わない点があったとしても、彼の論考を、明峯さんの生きた姿として、総合的で統一性のある一書としてまとめておくことが、後に残った友人の責任だと考えたのである。

収録した論考の選択や解説の執筆にあたっては、故人の思いについて様々に忖度はしてみた。しかしなお、故人からすればきっと不満足な仕上がりとなってしまった。私たちの明峯さんへの理解不足を痛感している。だが、収録した諸論考自体がもつ輝きは読者にはきっと伝わるだろうと確信している。だからその点では安心している。

故人による自らの歩みの振り返りについては、『有機農業・自然農法の技術』の最後に収録した鼎談「ぼくたちの時代、ぼくたちの歩み」で述べられている。併せてお読みいただければ幸いである。

本著作集は大江正章を幹事として、飯塚里恵子、小口広太、中島紀一、永田まさゆき、三浦和彦が編集にあたった。三浦さんはそのなかで中心的な役割を果たされたが、先に記したように本書刊行を見る前に逝去されてしまった。まことに残念なことである。心から追悼の意を表したい。

本書のタイトルは二〇一〇年一一月に行われた『有機農業の技術と考え方』(中島紀一ほか編著)の出版記念シンポジウムの表題からとったもので、明峯さんの創案である。

出版事情が厳しいなかでの本書の刊行には経済的な困難が予測された。しかし、明峯さんと親しく歩んで来られた一一〇名、二団体のみなさんからの資金的応援を得て刊行することができた。深く感謝申し上げたい。

二〇一六年四月

編集委員を代表して　中島紀一

＊なお、三浦和彦さんの二点の遺稿集については、部数に限りがありますが、お頒けできます。ご希望の方はご連絡ください。

有機農業技術会議　〒315-0157石岡市上曽291-2　0478-79-7245　yuki-gijutsu@lime.ocn.ne.jp

ら」『月刊むすぶ』502号。

「放射能汚染と有機農業」『有機農業研究』第4巻第1・第2号。

「書評『福島の原発事故をめぐって　いくつか学び考えたこと』(山本義隆著)」『有機農業研究』第4巻第1・第2号(『庭プレス』6月号)。

2013年

「『福島』から有機農業運動論の再構築を」『庭プレス』3月号。

『原発事故と農の復興——避難すれば、それですむのか?!(共著)』コモンズ。

「生き物が食べものに変わるまで」大江正章監修『くわしくわかる！食べもの市場・食料問題大事典』教育画劇。

「「福島」から有機農業運動の再構築を」シンポジウム「原発事故と有機農業」有機農業技術会議。

「山古志を生きる」「**自給のむら**」「山古志を生き続ける——『美しいむら』への軌跡・そして未来」東洋大学福祉社会開発研究センター編『山あいの小さな村の未来—山古志を生きる人々—』博進堂発行、現代企画室発売。

「野菜の実」『中村農園収穫祭講演用パンフレット』。

「インタビュー 著者と1時間 山あいの小さな村の未来—山古志を生きる人々—」『日刊建設通信新聞』9月25日。

2014年

「秀明自然農法調査研究2013年報告要旨」秀明自然農法ブックレット第1号、秀明自然農法ネットワーク。

「『思想』をつくるのは市民の責任(しごと)」『湧水』第100号、まちづくりフォーラム・ひの。

2015年

『有機農業・自然農法の技術——農業生物学者からの提言』コモンズ。

『農的植物学入門——セリ科の植物』NPOあおいとり。

『てっちゃんの木』(『庭プレス』社説2007年3月号の再編集)NPOあおいとり。

2016年

『「無施肥・自然農法」についての農学論集(共著)』秀明自然農法ブックレット第6号、秀明自然農法ネットワーク。

(注) 本書収録著作は太字で示した。

「てっちゃんの堆肥づくり」『庭プレス』12月号。

2011年

「Agriculture Supported Community」『庭プレス』1月号。

「『生命原理の有機農業』の確立へ」東京商工会議所編、アース・ワークス著『エコリーダー公式テキスト〈食・農〉エコリーダーになろう農業・漁業編』中央経済社。

「『低投入・内部循環・自然共生の有機農業技術論』を検討する」有機農業技術会議原論研究会。

「山古志における農的営みを支える農産物直売所の現状と課題(共著)」『福祉社会開発』第4号。

「東京日記2011年3月16日―4月11日」http://www.tacheles-regional.de/

「天国はいらない、故郷を与えよ～原発事故と『庭』の思想」『庭プレス』4月号。

「帰ろう、山古志へ」『庭プレス』5月号。

「**天国はいらない、故郷を与えよ**」池澤夏樹・坂本龍一ほか『脱原発社会を創る30人の提言』コモンズ。

「放射能汚染と有機農業」『庭プレス』8月号。

「山古志の『奇蹟の農園』――中越地震被災農民はいかにして故郷に帰還したか」『月刊オルタ』9・10月号。

「Holy Island」『庭プレス』10月号。

「有機農業は自然との共生」シンポジウム「原発と有機農業――それでも種を播こう」有機農業技術会議。

2012年

「放射能との共存と有機農業」『現代農業』1月号。

「セシウム物語」『庭プレス』2月号。

「『美しい村』～宮本常一が伝えたかったこと」「福祉社会開発 研究集成―研究プロジェクト2 中山間地域の振興に関する調査研究―」。

「大規模・集中型畜産の破局――鳥インフルエンザ再考」『有機農業研究』第3巻第2号。

「ともにあったことを誇りに」『ゆっくりとラジカルに――内田雄造追悼文集』内田雄造先生追悼文集世話人会。

「報告 有機農業技術論――生命(いのち)を紡ぐ農の技術(わざ)」現代技術史研究会。

「『有機物還元』を原理とする農業」『有機・自然共生型農業を考えるつどい報告要旨』山梨県。

「生きることそのものとしての有機農業――放射能汚染と向き合いなが

「ぶら〜りヘチマ」『庭プレス』3月号。

「山古志の農業」『福祉社会開発研究』創刊号。

「春の日は過ぎ行く」『庭プレス』4月号。

「中耕ということ」『庭プレス』6月号。

「『二酸化炭素問題』再考」『庭プレス』7月号。

「Into the Wild」『庭プレス』10月号。

「奇跡の農園」『からばす』第20号。

「ひっつき虫物語」『庭プレス』12月号。

2009年

「動物の殺し方」『庭プレス』1月号。

「最後の開拓小屋」『庭プレス』2月号。

「山古志の農業(第2報)」『福祉社会開発研究』第2号。

「市民の農業参入」『庭プレス』4月号。

「豚に祝福を」『庭プレス』5月号。

「有機農業の原理」『庭プレス』6月号。

「鳥インフルエンザと合鴨農法」『合鴨通信』第53号。

「夏の庭は熱帯植物園」『庭プレス』7月号。

「進化農学という視点」『有機技術通信』No.19。

「もうひとつの丸葉アサガオ」『庭プレス』9月号。

「立体農業」『庭プレス』10月号。

「鳥インフルエンザを恐れない」『現代農業』11月号。

「かけがいのない村〜山古志の農的くらし(その1)」『庭プレス』12月号。

2010年

「かけがいのない村〜山古志の農的くらし(その2)」『庭プレス』1月号。

「農学論の革新―有機農業推進の立場から―」『有機農業研究』第2巻第1号。

「グレースランドの庭」「エルヴィスと政治家の責任」『庭プレス』3月号。

「かけがえのない村〜山古志の農的くらし」『福祉社会開発研究』第3号。

「耕作放棄地という希望」『庭プレス』5月号。

「健康な作物を育てる―植物栽培の原理―」「畑地利用の基礎」「"雑草""病害虫"とどう付き合うか」「有機農業と野菜栽培」中島紀一・金子美登・西村和雄編著『有機農業の技術と考え方』コモンズ。

「書評 土の文明史(ディビッド・モントゴメリー著、片岡夏実訳)」『有機農業研究』第2巻第2号。

「農の技術(わざ)を物語る〜『有機農業の技術と考え方』出版に寄せて」『有機農業の技術と考え方』出版記念会講演要旨(『庭プレス』9月号)。

トを始めるにあたって」私家版。

2005年

「北海道開拓の『謎』」(講座・農的くらしのレッスン2005「夏季スペシャル記録」)NPOあおいとり。

「比較開拓論 江戸期の三富新田」(講座・農的くらしのレッスン2005「夏季スペシャル記録」)NPOあおいとり。

「討論 都市づくりを問う」構想日本J・I・フォーラム編『構想日本第2巻現代の世直し』水曜社。

「『トリ・インフルエンザ』について」『遊 たまご研究所合宿研究会報告集』たまごの会たまご研究所。

2006年

「トリ・インフルエンザについて」『科学・社会・人間』第95号。

「書評「巨大アグリビジネスが映し出す『文明の危機』感染爆発——鳥インフルエンザの脅威(マイク・ディヴィス著、柴田裕之・斉藤隆央訳)」『月刊オルタ』10月号。

「**鳥インフルエンザといのちの循環**」日本有機農業学会編『有機農業研究年報6いのち育む有機農業』コモンズ。

2007年

「**庭宣言**」『庭プレス』2月号。

「てっちゃんの木」『庭プレス』3月号。

「ただニワトリを殺すだけでいいのか——鳥インフルエンザ問題を考える」『社会臨床雑誌』第14巻第3号。

「生産緑地・環境緑地・生活緑地〜農地・林地・庭の保全策を考える」『庭プレス』4月号。

「火の使用」『庭プレス』5月号。

「ヤセがやってきた」『庭プレス』6月号。

「農業は『庭』で発見された」『庭プレス』7月号。

「基礎庭学(講座・農的くらしのレッスン記録)」NPOあおいとり。

「丸葉アサガオの研究」『庭プレス』8月号。

「草の資源化」『庭プレス』9月号。

「庭の画家」『庭プレス』10月号。

「森林は二酸化炭素削減の切り札になるか?」『庭プレス』11月号。

「**低投入・安定型の栽培へ**」日本有機農業学会編『有機農業研究年報7 有機農業の技術開発の課題』コモンズ。

「『仮設』の庭」『庭プレス』12月号。

2008年

「麦や大豆を作ろう」『庭プレス』1月号。

「研究と講演のためのドイツ・ツアー」『農耕げりらーず』第7号。

「インタビュー 都市の中で日常的に農とつながって、地方の農村に『縁』をつないでいく」『びれっじ』Vol.23。

「市民による『マスタープラン』策定の試み」『自治体学研究』第73号。

「『食べ物自給区』25年」河合隼雄・上野千鶴子共同編集『現代日本文化論8欲望と消費』岩波書店。

1998年

「生きることそのもののノウハウとしての農」『環境情報科学』第27巻第1号。

「『現代の人間』論①逆転する人の移動」『月刊カリカリ人』第1号。

「『現代の人間』論②『アダムとイブ』という神話 ヒトの性はどのように決められるか」『月刊カリカリ人』第2号。

"Ein Japanischer Don Quichote auf Deutschlandtour, Texte zu Landwirtschaft, Selbstversorung und Regionalsierung"（共著）, Institute faecherubergreifenden Studierens und Forschens (ifSF) e.v., Treir Germany.

1999年

「市民はまちづくりのパラダイムを変更できるか」渡辺俊一編著『市民参加のまちづくり――マスタープランづくりの現場から』学芸出版社。

2000年

「庭」『工房だより』3月号。

「血沸き肉踊る冒険小説『野生の呼び声』『白い牙』ジャック・ロンドン」久保覚・生活クラブ生協連合会〈本の花束〉編『こどもに贈る本第2集』みすず書房。

「自給する都市民」『農業と経済』9月増刊号。

2001年

「パラサイトからの脱却――世界の都市農業」『ビオシティ』第20号。

2002年

「土地を耕し、作物を育ててみよう」アースデイ21編『地球と生きる133の方法』家の光協会。
「世界の潮流は"自給的農"」『日本農業新聞』4月29日。
"Die Selbstversorungs—Guerilla in Japan"（共著）, *Die Gaerten der Frauen,* Elisabeth Meyer-Renschfausen et.al., CENTAURUS Verlags-GmbH & Co. KG, Herbolzheim, Germany.
「エルヴィスへ贈られた最良の鎮魂の作品二つ」『ALWAYS ELVIS』No.108、エルヴィスファンクラブ。

2004年

「『オルター農学校（オルター・アグリスクール）』（仮称）設立プロジェク

『市民版 日野・まちづくりマスタープラン――市民がつくったまちづくり基本計画(共著)』日野・まちづくりマスタープランを創る会(本書収録は「**『農』がいきづくまち**」)。

「『人間』の問題としての農」『6月4日第20回日農ゼミ関東ブロック春のつどい講演会報告集』同実行委員会。

「対談 農的生活と生命系の経済学(前編)農の力が都市を再生する」『ビオシティ』第6号。

「パネルディスカッション 集まろう話そう創ろう『けやきの広場』'95」『12月9日記録集』国分寺市。

「市民版 まちづくりマスタープラン東京・日野市」『月刊自治研』12月号。

1996年

「対談 農的生活と生命系の経済学(後編)農の力が創出する社会と生命」『ビオシティ』第7号。

「インタヴュー『東京で農業をする』。そのことに大きな意味があると思い、実践しています。」『いきいき』第2号、東京都社会福祉協議会。

「『生きる力』を取り戻すには 提案:農のあるまちづくり」日高六郎ほか編『21世紀私たちの選択』日本評論社。

「『もの』の世紀から『関係』の世紀へ」『工房だより』5月号、アトリエ・オン。

「“合法的”だが“不当”なもの」『工房だより』7月号。

「自給自足の時代がやってくる」『工房だより』9月号。

「環境緑地制度(仮称)を提案しよう」『農耕げりらーず』第5号。

「座談会 農が救う、農を救う」『ビオシティ』第9号。

『【アウトドア術】自給自足12か月(共著)』創森社。

「農地と共存するまちづくり」1995年10月28日第4回谷戸学校準備講座記録『谷戸だより』第34～37号、山崎の谷戸を愛する会。

「座談会 山崎の谷戸とくらし」『1996年11月1～4日湘南・谷戸シンポジウム記録集』。

「農的空間としての雑木林」『野鳥』11月号。

「『市民版 まちづくりマスタープラン』作成の試み」『造景』第3号。

「討論会 さわら活性化フォーラム21」佐原市商工会議所。

『街人たちの楽農宣言(共編著)』コモンズ。

1997年

「農はブームとなるか?」『社会臨床雑誌』第4巻第3号。

「市民のための新たな緑地制度をめざして～「農」と「緑」が共存する都市」2月16日 第3回農のあるまちシンポジウム報告『三多摩自然環境センターNEWS』第45号。

「援農 市民が耕す——誰もが『農』を語ることは可能だ」『JAPAN LANDSCAPE』第25号。

「『まちづくりマスタープランを創る会』活動の「中間報告」を出すにあたって」『日野・まちづくりマスタープランを創る会 中間報告』日野・まちづくりマスタープランを創る会。

「インタヴュー 改めて市民活動を考える」『まち・むら』37号。

『都市の再生と農の力——大きな街の小さな農園から』学陽書房(本書収録は「いま、ここにユートピアを」「ハイレベルな市民農園と市民耕作」)。

1994年

「人間と農(その1)」『社会臨床雑誌』第1巻第3号。

「クラインガルテンと『市民意識』」『ドイツ・バイエルン州の農業と市民農園の手本としてのクラインガルテン制度 先進都市定点観測隊報告書』TAMAらいふ21協会。

「街人よ、耕せ」星寛治・高松修編著『米——いのちと環境と日本の農を考える』学陽書房。

「TAMAらいふ21市民ネットワークのその後11 TAMA農のあるまちネットワーク研究会」『都政新報』9月9日号。

「人間と農(その2)」『社会臨床雑誌』第2巻第1号。

「人の弱さを知り、許し合う“教材”としての夫婦」築地書館編『妻の言い分・夫の言い分』築地書館。

「人間と農(その3)」『社会臨床雑誌』第2巻第2号。

「ライフスタイルとしての『農』」『SRI』9月号。

「対談 我ら世代は40代」『ボランティアセンターニュース』Vol.110-111、日野市ボランティアセンター。

「“もうひとつのマスタープラン”まもなく完成」『ネットワークひの』No.19。

「『市民版マスタープラン』完成間近」『アルタ通信・多摩版』。

「巨大都市・東京でこそ農的ライフスタイルの実現を」嵐山光三郎編『東京農業はすごい』創森社。

「人間と農(その4)」『社会臨床雑誌』第2巻第3号。

1995年

「農地、農、そして人と知恵のネットワーク〜阪神大震災に思う〜」『農耕げりらーず』第2号、市民が耕す農研究会。

「Mali『豆』調査行——フィールドノート(8/24)より」『農耕げりらーず』第4号。

「都市の中にこそ、農業の再生を」『ビオシティ』第4号。

「**やぼ耕作団の歩み**」『のら便り』第23号。

1987年

『市街地周辺農地を利用した都市住民による自給農園運営の可能性に関する調査研究』やぼ耕作団。

『街を耕す――やぼ耕作団の試み』やぼ耕作団。

「空をあおぐ実・うつむく実」『別冊家庭画報わが家の手作り野菜』。

「囲いこまれた子供たち」自主出版パンフレット。

「東京でこそ農業を」『書斎の窓』366号。

「"生きることそのもの"を生きる人々――タイ山地に焼畑の村を訪ねて」『のら便り』第28号。

1988年

「人間と環境――その有機的交流を願って」『立教』第126号。

「書評『早期発見・治療』はなぜ問題かを読んで――"自然食運動"と"健康幻想"」『臨床心理学研究』第26巻1号。

1989年

「シンポジウム 優生思想とわたしたちのからだ・生命」『臨床心理学研究』第26巻4号。

「土が失われていく」『ＡＶＩＳ』75号。

1990年

『**ぼく達は、なぜ街で耕すか――「都市」と「食」とエコロジー**』風濤社（本書収録は「**作物と人間――ワタを育てる**」）。

「『ぼく達は、なぜ街で耕すか』」『出版ニュース』。

「『やぼ耕作団』となつ子さんのこと」萩原なつ子『それいけ！YABO――子どもとエコロジー』リサイクル文化社。

「差別とテクノロジーの都市」『情況』9月号。

1991年

「街を耕すパートタイム・ファーマー『やぼ耕作団』」『ECOMAP』第8号。

「植物は生きている～街の片隅の小さな菜園によせて～」『のら便り』No.50記念増刊号。

1992年

「インタヴュー 生産緑地制度改正とは？」『ふぇみん』2月28日号。

「書評『都市住民のための決定版農業大論争』」『地上』2月号。

『環境教育辞典（共著）』東京学芸大学野外教育実習施設編、東京堂出版。

「インタヴュー 手づくりのまちづくり」『日野ボランティアセンター情報』7月号、日野市ボランティアセンター。

「東京でこそ農業を！」『建築ジャーナル』10月号。

1993年

場のあゆみと展望」『月刊地域闘争』5月号。

「われらが弁当の確立を〜学校給食拒否の論理」『たまご通信』第126号。

「たまご の会の〝残飯〟養豚」『たまごの会の本』たまごの会。

「対談 労働運動の可能性とたまごの会」『たまごの会の本』。

「第2農場への僕の展望」『たまごの会の本』。

「生物と人間の共存を求める」『臨床心理学研究』第17巻第2号。

『われらが世界の創造を』自主出版。

1980年

『われらが世界の萌芽にむけて』『思想の科学』1月号。

「西暦2000年の日本農業を想定する——何はともあれ〈農業モデル〉の社会をめざして」『技術と普及』1月号。

「生物と人間との共存を求める」『臨床心理学研究』第17巻第3・4号。

1981年

「書評『知能神話——競う知能から生きる知恵へ』(山下恒男編)」『福祉労働』第10号。

「たまごの会の歩み——僕のたまごの会中間総括」自主出版パンフレット。

『やぼ新聞』第1号〜第27号(〜1983年)。

「あま美の農業」(未発表)。

1982年

「今はどういう時代か——国家幻想の存続か解体か」自主出版パンフレット(本書収録は「10年後の自己解題として」)。

1983年

「食肉生産の発展とその問題点」『週刊朝日百科・世界の食べもの』第124号。

「動物アウシュヴィッツ工場開設反対!(ビラ)」のらねこ同盟(無署名)。

「街を耕すやぼ耕作団」『のら便り』第6号。

「栃木探訪記」『のら便り』第7号。

「トヨタ財団研究助成について」『のら便り』第8号。

1984年

「農業はファシズムに抗せるのか」『思想の科学』2月号(臨別)。

『トヨタ財団研究コンクール共同研究・事務局通信』第1号〜第20号。

1985年

『身近な農地を考える〜都市・農業・都市住民(共著)』やぼ耕作団。

「働くことはどういう事なのか」『たまご通信』第431号。

『**やぼ耕作団**』風濤社(本書収録は「**一年生・二年生・多年生——植物の寿命**」「**大豆のはなし——風土と作物**」)。

1986年

「人間的自然を獲得するために」『道』3月号。

「討論会 畜産の現状と食肉について」『消費者運動資料』第18号、東京都。

「たべものの喪失とその奪還」『国民生活』4月号。

「ムレ肉に思う」『活かす会ニュース』第15号。

「放牧林に寄せて」『たまご通信』第44号。

「生き生きした関係の獲得を」『鹿ノ子村通信』第5号。

「火事を出して思うこと」『鹿ノ子村通信』第6号。

1977年

「今年農場では……」『たまご通信』第66号。

「農民の自立を奪うエサ法」『活かす会ニュース』第22号。

「豚のお産と今後の生産計画について」『たまご通信』第68号。

「プロと勝負を！ブロイラーの屠体出荷に際して」『たまご通信』第68号。

「〈近代〉の呪縛から解き放ち自立する生活者の道へ～たまごの会のめざすもの」『たまごの会パンフレット』(無署名)。

「工業化社会の申し子“エサ法”に総反乱せよ」『たまご通信』第75号。

「8・27石岡集会を茨城農民と共に成功させよう！」『活かす会ニュース』第25号。

「エサ法に対じする有畜農業」『8・27石岡集会レジュメ』。

「対談 にわとりの顔をよく見よう」『母の友』10月号。

1978年

「“教育農場”の確立を！」『たまご通信』第89号。

「5・9集会に結集しよう(ビラ)」たまごの会。

「5・9集会アピール」『養鶏経営者』第86号。

「空中防除反対(ビラ)」たまごの会(無署名)。

「空中防除に関する抗議書」たまごの会。

「資本競争が招いた卵の安値」『婦民新聞』6月23日号。

「農林省が見捨てた中ヨーク」『現代農業』9月号。

「たまごの会～〈生活者〉こそが技術を作りあげる主体」『もうひとつの就職案内――現場技術者・労働者より理工系学生に贈る』企業秘密漏示罪に反対する技術者の会。

1979年

「しょいかごしょって～牛乳を始めるにあたって」『たまご通信』第117号(『技術と経済』1979年5月号に転載)。

「捨てられたラード」『たまご通信』第122号。

「消費者自給農場運動の展開」自主出版パンフレット(『われらが世界の創造を』に転載)。

「反近代化を目指す食糧自給運動――有畜複合農業・たまごの会自然農

著作一覧

1972 年

「**自然保護から自然奪還へ**」『北海道自然保護協会・会誌』10 号(『情況』1972 年 10 月号に転載)。

1973 年

「ワーレンについて」『農場通信』第 3 号。

「ただ今鶏飼い見習い中 1 “子供のために” ということ」『農場通信』第 4 号。

「ただ今鶏飼い見習い中 2 “鶏の首をしめる” ということ」『農場通信』第 5 号。

「ただ今鶏飼い見習い中 3 死ねない “鶏” と死ねる鶏」『農場通信』第 6 号。

「ただ今鶏飼い見習い中 4 “つくること” と “たべること”」『農場通信』第 8 号。

「養鶏における私たちの試み」『自然と農業』第 3 号。

「**ある農場からの報告**」『朝日ジャーナル』9 月 7 日号。

「来春の入雛について」『農場通信』第 12 号。

1974 年

「**自給農場への道――たまごの会の運動**」『月刊地域闘争』5 月号。

1975 年

「食物の安全性論議をめぐって」『たまご通信』第 13 号。

「塾からのアピール～ “農場” づくりから “村” づくりへ」『第 1 回鹿ノ子村塾の記録』(無署名)。

「病める生き物たち」『現代技術史研究会産業部会 6 月例会要旨』。

「わが自給農場運動」『中日新聞』7 月 4 日。

「**農法と人間――人間の変革も農法のなかにある**」長須祥行編『講座農を生きる 3 〝土〟に生命を』三一書房。

「近代テクノクラートの反動性をのりこえ我らの生活に土を活かす実践を」『活かす会ニュース』第 8 号。

『石油タンパクの開発を問う』活かす会。

「“有害” な米と “無害” な米」『たまご通信』第 23 号。

「座談会 消費者自らが “ホンモノの卵” を農場生産」『農業富民』11 月号。

「“反対” から “拒否” の運動へ」『用水と営農』第 12 号。

「ワーレンとたまごの会」『たまご通信』第 30 号。

1976 年

「〈農〉と〈食〉の自立を求めて」『技術と普及』2 月号。

〈著者紹介〉

明峯哲夫（あけみね・てつお）

1946年、埼玉県生まれ。北海道大学農学部卒業、同大学院農学研究科博士課程中途退学。専攻は農業生物学（植物生理学）。
1970年代初頭から「たまごの会」「やぼ耕作団」など都市住民による自給農場運動を推進し、人間と自然、人間と生物との関係、農の本源性、暮らしのあり方について論究を重ねるとともに、都市市民の視点からの本格的な農業論を初めて提起した。また、農業生物学研究室を主宰し、NPO法人有機農業技術会議の理事長を務め、有機農業技術の理論化・体系化の作業に取り組んだ。2014年9月15日逝去。
主著＝『やぼ耕作団』（風濤社、1985年）、『ぼく達は、なぜ街で耕すか』（風濤社、1990年）、『都市の再生と農の力』（学陽書房、1992年）、『街人たちの楽農宣言』（共編著、コモンズ、1996年）、『有機農業の技術と考え方』（共著、コモンズ、2010年）、『有機農業・自然農法の技術』（コモンズ、2015年）など。

〈解題執筆者紹介〉

小口広太《おぐちこうた》　1983年生まれ　日本農業経営大学校専任講師
永田《ながた》**まさゆき**　1952年生まれ　建築家、NPOあおいとり代表
中島紀一《なかじまきいち》　1947年生まれ　茨城大学名誉教授、有機農業技術会議代表
大江正章《おおえただあき》　1957年生まれ　コモンズ代表

生命を紡ぐ農の技術
二〇一六年六月一日　初版発行
著　者　明峯哲夫

発行者　大江正章
発行所　コモンズ
東京都新宿区下落合一—五—一〇—一〇〇二
TEL〇三（五三八六）六九七二
FAX〇三（五三八六）六九四五
振替　〇〇一一〇—五—四〇〇一二〇
info@commonsonline.co.jp
http://www.commonsonline.co.jp/
印刷・東京創文社／製本・東京美術紙工
乱丁・落丁はお取り替えいたします。
ISBN 978-4-86187-129-0 C1061

＊好評の既刊書

有機農業・自然農法の技術 農業生物学者からの提言
●明峯哲夫 本体1800円＋税

有機農業の技術と考え方
●中島紀一・金子美登・西村和雄編著 本体2500円＋税

原発事故と農の復興 避難すれば、それですむのか?!
●小出裕章・明峯哲夫ほか 本体1100円＋税

〈有機農業選書〉

1 **地産地消と学校給食** 有機農業と食育のまちづくり
●安井孝 本体1800円＋税

2 **有機農業政策と農の再生** 新たな農本の地平へ
●中島紀一 本体1800円＋税

3 **ぼくが百姓になった理由** 山村でめざす自給知足
●浅見彰宏 本体1900円＋税

4 **食べものとエネルギーの自産自消** 3・11後の持続可能な生き方
●長谷川浩 本体1800円＋税

5 **地域自給のネットワーク**
●井口隆史・桝潟俊子編著 本体2200円＋税

6 **農と言える日本人** 福島発・農業の復興へ
●野中昌法 本体1800円＋税

＊好評の既刊書

〈有機農業研究年報〉

1 **有機農業**——21世紀の課題と可能性
●日本有機農業学会編　本体2500円＋税

2 **有機農業**——政策形成と教育の課題
●日本有機農業学会編　本体2500円＋税

3 **有機農業**——岐路に立つ食の安全政策
●日本有機農業学会編　本体2500円＋税

4 **有機農業**——農業近代化と遺伝子組み換え技術を問う
●日本有機農業学会編　本体2500円＋税

5 **有機農業法のビジョンと可能性**
●日本有機農業学会編　本体2800円＋税

6 **いのち育む有機農業**
●日本有機農業学会編　本体2500円＋税

7 **有機農業の技術開発の課題**
●日本有機農業学会編　本体2500円＋税

8 **有機農業と国際協力**
●日本有機農業学会編　本体2500円＋税